编程前沿实战丛书

快速搞定 Spring Boot+Vue 全栈开发

刘　伟　编著

清華大学出版社
北　京

内 容 简 介

本书是一本致力于最新 Web 开发技术的实战指南。本书紧跟行业的最新发展趋势，全面而深入地阐述了 Spring Boot 3 和 Vue 3 在企业级应用开发中的集成与应用。全书共分为 8 章，从 Spring Boot 3 的基础入门到 Vue 3 的高级应用，再到前后端通信、测试与部署，每一章的内容都经过精心设计，以确保读者能够掌握关键的技能。第 8 章特别提供了一个综合案例，展示如何综合运用全书知识来构建一套完整的应用系统。

本书不仅深度解析了如何利用 Spring Boot 3 和 Vue 3 构建高效和响应式的 Web 应用程序，还专注于实际场景的应用，并为读者提供了直接将理论知识应用于实践的机会。无论是初学者还是寻求提升的开发者，都能在本书中获得所需的知识。

本书适合 Web 开发初学者、前端和后端开发人员，以及希望通过实战项目提升技能的专业人士。同时，本书也适合作为高等院校相关专业的教材及教学参考书。

图书在版编目（CIP）数据

快速搞定 Spring Boot+Vue 全栈开发 / 刘伟编著. —北京：清华大学出版社，2024.6（2025.1重印）
（编程前沿实战丛书）
ISBN 978-7-302-66352-2

Ⅰ.①快… Ⅱ.①刘… Ⅲ.①网页制作工具—JAVA 语言—程序设计 Ⅳ.①TP312.8 ②TP393.092.2

中国国家版本馆 CIP 数据核字（2024）第 107730 号

责任编辑：王秋阳
封面设计：秦 丽
版式设计：文森时代
责任校对：马军令
责任印制：刘 菲

出版发行：清华大学出版社
网 址：https://www.tup.com.cn，https://www.wqxuetang.com
地 址：北京清华大学学研大厦 A 座 邮 编：100084
社 总 机：010-83470000 邮 购：010-62786544
投稿与读者服务：010-62776969，c-service@tup.tsinghua.edu.cn
质量反馈：010-62772015，zhiliang@tup.tsinghua.edu.cn
印 装 者：北京同文印刷有限责任公司
经 销：全国新华书店
开 本：185mm×230mm 印 张：23 字 数：472 千字
版 次：2024 年 7 月第 1 版 印 次：2025 年 1 月第 2 次印刷
定 价：109.00 元

产品编号：103907-01

前　言

Preface

本书是一本专为追求高效、现代 Web 开发技术的读者量身打造的实战指南。在当前快速进步的技术环境中，Spring Boot 3 和 Vue 3 的结合，为 Web 开发提供了更加高效和灵活的解决方案。本书深入剖析了 Spring Boot 3 的高效特性和 Vue 3 中革新的组合式 API，同时介绍了 RESTful API、MyBatis Plus、Axios、Vue Router、Pinia 等核心技术，旨在为读者提供一个全方位的学习体验。

在快节奏的开发环境中，时间就是一切。因此，本书从实用角度出发，通过精心设计的实例和练习，引领读者迅速掌握 Spring Boot 和 Vue 这两大技术。本书的目标是简化复杂概念，使它们易于理解和应用。每一章都包含丰富的实用示例和实战技巧，无论您是刚入门的初学者还是寻求技术提升的有经验的开发者，都能在实际项目中迅速应用所学。

本书不只是一本技术教程，它更是一本着重于技术实际应用的实战手册。通过阅读本书，您不仅能学到最新的技术知识，还能将这些知识应用于构建高效、快速响应的 Web 应用程序。

期待您在阅读本书的过程中，不仅能够丰富知识储备，还能激发您对 Web 开发的热情。让我们共同开启这一段学习之旅，一起探索 Spring Boot 3 和 Vue 3 的广阔天地！祝您阅读愉快，希望您在 Web 开发的道路上取得巨大成功！

本书内容

本书分为 8 章，每章都通过详细的实战演练深入探讨关键技术和应用。以下是具体章节的内容介绍。

第 1 章：介绍 Spring Boot 3 的基本原理、环境搭建，以及应用程序的开发过程。

第 2 章：深入讲解如何使用 Spring Boot 3 开发 Web 应用的高级技术，包括控制器和拦截器的构建，以及 RESTful 服务的实现。

第 3 章：深入数据库集成，介绍如何在 Spring Boot 中应用 MyBatis 和 MyBatis-Plus，实现高效的数据持久化。

第 4 章：通过具体示例全面讲解 Vue 3 的核心知识，包括 ES6 语法、模板、响应式原理，以及 Vue 实例的创建和管理。

第 5 章：深入 Vue 3 的高级特性，探索大型应用的架构设计、路由管理和状态管理。

第 6 章：系统讲解前后端通过 RESTful API 进行通信的方法，包括 Axios 的使用、处理跨域问题和令牌认证机制。

第 7 章：探讨如何对 Spring Boot 3 和 Vue 3 应用进行全面测试，包括单元测试和集成测试，并分享有效的部署策略和实践。

第 8 章：通过一个全面的实战案例，展示如何综合运用书中介绍的技术，涉及项目的规划、设计和开发等各个阶段。

本书特点

☑ 快速入门：采用简明扼要的方式快速引导读者进入 Spring Boot 3 和 Vue 3 的世界，同时深入探讨每个技术主题，确保读者全面理解技术。

☑ 技术先进：涵盖最新的技术和工具，如 Spring Boot 3 的最新特性和 Vue 3 的组合式 API，让读者掌握当前行业的最前沿技术。

☑ 内容全面：从基础知识到高级应用，全面覆盖了现代 Web 开发的关键技术，包括数据库集成、RESTful API、前后端通信等。

☑ 实战导向：通过详细的实战案例，确保读者在实际项目中有效地应用所学知识。

读者对象

本书特别适合具备 Java、HTML、CSS 和 JS 基础知识的读者，以及对 Spring Boot 和 Vue 3 技术感兴趣的初学者，书中提供了清晰的学习路径和实战指导来帮助新手掌握这两项技术。对于已有 Web 开发经验的工程师，本书将是提升 Spring Boot 和 Vue 3 领域专业技能的宝贵资源。同时，对于想要了解如何有效整合前后端技术的专业人士，本书也提供了丰富的知识和实用技巧。

读者服务

☑ 课件。

☑ 学习视频。

读者可通过扫描封底的二维码访问本书的专享资源官网，获取课件、学习视频，也可以加入读者群，下载最新学习资源或反馈书中的问题。

勘误和支持

本书在编写过程中历经多次勘校、查证，力求减少差错，尽善尽美，但由于作者水平有限，书中难免存在疏漏之处，欢迎读者批评指正，也欢迎读者来信一起探讨。

编　者

目　录

Contents

1 chapter

第 1 章 Spring Boot 入门

通过本章内容的学习，可以达到以下目标。

（1）了解 Web 应用开发的基本概念。

（2）理解 B/S 架构与 C/S 架构的基本特点。

（3）熟悉 Spring Boot 框架的基本概念。

（4）掌握 Spring Boot 应用程序的开发步骤。

Spring Boot 是一个开源框架，专为简化 Spring 应用程序的开发而设计。作为 Spring Framework 生态系统的一员，它简化了程序开发中构建、配置和部署的过程，特别适合 Web 应用程序的开发。Spring Boot 提供了众多工具和功能，大幅度优化了 Java Web 应用的开发流程，使得用户打造现代、高效的 Web 应用更加轻松。

1.1 Web 应用开发概述

本节将介绍 Web 应用的基本概念、B/S 与 C/S 架构的差异、B/S 架构的工作原理以及 HTTP 协议。

1.1.1 什么是 Web 应用

Web 应用（Web application），是指那些通过互联网访问和交互的软件应用程序。用户通常使用网络浏览器作为客户端来访问并与这些应用交互。Web 应用与传统的桌面应用不同，它不需要在个人计算机上安装特定的软件，只需要一个支持的网页浏览器。它们通过互联网向用户提供服务和功能，无论用户身处何地，都能通过浏览器来访问这些应用。这种开放性、跨平台性以及无须安装的特点，让 Web 应用在现代社会中扮演着不可或缺的角色。

Web 应用之所以能够如此灵活地为用户提供服务，要归功于一种被广泛采用的架构模式——B/S 架构。B/S 架构，也称为浏览器/服务器（browser/server）架构，是一种网络应用程序架构。在 B/S 架构中，用户界面和客户端逻辑大多数情况下都在网络浏览器中实现，而应用服务器则负责处理业务逻辑、数据和存储。

B/S 架构将 Web 应用的构建分为前端和后端两个关键组成部分，它们各自担负着不同的任务，共同构筑一个无缝的用户体验。

1. 前端：用户交互的界面

前端是用户直接互动的应用程序部分，即用户界面。在 Web 开发中，前端特指在浏览器中运行的部分，涵盖页面布局、设计和交互性功能。前端的核心任务是通过浏览器向用户展示 Web 应用的外观和功能。常用的 Web 前端技术如下。

☑ HTML：构建网页内容的结构。

☑ CSS：设定网页的样式和外观。

☑ JavaScript：赋予网页交互性。

☑ 框架和库：如 React、Angular、Vue.js 等，用于开发复杂的前端应用。

前端开发者的职责包括构建用户友好的界面，确保应用在不同设备和浏览器上的兼容性，并优化整体的用户体验。

2. 后端：数据处理的核心

后端是在服务器上运行的应用程序部分，负责处理业务逻辑和数据操作。在 B/S 架构中，后端从数据库检索数据，执行计算和逻辑处理，然后将结果传送至前端。后端开发涉及多种编程语言和框架，以便高效处理请求、管理数据，并响应用户的操作。常用的 Web 后端技术如下。

☑ 编程语言：如 Java、Python、Ruby、Node.js、PHP 等。

☑ 数据库：如 MySQL、PostgreSQL、MongoDB 等，用于数据存储。

☑ 服务器：如 Apache、Nginx、Tomcat 等。

☑ 框架：如 Spring Boot（Java），Express.js（Node.js）、Django（Python）等。

后端开发者负责实现业务逻辑，保证数据的安全性和完整性，并构建供前端使用的 API（application programming interface，应用程序编程接口）。

3. 前后端协作：构建完整的 Web 应用

在 B/S 架构中，前端和后端通过 HTTP 协议通信，API 定义了数据交换的方式。前端向后端发送请求以获取数据，后端处理这些请求并返回处理结果。这种协作机制为用户提供了丰富的应用功能，同时隐藏了底层技术细节。

如果开发者既懂前端开发，也懂后端开发，可以称为全栈（full stack）开发，全栈开发者有能力构建整个应用程序，从用户界面到服务器和数据库。全栈开发者可以参与项目的整个生命周期，从需求分析、设计、开发到部署和维护。

随着技术的进步，前端和后端的界限变得越来越模糊。例如，某些前端框架（如 Next.js 和 Nuxt.js）提供后端功能，而某些后端技术（如 Node.js）也可用于前端开发。

4. 前后端架构分离

前后端分离是现代 Web 开发的重要趋势，它强调前端（用户界面）和后端（服务器逻辑和数据处理）之间的清晰界限。在这种架构下，前端通过 API（通常是 RESTful API）与后端交互。前端发送 API 请求，后端处理这些请求并以 JSON 或 XML 格式返回数据。这种模式使得一个后端能够支持多个前端应用（如 Web、移动、桌面应用）。

与传统的静态网站不同，B/S 架构中的 Web 应用可以动态生成页面内容。例如，根据用户的输入或数据库中的数据，服务器可以动态地生成 HTML 页面，这种方式通常称为服务端渲染，当然页面也可以在浏览器端根据服务端返回的数据生成，称为客户端渲染。

前后端分离还允许不同的开发团队使用各自的技术栈进行开发，并实现独立部署。这种独立性使得前后端可以根据需要进行单独的扩展，例如，增加后端服务器以应对增加的数据处理需求，而不影响前端。

目前，前后端分离技术主要采用客户端渲染方法，这一趋势得益于 Ajax 技术和现代 JavaScript 框架（如 React、Angular 和 Vue.js）的发展。这些技术使得 B/S 架构中的前端和后端可以更加清晰地分离。前后端分离的方法将用户界面与业务逻辑和数据处理分开，带来了多种优势，但同时也面临如下一些挑战。

- ☑ 安全性：API 的开放性可能导致新的安全威胁，需要确保 API 端点的安全。
- ☑ CORS：前后端分离可能会遇到 CORS（cross origin resource sharing，跨域资源共享）的问题，这需要特别处理，以确保资源的正确共享。
- ☑ SEO：传统的客户端渲染方法可能对 SEO（search engine optimization，搜索引擎优化）产生不利影响。然而，现代的前端框架和工具，如服务器端渲染（SSR），已经可以有效地解决这一问题，提升网页在搜索引擎中的表现。

1.1.2 B/S 架构与 C/S 架构

C/S（client/server）架构是一种两层架构，通常也称作客户端/服务器架构。在这个架构中，服务器运行服务端程序，而客户端设备上安装客户端软件。服务端负责后台业务逻辑和数据处理，而客户端则处理前端界面和用户交互。

C/S 架构的主要优点是充分利用客户端 PC 的处理能力，提高响应速度。然而，这也意味着需要考虑不同操作系统和硬件平台的兼容性，并且在应用更新时需要逐个更新客户端软件。

相比之下，B/S 架构特别适用于 Web 应用程序，如社交媒体、在线购物和博客平台。这种架构允许用户通过 Web 浏览器访问服务器上的功能，无须在本地设备上安装任何应用程序。

C/S 架构和 B/S 架构的主要特点和差异如表 1-1 所示。

表 1-1　C/S 架构与 B/S 架构的主要特点和差异

特　　点	C/S 架构	B/S 架构
部署方式	需要在每个客户设备上安装应用程序	只需使用 Web 浏览器访问
更新与维护	需要为每个客户端更新软件	更新主要在服务器端进行，用户访问的总是最新版本
开发与兼容性	需要考虑各种操作系统和硬件平台	只需要考虑不同浏览器的兼容性
性能	通常提供更好的性能和响应速度	可能受到网络、服务器负载等的影响
可访问性	需要在特定的设备上安装	可以从任何地方通过 Internet 访问
界面丰富度	可能提供更复杂和响应式的用户界面	依赖于 Web 技术的限制，但现代框架已有所改进

在选择这两种架构时，需要考虑多个因素，如应用的交互性、跨平台访问、维护和更新的需求、性能等。最终的选择通常取决于应用的性质和目标用户的需求。

例如，对于需要高度交互性和实时性能的应用，如在线游戏和图形处理应用，C/S 架构可能更为合适。而对于需要跨平台、分布式访问和实时更新的 Web 应用，B/S 架构更为理想。

1.1.3　B/S 架构的工作原理

B/S 架构中的数据交互过程开始于用户在浏览器中输入 URL 并按下 Enter 键，由此触发了一系列复杂的步骤。

（1）浏览器缓存检查。浏览器会检查它的缓存中是否有请求的 URL 的资源（包括页面、图片等）。如果存在匹配项且未过期，则浏览器可以直接从缓存中加载资源，而无须通过网络请求。

（2）DNS 查询。如果资源不在缓存中，则浏览器会进行 DNS 查询，将可读的域名（如 www.example.com）解析为一个 IP 地址。这通常涉及查询本地的 DNS 缓存、操作系统的 DNS 缓存、路由器的 DNS 缓存，或者可能是一个远程的 DNS 服务器。

（3）建立 TCP 连接。获取 IP 地址后，浏览器与目标服务器将建立一个 TCP 连接，以进行后续的通信。这个过程包括一个称为三次握手的过程。

（4）发送 HTTP 请求。TCP 连接建立后，浏览器会通过这个连接发送一个 HTTP 请求到服务器。这个请求包括了请求的资源、方法（如 GET 或 POST）和一些其他的头部信息。

（5）服务器处理。服务器收到 HTTP 请求后，通常会通过 Web 服务器软件（如 Apache、Nginx 或 IIS）进行处理。对于动态内容，如 PHP、Python 或 Node.js 脚本，服务器可能会交给相应的处理器进行处理。

（6）服务器响应。服务器处理完成后，会发送一个 HTTP 响应回到浏览器。这个响应包括一个状态码（如 200 OK、404 Not Found 等）、响应头部信息，以及请求的实际数据或内容。

（7）HTTPS/TLS 握手。如果 URL 的前缀是 HTTPS，那么在 TCP 连接之后和发送 HTTP 请求之前，浏览器和服务器之间会进行 TLS 握手，以安全地加密和解密传输的数据。

（8）渲染页面。浏览器开始解析返回的 HTML、CSS 和 JavaScript。它会构建 DOM（文档对象模型）和 CSSOM（CSS 对象模型），并执行 JavaScript，最后呈现页面给用户。

（9）加载其他资源。HTML 页面可能还包含其他资源的引用，如图片、视频、CSS 文件、JavaScript 文件等。浏览器会继续为这些资源发起额外的 HTTP 请求，并在收到响应数据后进行处理或渲染。

（10）关闭 TCP 连接。数据传输完成后，浏览器和服务器会关闭 TCP 连接。但如果使用了 HTTP/2 协议，则连接可能会保持开放，用于后续的请求。

1.1.4　HTTP 协议

浏览器与服务器之间数据的传输离不开通信协议，而 B/S 架构的核心是 HTTP 协议。HTTP 是一种无状态的请求/响应协议，这意味着每个请求都是独立的，服务器不会“记住”之前的请求。HTTP 有多种请求方法，如 GET、POST、PUT、DELETE 等，分别支持不同的操作。HTTP 响应包括状态代码，如 200 OK、404 Not Found 等，用于表示请求的结果。

理解 HTTP 的无状态特性的关键点如下。

- ☑ 独立的请求：每次 HTTP 请求都是完整的。从一个请求开始，服务器处理，然后返回响应，这个请求就结束了。服务器不会（基于 HTTP 协议本身）“记住”这个请求。
- ☑ 无法记忆：假设你在一个电商网站上登录并添加了一个商品到购物车，但是当你尝试去结账时，如果 HTTP 是完全无状态的，则服务器会“忘记”你是谁以及你加入购物车的商品是什么。

- ☑ 设计成无状态的原因：HTTP 的无状态性有助于简化服务器的设计，因为服务器不需要保存与每个客户端的会话相关的信息。这也使得 Web 服务可以更轻松地扩展，因为新的请求可以由任何可用的服务器处理，而不必担心丢失与先前请求的状态相关的信息。尽管 HTTP 本身是无状态的，但 Web 应用往往需要维护管理状态（例如，跟踪用户是否登录，用户的购物车内容等）。为了解决这个问题，Web 开发者使用了一些技巧和工具，如 Cookies、URL 参数、隐藏的表单字段和服务器端的 session 存储。
- ☑ Cookies：当用户首次登录一个网站时，服务器可能会发送一个 Cookie 给浏览器。此后，每次发出请求，浏览器都会自动携带这个 Cookie，这样服务器就可以“识别”用户了。
- ☑ Session：服务器可以使用由 Cookie 或其他机制提供的 ID 来存储有关用户的状态信息。这些信息保存在服务器上，每次请求时，服务器可以使用 ID 来查找和使用该信息。

在后续章节中会详细介绍 RESTful API 设计，无状态是其核心原则之一。每个请求应该包含所有必要的信息供服务器处理。这确保了服务器可以自由地处理任何请求，而不需要考虑之前的请求。

1.2 Spring Boot 概述

本节将介绍 Spring、Spring Boot、SSM 等框架的概念及关系。

1. Spring 与 Spring Boot

Spring 框架起源于早期的 Java EE（最开始称为 J2EE）技术，而 Java EE 当时相对复杂且不易用。Spring 应运而生，旨在提供一种更简单、更灵活的方式来构建企业级 Java 应用程序。

早期的 Java EE（尤其是 EJB 2.x）是相当复杂的，需要大量的 XML 配置。对于简单的任务，Java EE 可能会过度工程化，导致开发缓慢。同时 JavaEE 也存在容器依赖的问题，通常与应用服务器紧密耦合，这导致了迁移和测试难的问题。

Rod Johnson 撰写了一本名为 *Expert One-on-One J2EE Design and Development* 的书，书中指出了 Java EE 和 EJB 组件框架中的一些主要缺陷。在这本书中他提出了一个基于普通 Java 类（POJO-plain old java objects，简单的 java 对象）和依赖注入的更简单的解决方案。这本书中的代码示例最终成为了 Spring 框架的核心。

自 2004 年 Spring 1.0 的发布以来，Spring 框架已成为构建企业级 Java 应用程序的主流选择。其主要特点和模块如下。

- ☑ 轻量级与模块化设计：与 Java EE 的重量级应用服务器相比，Spring 更为轻量级，不依赖复杂的容器。它采用模块化设计，使得开发者可以根据需要选择并使用不同的功能模块。
- ☑ IoC 容器与依赖注入：Spring 引入了 IoC（控制反转）容器和依赖注入特性，促进了松散耦合的应用程序架构，从而增强了代码的灵活性和可维护性。
- ☑ Spring MVC：作为 J2EE 标准的替代方案，Spring 提供了一个强大的 MVC（模型-视图-控制器）框架，用于构建 Web 应用程序。
- ☑ 数据访问模块：Spring 的数据访问模块简化了与数据库交互的复杂性，提供了对 JDBC 和对象关系映射（ORM）技术的支持，解决了常见的数据访问问题。
- ☑ Spring Security：这个模块提供了应用程序安全性的全面支持，包括身份验证和授权。
- ☑ Spring Cloud：为云计算和微服务架构提供了一系列工具和服务，支持构建分布式系统，并简化了与云服务的集成。

虽然 Spring 极大地简化了企业 Java Web 应用的开发，但随着时间的推移和 Spring 生态系统的扩展，配置和启动一个 Spring 项目变得相对复杂。特别是 XML 配置、依赖管理和各种与特定模块相关的设置使得初学者很难上手。随着敏捷开发和微服务架构的兴起，开发者需要更快、更简便的方法来开发、部署和扩展其应用程序。

为了简化基于 Spring 的应用程序的创建和开发过程，Spring Boot 应运而生。它是 Spring 生态系统中的一个项目，提供了一系列工具和功能，使开发者能够更轻松地开发、测试和部署 Spring 应用。其主要特点如下。

（1）自动配置。传统的 Spring 应用往往需要大量的配置。Spring Boot 遵循“约定优于配置”的原则，通过合理的默认设置、自动配置和简化的属性配置减少了这种需要。

（2）独立运行。Spring Boot 应用可以作为独立的 JAR 文件运行，能够使用内嵌的 Tomcat、Jetty 服务器，不需要部署 war 文件，无须外部的 Servlet 容器。

（3）生产级应用监控。提供生产级的服务监控方案，如安全监控、应用监控、健康检测等。

（4）无代码生成。Spring Boot 并不生成代码，也没有 XML 配置的需求。这使得代码更加简洁和易于管理。

2．Spring Boot 与 SSM

SSM 是由三个独立的框架组合而成的，分别是 Spring、Spring MVC 和 MyBatis 的缩写。这三个框架经常结合使用，构建 Java Web 应用程序。

- ☑ Spring：用于依赖注入和事务管理。
- ☑ Spring MVC：用于 Web 层，处理 HTTP 请求。
- ☑ MyBatis：是一个持久层框架，用于与数据库交互。

由于每个框架都有自己的配置和集成方式，通常需要 XML 或 Java 配置，手动整合三个框架，集成起来非常烦琐，因此需要使用大量的 XML 配置文件，Spring Boot 可以很好地与 Spring MVC 和 MyBatis 结合使用，但其目的是简化整个应用程序的配置和部署。Spring Boot 减少了大量的配置工作，提供自动配置，并且更偏向于使用 Java 配置而非 XML。

3. Spring Boot 与 Spring Cloud

随着微服务架构的流行，往往会将 Spring Boot 与 Spring Cloud 集成，为微服务开发提供了一个强大的基础。

微服务是一种软件开发方法，它强调将单一应用程序拆分为一组小型、独立且互相交互的服务。每个服务都运行在自己的进程中，并与其他服务通过 HTTP 的轻量级机制（如 RESTful API）进行通信。

微服务架构的主要特点和好处如下。

- ☑ 解耦：微服务将大型的、复杂的单体应用拆分为多个小型的、独立的服务，使其更容易管理和扩展。
- ☑ 独立部署与扩展：每个微服务可以独立部署，不必等待整个应用程序的部署。这大大提高了持续集成和持续部署（CI/CD）的效率。
- ☑ 故障隔离：一个服务的失败不会直接导致整个应用程序的失败，这有助于提高系统的整体可用性。
- ☑ 技术多样性：由于每个微服务都是独立的，因此可以为每个服务选择最合适的技术栈（编程语言、数据库等）。
- ☑ 细粒度的扩展：可以根据需要为特定服务分配更多资源，而不是为整个应用程序扩展资源。

尽管微服务带来了许多好处，但它也带来了一些挑战，如服务发现、负载均衡、配置管理、网络延迟、数据一致性等问题。为了应对这些挑战，许多新的工具和实践应运而生，如 Docker、Kubernetes 和 Spring Cloud。

Spring Cloud 是一个基于 Spring 的项目，为构建复杂的分布式系统提供了一整套工具。尤其是在微服务架构中，使用 Spring Cloud 开发者可以更容易地实现和管理微服务应用，而不必从零开始解决各种与分布式系统相关的问题。它提供了许多关键功能，如配置管理、服务发现、断路器、API 路由等，因此 Spring Cloud 通常用于构建和管理大型的、分布式的、微服务架构的系统。其核心特点如下。

- ☑ 分布式/微服务方案：Spring Cloud 为许多常见的模式提供了解决方案，如分布式配置管理、服务发现和负载均衡。
- ☑ 服务间通信：提供工具来帮助微服务之间进行通信，如使用 HTTP、AMQP 或其他协议。
- ☑ 容错特性：如断路器，帮助你的应用程序在微服务出现问题时保持稳定。
- ☑ 服务网关：如 Spring Cloud Gateway，提供了 API 网关解决方案，用于处理微服务之间的路由、过滤和其他关注点。

虽然 Spring Boot 和 Spring Cloud 分别可以独立使用，但它们经常一起使用，特别是在构建微服务应用程序时。通常 Spring Boot 用于创建单个微服务，而 Spring Cloud 为这些微服务提供必要的协调和管理功能。

1.3　搭建 Spring Boot 开发环境

本节将介绍在 Windows 平台搭建 Spring Boot 开发环境的步骤，包括安装配置 JDK、安装配置 Maven 以及集成开发工具 IDEA 的使用方法。

1.3.1　安装 Java 17

Spring Boot 2.7 是最后一个支持 JDK 8 的版本，然而，根据官方公告，Spring Boot 2.7.x 在 2023 年 11 月停止维护，因此未来能够获得官方免费维护的版本只有 Spring Boot 3.0 及以上的版本，由于 Spring Boot 3.x 版本要求 Java 17 作为最低版本，因此需要安装 JDK 17 或以上版本运行。

接下来详细介绍在 Windows 11 平台上安装 Java 17 的步骤。

1．下载 Java 17

（1）访问 Oracle 官方网站 https://www.oracle.com/java/technologies/downloads/#java17。

（2）根据系统类型选择相应的“.zip”文件进行下载，如图 1-1 所示。

2．解压下载文件

（1）在计算机上找到下载的 jdk-17_windows-x64_bin.zip 文件（通常位于“下载”文件夹）。

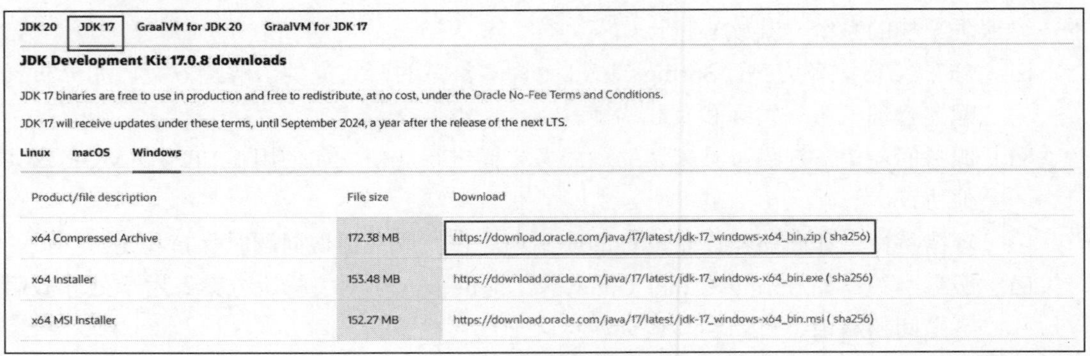

图 1-1　JDK 安装包下载

（2）将 jdk-17_windows-x64_bin.zip 文件解压至系统的任意目录，此处解压至 D:\dev\jdk-17.0.8 目录。

3．配置环境变量

（1）在任务栏的搜索框中输入“环境变量”并选择“编辑系统环境变量”，如图 1-2 所示。

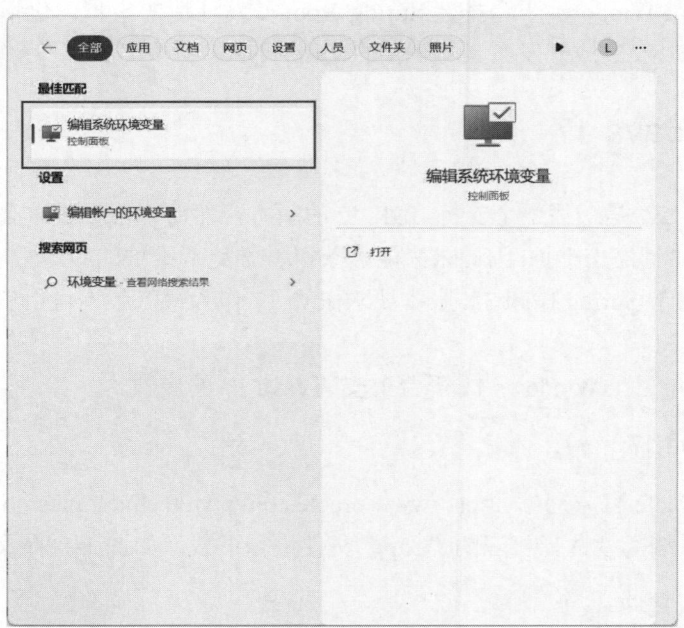

图 1-2　编辑系统环境变量

（2）在“系统属性”窗口中，单击“环境变量”按钮，如图 1-3 所示。

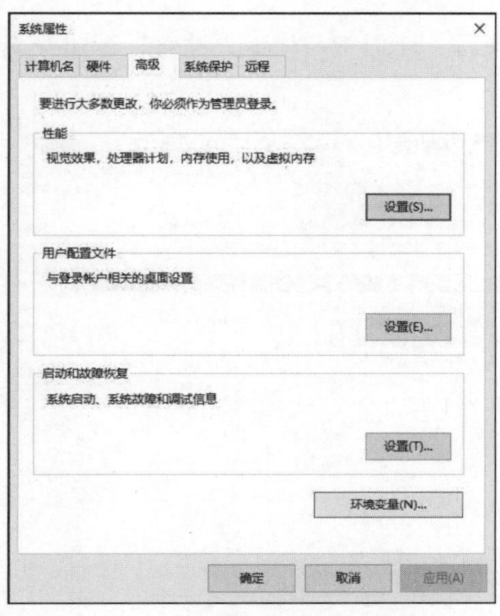

图 1-3　设置环境变量

（3）在“环境变量”窗口中的“用户变量”部分，单击“新建”按钮，在弹出的“新建用户变量”对话框中，将“变量名”设置为 JAVA_HOME，“变量值”为 D:\dev\jdk-17.0.8，最后单击“确定”按钮，如图 1-4 所示。

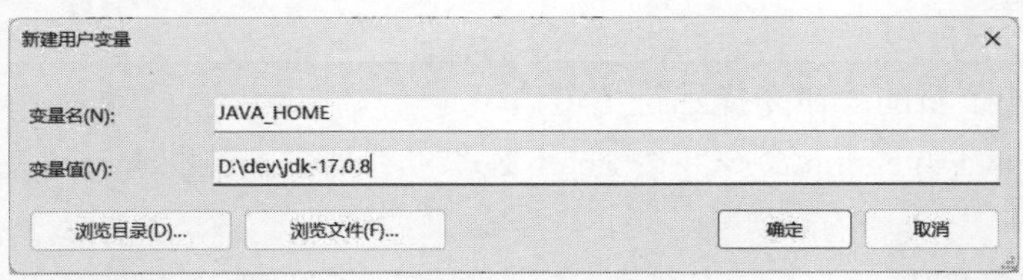

图 1-4　新建变量

（4）在“系统变量”部分，找到并选择 Path 变量，然后单击“编辑”按钮进行编辑，如图 1-5 所示。

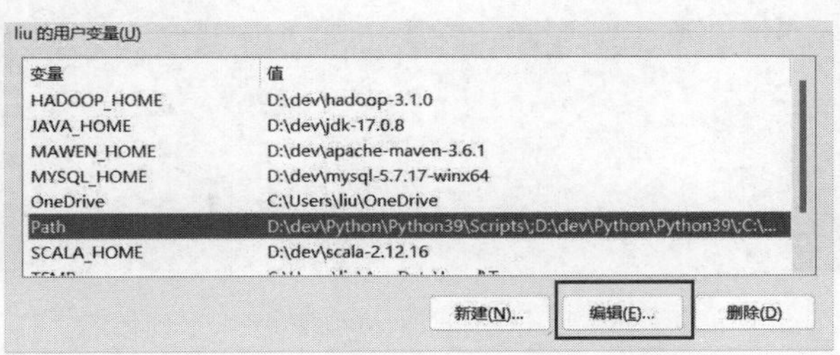

图 1-5　编辑 Path 环境变量

（5）在“编辑环境变量”窗口中，单击“新建”按钮并添加%JAVA_HOME%\bin，如图 1-6 所示。

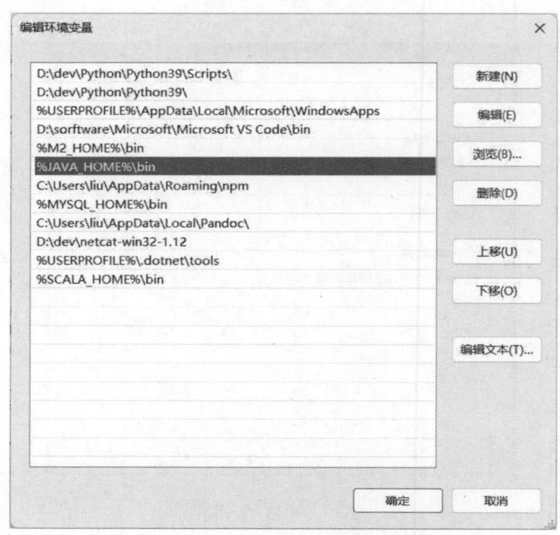

图 1-6　添加 JAVA_HOME 到 Path

单击“确定”按钮保存更改。

4．验证安装

（1）打开一个新的“命令提示符”窗口。

（2）输入 java -version 命令并按 Enter 键即可看到已安装的 Java 17 的版本信息，如图 1-7 所示。

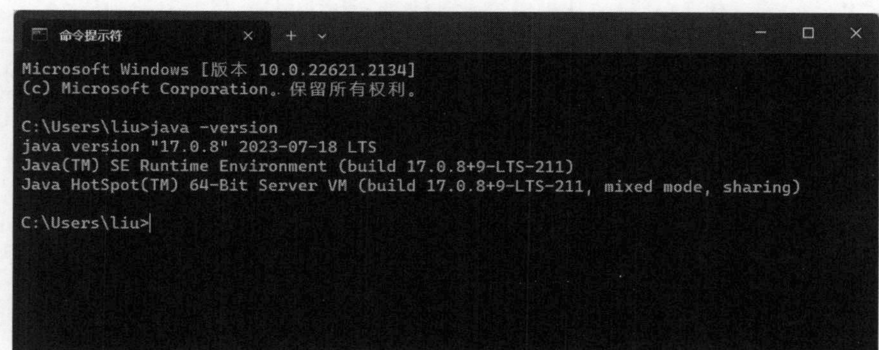

图 1-7　查看 Java 版本

完成以上步骤后，说明已经成功在 Windows 11 上安装了 Java 17。

1.3.2　安装配置 Maven

Apache Maven 是一个流行的 Java 项目管理和构建工具。本书中的所有源码均使用 Maven 作为项目依赖管理工具，本节将讲解 Maven 的安装和配置。

首先确保已经在系统上安装了 Java Development Kit（JDK）。

1．下载 Maven

访问 Apache Maven 的官方下载页面 https://archive.apache.org/dist/maven/maven-3/3.6.1/binaries/，下载 Binary zip archive，如 apache-maven-3.6.1-bin.zip。

2．解压并配置 Maven

（1）解压下载的 zip 文件到系统的任意目录。

（2）按照 1.3.1 节配置 Java 环境变量的步骤，在“系统变量”部分，单击“新建”按钮，在弹出的对话框中，将“变量名”设置为 M2_HOME，“变量值”为 D:\dev\apache-maven-3.6.1，最后单击“确定”按钮。

（3）在“系统变量”部分，找到并选择 Path 变量，在“编辑环境变量”窗口中，单击“新建”按钮，添加%M2_HOME%\bin。

3．验证安装

（1）打开一个新的“命令提示符”窗口。

（2）输入 mvn -v 或 mvn -version 命令即可看到 Maven 的版本信息以及配置的 JDK 信息，如图 1-8 所示。

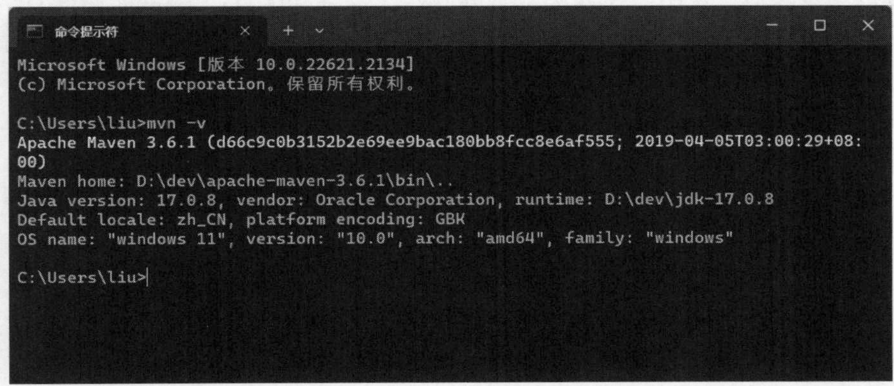

图 1-8　Maven 版本信息

4. 配置国内 Maven 镜像

配置 Maven 镜像是为了提高 Maven 依赖下载速度，尤其是当默认的 Maven 中央仓库响应慢或无法访问时，使用镜像站可以帮助用户更快速地下载所需的库和插件，具体操作步骤如下。

（1）在 Maven 的安装目录下，找到 conf/settings.xml 文件。使用文本编辑器打开这个文件。

（2）在 settings.xml 文件中，找到<mirrors>节点。这里可能已经有一些默认的镜像配置，可以添加新的镜像配置或修改现有的配置。

（3）在<mirrors>节点下，添加一个<mirror>节点。例如，使用“阿里云公共仓库”的 Maven 镜像。

```
<mirror>
  <id>aliyunmaven</id>
  <mirrorOf>*</mirrorOf>
  <name>阿里云公共仓库</name>
  <url>https://maven.aliyun.com/repository/public</url>
</mirror>
```

（4）保存 settings.xml 文件并关闭编辑器。

接下来，当运行 Maven 命令（如 mvn clean install）时，Maven 应该会使用你配置的镜像站点来下载依赖。可以在 Maven 输出中检查下载的 URL，以验证是否使用了镜像站点。

上述示例中使用了阿里云的 Maven 镜像，它是一个在国内常用的镜像站点，可以大大提高下载速度。但还有许多其他的 Maven 镜像站点，读者可以根据自己的地理位置和需求选择合适的镜像。

完成以上步骤后，说明已经成功在 Windows 上安装和配置了 Apache Maven。现在，就可以使用 Maven 来构建和管理 Java 项目了。

1.3.3 IDEA 开发工具

IntelliJ IDEA，通常简称为 IDEA，是由 JetBrains 公司开发的一个集成开发环境（IDE）。它主要用于 Java 开发，但也支持多种其他编程语言。

IntelliJ IDEA 有两个主要版本：

- ☑ Community Edition：这是一个免费开源版本，提供了基本的 Java 和 Kotlin 开发工具。
- ☑ Ultimate Edition：这是一个商业版本，提供了许多高级功能和对多种编程语言的支持，包括 Java EE、Spring、数据库工具、Web 开发等。

本节将详细介绍在 Windows 平台上下载和安装 IntelliJ IDEA Community Edition 的步骤。

1. 下载安装

（1）访问 IntelliJ IDEA 的官方下载页面 https://www.jetbrains.com/idea/download/。

（2）在下载页面中提供了针对不同操作系统（如 Windows、macOS、Linux）的下载链接。选择你的操作系统对应的选项，单击 Download 按钮（位于 Community 版本下方）即可开始下载安装文件。

（3）下载完成后，双击.exe 安装文件启动安装程序。按照 IDEA 安装界面的提示，依次单击 Next 按钮完成安装。

2. 基本使用

打开 IntelliJ IDEA 后首先看到的是 IDEA 欢迎页，如图 1-9 所示。

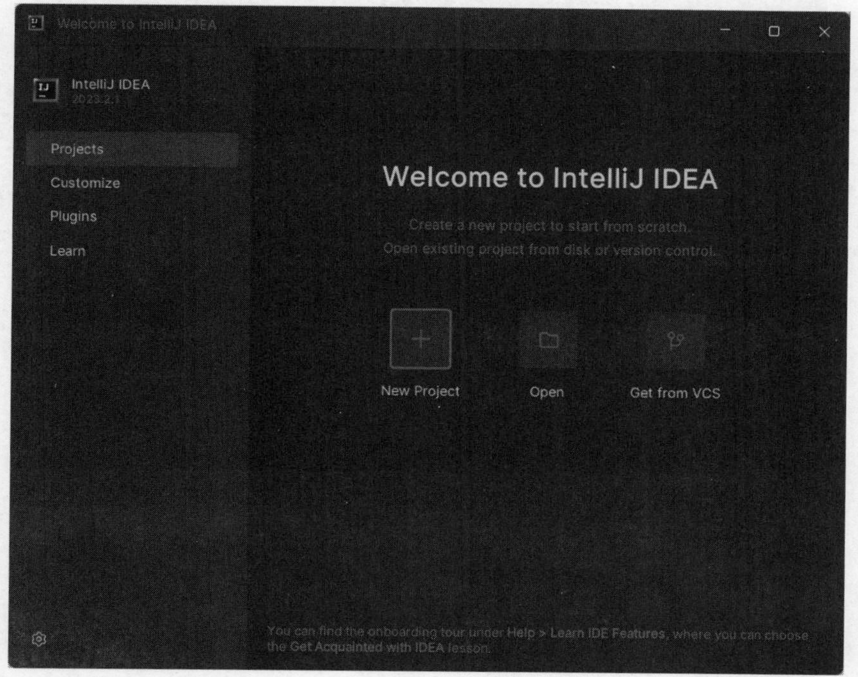

图 1-9　IDEA 欢迎页

IntelliJ IDEA 欢迎页上的主要功能如下。

☑ New Project：从头开始创建一个全新的项目。单击此按钮将启动一个向导，引导选择项目类型，配置 SDK 和其他项目相关的设置。

☑ Open：打开存储在计算机上的现有项目。通过文件浏览器导航到项目目录并选择。

- ☑ Get from VCS：用于从版本控制系统（如 Git、Subversion 等）中获取项目代码并导入到 IDEA 中。

单击 New Project 按钮创建新的 Java 项目，在弹出的窗口中可以设置项目的具体信息，主要配置如下。

- ☑ Name 输入框：用于设置项目名称。
- ☑ Location 输入框：用于指定项目在文件系统中的位置。
- ☑ Language 选项卡：用于指定项目所使用的语言。
- ☑ Build system 选项卡：用于指定项目使用的构建工具。
- ☑ JDK：用于指定项目使用的 JDK。

接下来，创建一个名为 demo 的 Java 项目，构建工具使用 Maven，JDK 使用 IDEA 默认读取的系统中的 Java 17 版本，具体信息如图 1-10 所示。

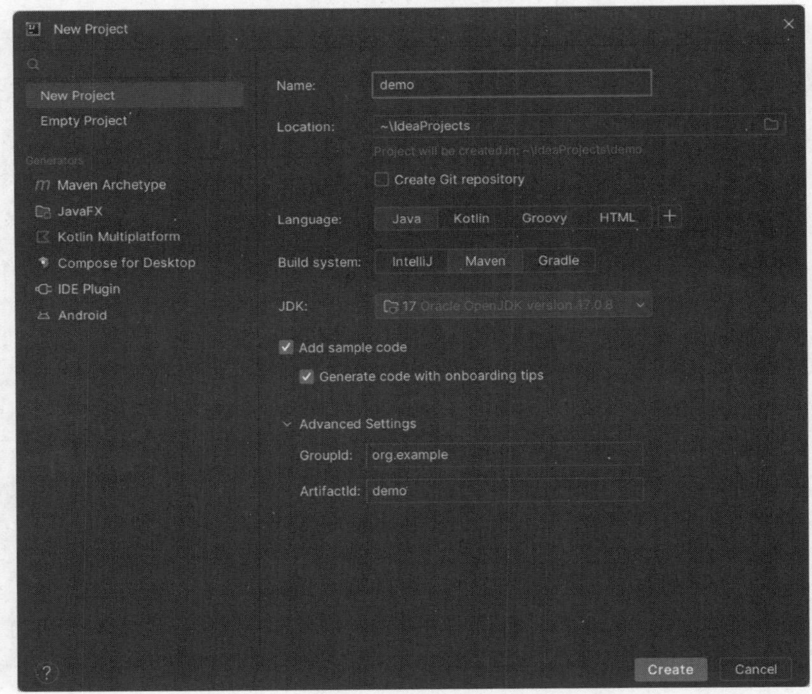

图 1-10　新建项目

项目信息填写完毕后，单击 Create 按钮创建项目，IDEA 会打开新的窗口，如图 1-11 所示，左侧区域为资源管理器，用于管理项目中的资源文件，右侧为编码区域。

IDEA 会自动在项目中添加一个示例程序，可以直接单击窗口顶部的绿色三角按钮运行项目，也可以右击代码区域，在弹出的快捷菜单中选择以 Run 开头的选项运行项目，如

图 1-12 所示。

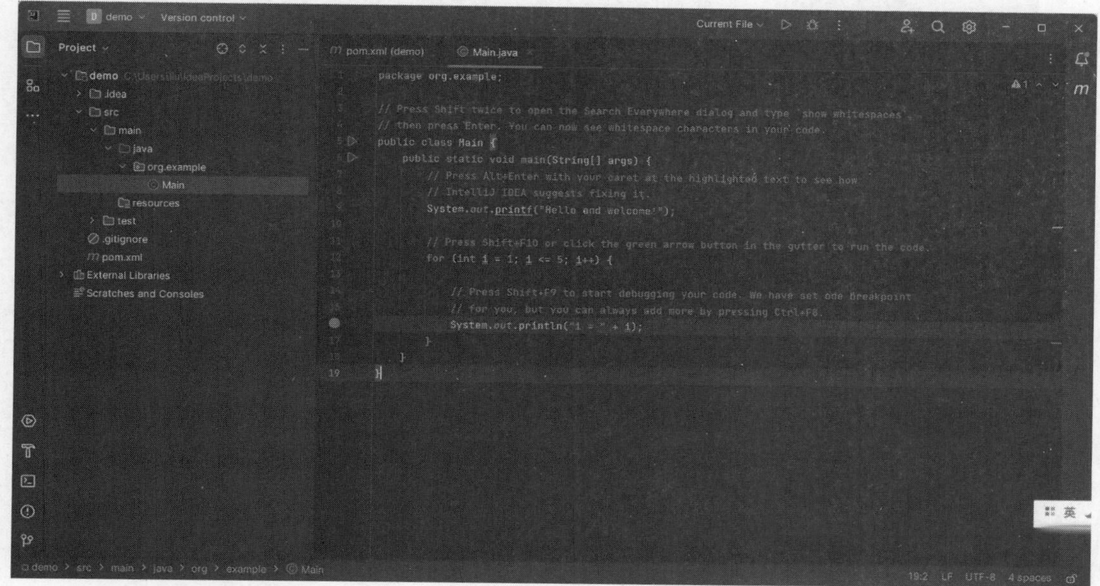

图 1-11 开发界面

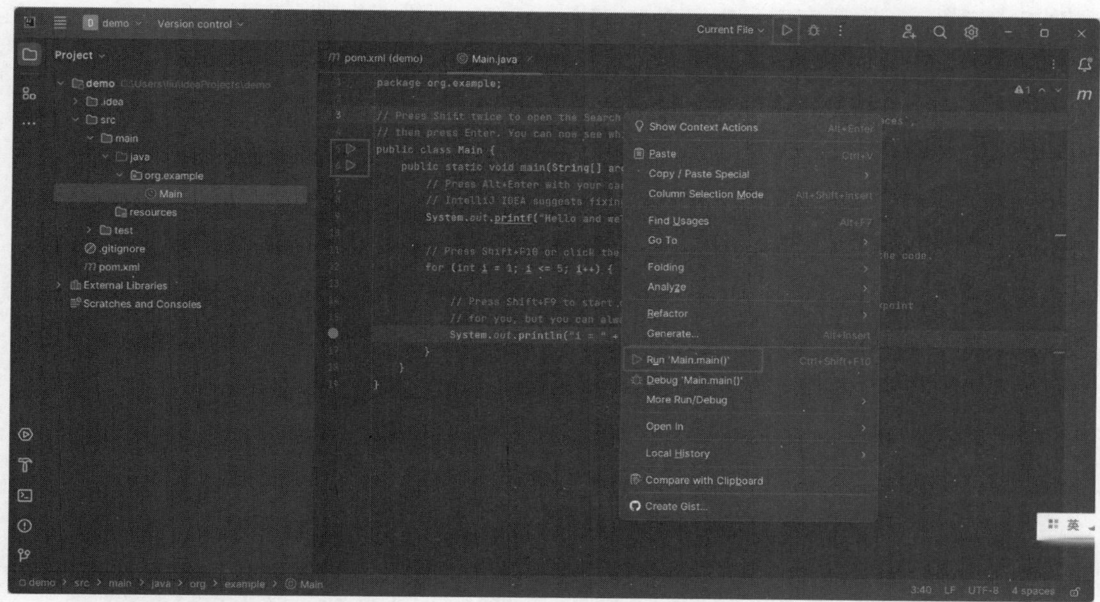

图 1-12 运行项目

项目运行后，会在底部弹出窗口并显示运行结果，如图 1-13 所示。

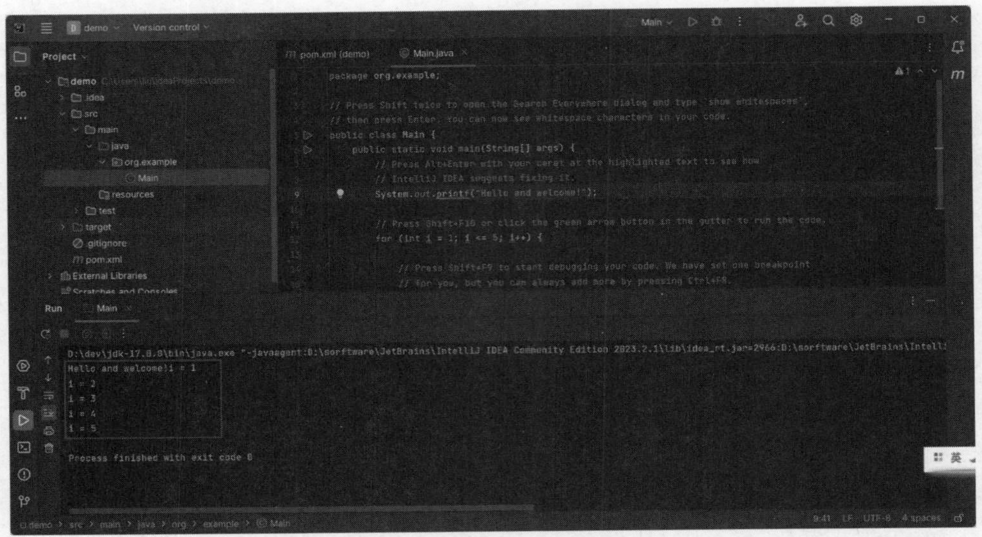

图 1-13　查看运行结果

3. 配置 IDEA 的 Maven 环境

为了方便使用系统中配置的 Maven 环境，接下来，将系统中已经安装好的 Maven 集成到 IDEA 中。下面是在 IntelliJ IDEA 中配置 Maven 环境的步骤。

（1）从左上角的菜单中选择 File→Settings（在 macOS 上是 IntelliJ IDEA→Preferences），如图 1-14 所示。

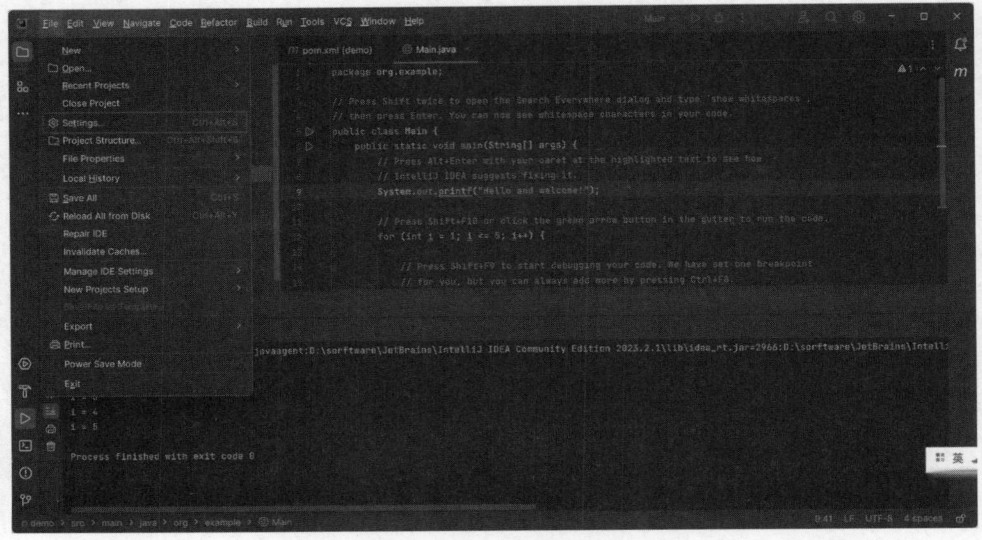

图 1-14　IDEA 设置选项

（2）从左侧的导航栏中选择 Build, Execution, Deployment→Build Tools→Maven，如图 1-15 所示。

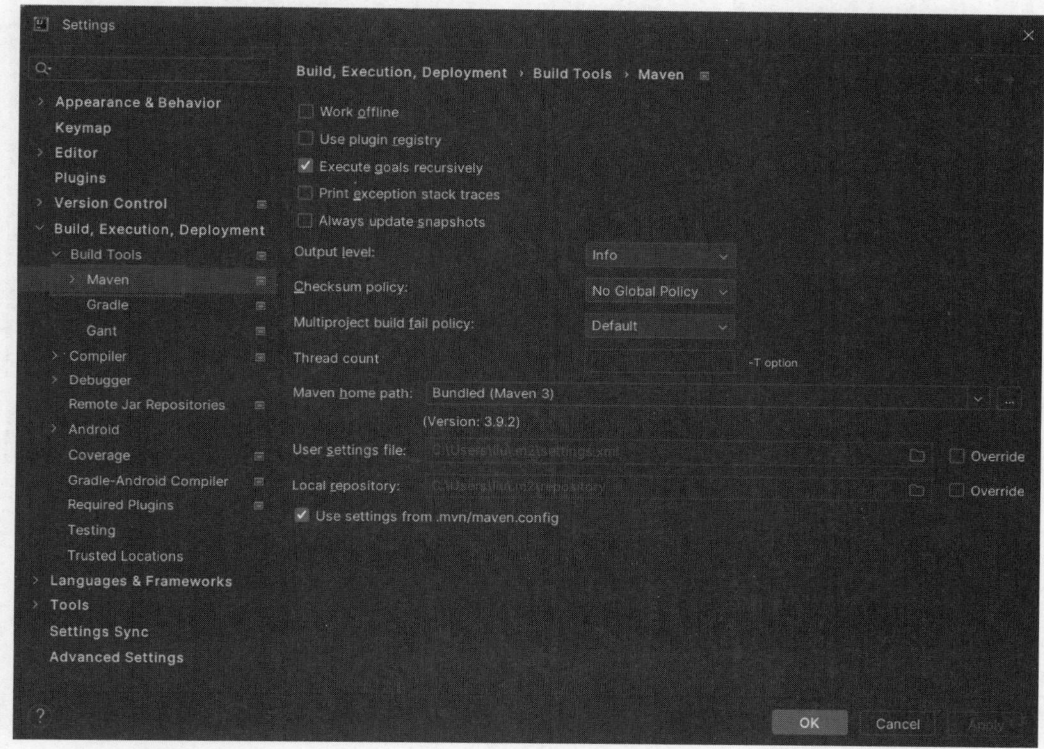

图 1-15　Maven 选项

（3）在 Maven 的配置界面，可以配置以下参数。

☑ Maven home path：指定 Maven 的安装目录，此处选择 D:/dev/apache-maven-3.6.1。

☑ User settings file：指向 Maven 的配置文件，此处选择 D:\dev\apache-maven-3.6.1\conf\settings.xml。

☑ Local repository：指向本地 Maven 仓库目录，默认是~/.m2/repository。如果需要，可以更改此路径，此处设置为 D:\mvn\repo。

（4）单击 OK 按钮保存设置并关闭 Settings 对话框。

需要注意的是，上述配置仅在当前项目中生效，如果希望后续创建的所有项目均采用上述配置，可以单击 File→New Projects Setup→Settings for New Projects，再进行一次相同的配置即可，如图 1-16 所示。

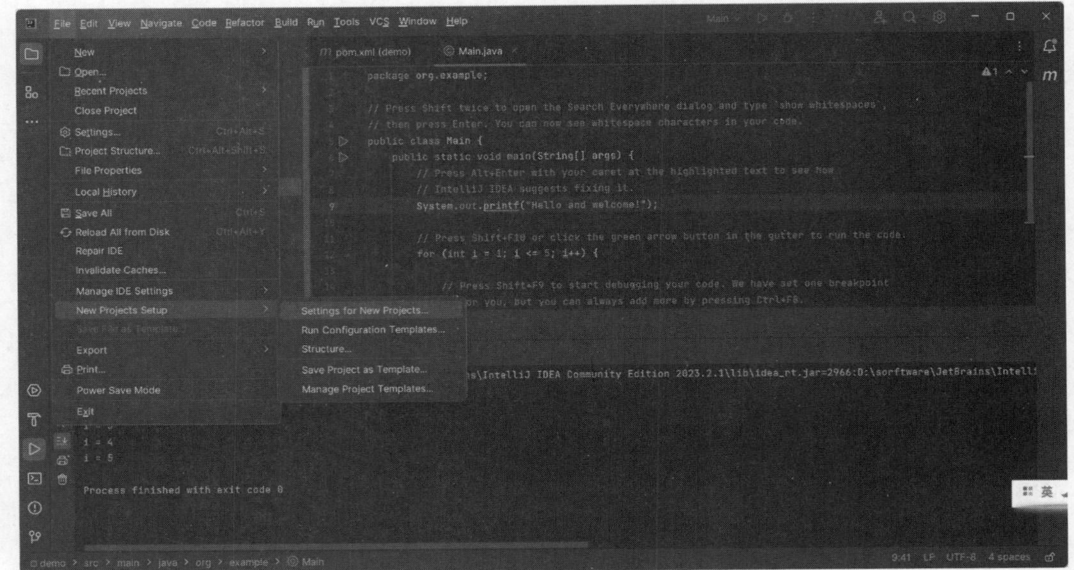

图 1-16　新项目配置

1.4　开发第一个 Spring Boot 应用程序

本节将详细介绍 Spring Boot 项目的创建方法、SpringBoot 项目的目录结构及项目启动的过程。

1.4.1　创建 Spring Boot 项目

创建 Spring Boot 项目的方式有多种，最常见的方式是使用官方提供的 spring initializr。spring initializr 是一个在线工具，用于快速生成一个新的 Spring Boot 项目。它提供了一个直观的 Web 界面，使用户能够选择所需的依赖项、项目元数据以及其他配置选项，然后生成一个压缩的项目包，可以直接下载并使用。

接下来，详细介绍使用 spring initializr 创建项目的具体步骤。

（1）访问 spring initializr 官方地址 https://start.spring.io/，在打开的页面中对项目进行基本的设置，如图 1-17 所示。

（2）指定项目类型、编程语言及构建工具，分别对应页面中的 Project、Language、Spring Boot 选项，构建工具包括 Maven、Gradle，编程语言可以选择 Java、Kotlin 或 Groovy，此处选择 Java 语言，Maven 工具，Spring Boot 版本采用 3.1.3。

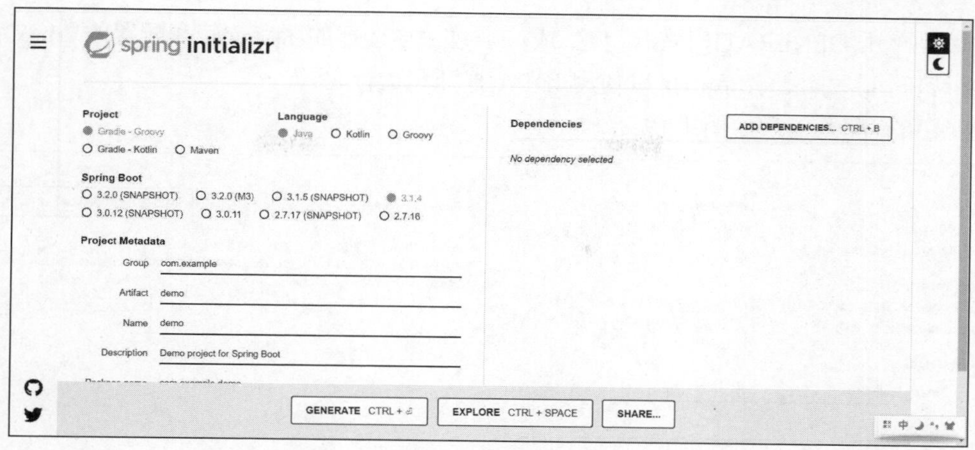

图 1-17　spring initializr 页面

（3）指定项目的元信息，对应页面中的 Project Metadata，此选项用于定义和描述项目的元数据。它们的主要目的是帮助标识唯一的项目，并提供有关项目的基本信息，包括 Group、Artifact、Name、Description 和 Package name 等，此处使用默认设置，读者可根据自己的情况进行修改。

（4）指定项目的打包方式，对应页面中的 Packaging 选项，有 Jar 和 War 两种选择，此处选择 Jar。

（5）指定 Java 版本，此处使用 17。

（6）单击右侧的 ADD DEPENDENCIES 按钮，可以在项目中添加额外的依赖。例如，创建一个 Web 应用程序，可以选择 Spring Web，如图 1-18 所示。

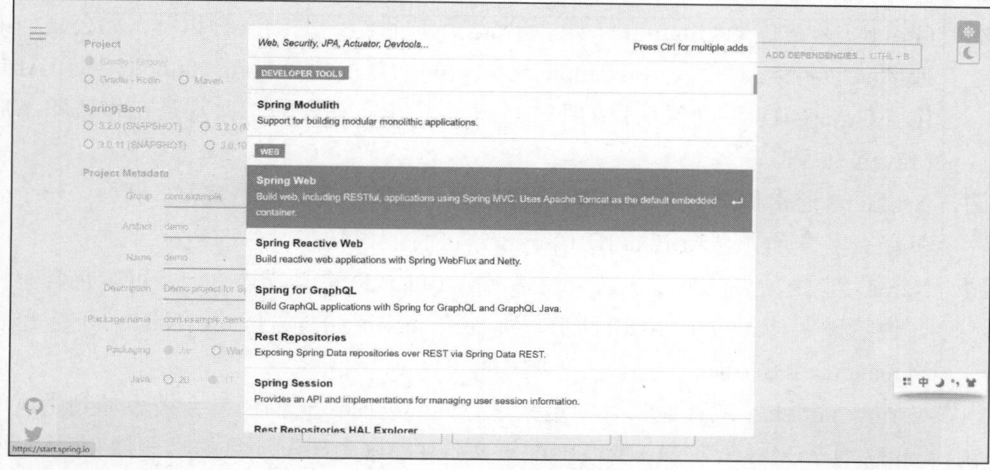

图 1-18　添加额外的依赖

（7）单击 GENERATE 按钮，将生成一个包含你选择的所有依赖和配置的 zip 文件。下载并解压 zip 文件。然后，可以使用 IDEA 打开和运行它。

上述所有配置信息如图 1-19 所示。

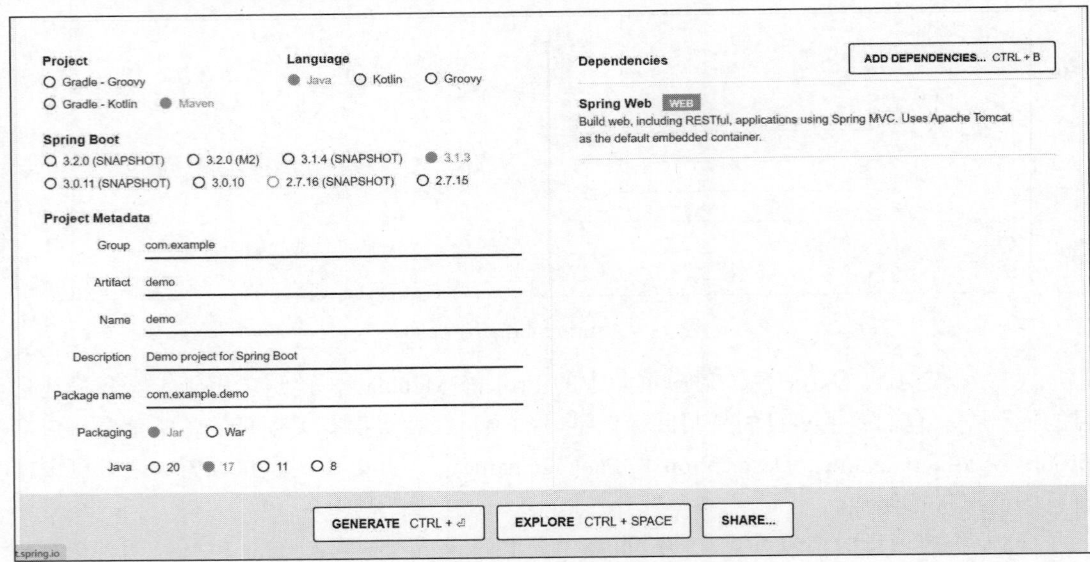

图 1-19　完整配置信息

在 Maven 和 Spring Initializr 中，Group、Artifact、Name 和 Description 是用来定义和描述项目的元数据。它们的主要目的是帮助唯一地标识一个项目，并提供有关项目的基本信息。以下是部分元数据的详细解释。

- ☑ Group（通常称为 Group ID）：它通常表示项目组织的唯一标识符，如公司、组织或团队的名称。对于公司 example.com，group ID 可能是 com.example。结合 Artifact ID，Group ID 可确保项目的唯一性。这是非常重要的，尤其是在将依赖添加到 Maven 仓库时。
- ☑ Artifact（通常称为 Artifact ID）：它表示具体项目或模块的名称。例如，一个公司可能有多个项目，Artifact ID 用于区分它们。
- ☑ Name：它是项目的显示名称，通常比 Artifact ID 更具描述性，并可以包含空格和其他特殊字符。对于 Artifact ID 为 user-service 的项目，其 Name 可能是 User Management Service。

当在 spring initializr 或其他工具中定义这些元数据时，它们通常会被添加到生成的项目的 pom.xml（对于 Maven 项目）或其他配置文件中。这确保了项目的唯一性和可识别性，同时也为项目提供了有关其目的和用途的描述性信息。

1.4.2　Spring Boot 项目目录结构

将 1.4.1 节下载的 demo.zip 文件解压至任意目录，使用 IDEA 打开项目。注意，由于是使用 spring initializr 创建的项目，之前设置的 Maven 信息不会被应用，因此，打开项目后需要重新设置 Maven 环境。

Spring Boot 项目目录结构的关键部分说明如下。

- ☑ src/main/java/：此目录包含项目的主要 Java 源代码。
- ☑ src/main/resources/：存放项目的资源文件，如配置文件、国际化属性文件、SQL 脚本等。
- ☑ src/test/：此目录用于存放项目的测试代码和测试资源。
- ☑ pom.xml：Maven 的配置文件，定义了项目的依赖、插件和其他设置。
- ☑ .gitignore：如果使用 Git 作为版本控制系统，此文件定义了不应该被加入版本控制的文件和目录。
- ☑ Application.java：这是 Spring Boot 应用程序的入口点，它通常包含 @SpringBootApplication 注释，并包含 main 方法来启动应用程序。

在 resources 目录下又有如下 3 个目录。

- ☑ static/：存放静态资源，如 HTML、CSS、JavaScript 文件和图片。在运行时，这些文件都是直接可访问的。
- ☑ templates/：如果使用的是模板引擎（如 Thymeleaf），则模板文件会存放在这里。
- ☑ application.properties：Spring Boot 的主配置文件。也可以选择使用 application.yml 文件。

1.4.3　项目启动过程

使用 IDEA 启动项目，首先找到项目中的启动类，其位于 com.example.demo 包下，名称为 DemoApplication，主要代码如下。

```
@SpringBootApplication
public class DemoApplication {
    public static void main(String[] args) {
        SpringApplication.run(DemoApplication.class, args);
    }
}
```

这是一个非常标准的 Spring Boot 应用程序的启动类。代码的首行是

@SpringBootApplication 注解，这是一个组合注解，它包含了多个其他的 Spring 注解。其中最主要的 3 个注解如下。

- ☑ @SpringBootConfiguration：表明这是一个 Spring Boot 配置类。
- ☑ @EnableAutoConfiguration：启动 Spring Boot 的自动配置机制。这是 Spring Boot 的核心特性，它根据项目中的依赖自动配置应用程序。例如，如果你的 classpath 下有 H2 数据库和 Spring Data JPA，Spring Boot 会默认配置一个内存数据库和一个带有默认设置的 EntityManager。
- ☑ @ComponentScan：扫描当前包和所有子包中的组件，如@Component、@Service、@Repository 和@Controller 类。

接下来是主类的定义，通常命名为{YourProjectName}Application，但这不是强制的。这个类的目的是作为应用程序的入口点。类中定义了程序的 main 方法，这是 Java 程序的入口方法。当从命令行或 IDEA 运行一个 Java 程序时，它首先调用这个 main 方法。

在 main 方法中，调用了 SpringApplication.run(DemoApplication.class, args);，这是启动 Spring Boot 应用程序的实际命令。

- ☑ DemoApplication.class：是传递给 run 方法的参数，告诉 Spring Boot 这是启动类，Spring Boot 应该从这里开始加载。
- ☑ args：这是从 main 方法传递来的参数，允许命令行参数传递给 Spring Boot 应用程序。例如，你可以使用命令行参数来指定 Spring Boot 配置属性。

右击代码区域，在弹出的快捷菜单中选择 Run 'DemoApplication.main()'或单击主类左侧的运行按钮，均可启动当前的 SpringBoot 项目。当运行此类时，Spring Boot 会启动并初始化应用程序，加载 Spring context，并启动所有配置的服务（如内嵌的 Tomcat 服务器），如图 1-20 所示。

项目启动后，会在 IDEA 的底部控制台出现启动日志，如图 1-21 所示。

这是一个典型的 Spring Boot 启动日志，从启动命令到应用程序完全启动，包含了各种关键信息。

Spring Boot 标志与应用启动日志信息如下。

- ☑ Spring Boot 标志：这个美观的 ASCII 图标表示 Spring Boot 的启动。它还显示了当前使用的 Spring Boot 的版本（v3.1.3）。
- ☑ 应用程序启动信息：Starting DemoApplication using Java 17.0.8 with PID 17448 ...，应用程序 DemoApplication 使用 Java 17.0.8 启动，其进程 ID 是 17448。

Spring Boot 项目启动后，会自动开启内嵌的 Tomcat 服务器，其启动日志信息内容如下。

- ☑ Tomcat initialized with port(s): 8080 (http)：内嵌的 Tomcat 服务器初始化，监听 8080 端口。

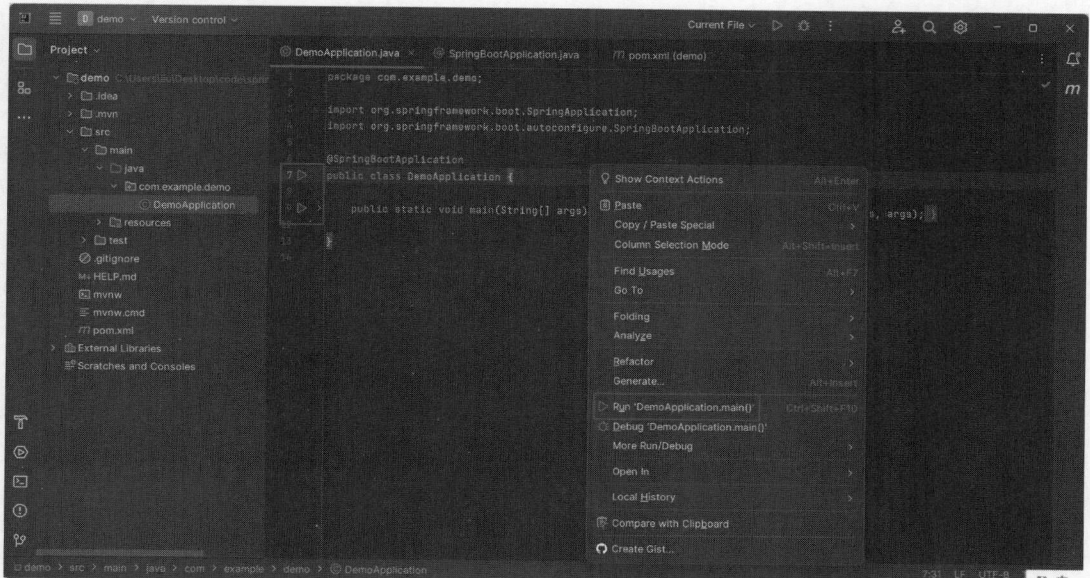

图 1-20　启动项目

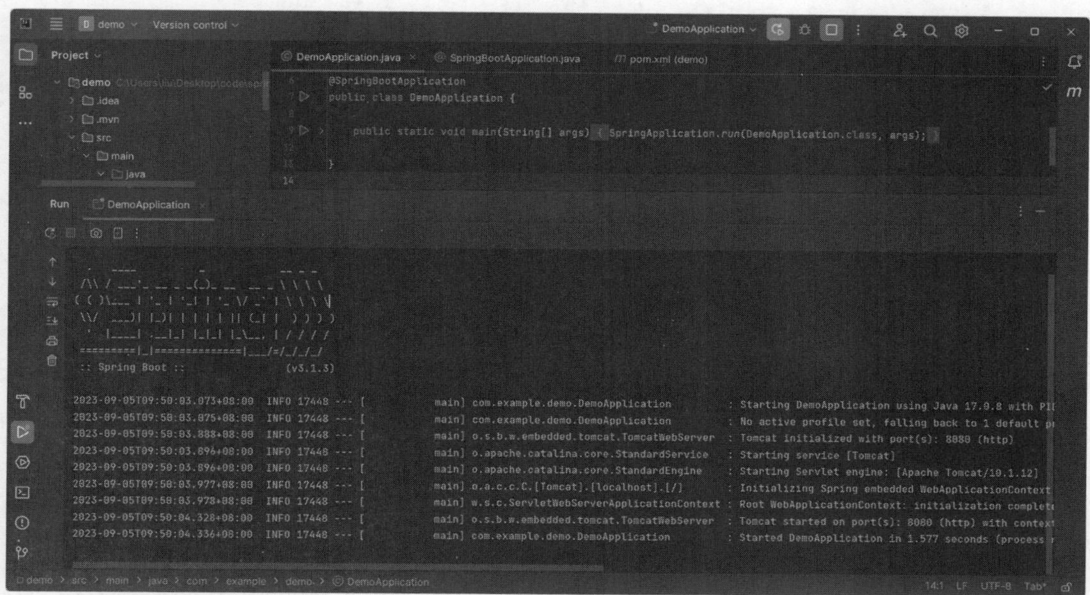

图 1-21　项目启动日志

☑　Starting service [Tomcat]：Tomcat 服务开始启动。

☑　Starting Servlet engine: [Apache Tomcat/10.1.12]：Servlet 引擎开始启动，使用的是

Tomcat 10.1.12。

- ☑ Initializing Spring embedded WebApplicationContext：Spring 的 WebApplicationContext 开始初始化。
- ☑ Root WebApplicationContext: initialization completed in 859 ms：WebApplicationContext 初始化完成，花费了 859 毫秒。

当应用启动完毕后，会输出如下日志信息。

- ☑ Tomcat started on port(s): 8080 (http) with context path：Tomcat 完全启动，监听 8080 端口。
- ☑ Started DemoApplication in 1.577 seconds (process running for 1.877)：DemoApplication 启动完成，启动耗时 1.577 秒。

上述所有日志提供了 Spring Boot 应用程序从开始启动到完全启动的整个过程的详细信息，这在诊断启动问题或了解应用程序启动的细节时非常有用。

至此，已经完成了 Spring Boot 项目从创建到运行的所有必要步骤。

1.5 Spring Boot 系统配置

Spring Boot 采纳了“约定优于配置”的设计理念。例如，在 1.4.3 节中，当启动项目时，Spring Boot 会默认通过其内置的 Tomcat 在 8080 端口上启动应用，免去了手动配置的步骤。除此之外，Spring Boot 还提供了众多类似的默认约定。当然，如果有特定需求，如更改端口号或指定数据库连接等，也可以通过 Spring Boot 提供的配置文件进行自定义配置，接下来详细介绍如何在实际项目中进行系统配置。

1.5.1 配置文件

Spring Boot 使用配置文件来配置和定制应用程序的行为。当使用 Spring Initializr 或某些 IDE 的内置工具（如 IntelliJ IDEA 或 Eclipse 的 Spring Boot 插件）来创建一个新的 Spring Boot 项目时，系统通常会自动生成一个 application.properties 文件，该文件位于 src/main/resources/目录中，这是 Spring Boot 的默认配置文件。application.properties 文件最初是空的，需要开发者根据项目需求进行配置。

除了 application.properties 文件，还可以选择使用 application.yml 文件进行配置。如果你更喜欢 YAML 格式，可以删除 application.properties 文件并替换为 application.yml 文件。

两者的功能是相同的，只是表示和格式有所不同。

1. application.properties

application.properties 使用属性键-值对的方式配置应用程序属性，键-值对之间使用“=”进行分隔。例如，指定服务器端口。

```
# 设置服务器端口为 8081
server.port=8081
```

文件中的“#”表示单行注释，属性之间的层级关系使用点语法表示，下面是一个典型的系统配置内容，指定了服务器端口及数据库连接相关的信息。

```
# 设置服务器端口为 9090
server.port=9090
# 设置数据库的连接地址
spring.datasource.url=jdbc:mysql://localhost:3306/mydb
# 设置数据库账号
spring.datasource.username=root
# 设置数据库密码
spring.datasource.password=rootpassword
```

2. application.yml

application.yml 是 Spring Boot 的另一种标准配置文件格式，使用 YAML（yet another markup language）语法。与 application.properties 相比，application.yml 提供了一种更加结构化和简洁的方式来表示配置。

YAML 通过缩进来表示层级结构，键-值对之间使用“:”分隔。例如，指定服务器端口。

```
# 设置服务器端口为 8081
server:
  port: 8081
```

YAML 文件非常依赖于正确的缩进。一个常见的错误是混淆制表符和空格，或者使用了错误数量的空格进行缩进。当处理 YAML 时，要确保你的文本编辑器或 IDE 能够正确显示缩进，并避免使用制表符。

下面是一个典型的使用 YAML 文件的系统配置内容，指定了服务器端口及数据库连接相关的信息。

```
# 设置服务器端口为 9090
server:
  port: 9090
# 设置数据库的连接信息
```

```
spring:
  datasource:
    url: jdbc:mysql://localhost:3306/mydb
    username: root
    password: rootpassword
```

对于简单的配置，application.properties 文件非常直观和简洁，但当涉及大量的配置和多层嵌套时，可读性会受到影响。application.yml 文件结构更清晰，用户容易理解配置之间的关系，具有更优的可读性，特别是在有许多层级和嵌套的情况下。

选择哪种格式主要取决于个人或团队的偏好、项目的复杂性以及你希望获得的可读性。简单项目可能会更倾向于使用 application.properties，而复杂的项目或那些已经在其他地方使用 YAML 的项目可能会选择使用 application.yml。

1.5.2 自定义属性配置

在 Spring Boot 中，配置通常有两个主要来源，即系统配置和自定义配置。

系统配置指的是 Spring Boot 提供的“开箱即用”的默认配置，如启动和服务器配置 server.port、数据库连接 spring.datasource、日志设置 logging.level 等。这些配置主要控制框架和第三方库的行为。

自定义配置通常用于应用程序特定的配置，这些配置不是框架或库提供的，而是为满足特定业务或功能需求而定义的。例如，如果应用程序需要与外部 API 交互，你可能需要配置该 API 的 URL、超时时间、API 密钥等。也可以定义应用程序的版本号、默认语言、默认时区等。

系统配置关注框架和库的行为，而自定义配置更注重业务逻辑和应用程序特有的功能。在实际应用开发中，这两种配置经常同时使用，以确保应用程序能够正常工作并满足特定需求。

在 Spring Boot 中，为了支持强大且灵活的配置机制，框架提供了@Value 和@ConfigurationProperties 这两个关键注解。它们都会从配置文件中读取并注入属性值，但各有其特色和适用场景。

1. @Value

@Value 允许直接将配置文件中的单个属性值注入 Spring bean 中的字段、方法参数或构造函数参数。在 Spring Boot 中，经常使用@Value 从 application.properties 或 application.yml 中读取配置值。例如，@Value("${app.name}")可以从配置文件中读取 app.name 的值并将其注入对应的 Java 字段。

首先，在 application.properties 文件中加入以下自定义内容。

```
app.name=MyApplication
```

在 1.4.1 节创建的 demo 项目中，加入测试用的 bean，命名为 MyAppProperties，为了方便测试，将此类创建在 test 目录的 com.example.demo 包下，代码如下。

```
import org.springframework.beans.factory.annotation.Value;
import org.springframework.stereotype.Component;

@Component
public class MyAppProperties {

    // 读取配置文件中的 app.name 配置项
    @Value("${app.name}")
    private String appName;
    public String getAppName() {
        return appName;
    }
    public void setAppName(String appName) {
        this.appName = appName;
    }
}
```

上述代码创建了名为 MyAppProperties 的 Java 类，共使用了两个注解，分别为@Component 和@Value。

（1）@Component 是 Spring 框架中的一个核心注解，它表示该类是一个组件，即一个 Spring bean。Spring 会自动检测应用程序中所有带有@Component 注解的类，并将它们注册为 Spring 应用上下文中的 bean，由 Spring 容器进行统一管理。

@Component 是其他许多 Spring 注解的基础，如@Service、@Repository 和@Controller。这些都是特殊化的@Component 注解，各自具有特定的用途。这些注解在后续的章节中还会详细介绍。带有@Component 的类可以使用@Autowired、@Resource 或@Inject 注解来自动注入依赖。

（2）@Value("${app.name}")用于读取 application.properties 配置文件中 app.name 配置项的属性值。

在项目 test 目录自带的 DemoApplicationTests 类中加入以下单元测试代码，用于测试@Value 注解。

```
@SpringBootTest
class DemoApplicationTests {
```

```
    @Autowired
    private MyAppProperties appProperties;
    @Test
    void getProperties(){
        System.out.printf(appProperties.getAppName());;
    }
}
```

这段代码中首先使用了@SpringBootTest 注解告诉 Spring Boot 为该测试类创建一个完整的应用上下文，通常包括所有的应用组件，如 beans、配置类和其他依赖项。这使得我们可以在真实的 Spring Boot 环境中运行测试。

然后在 DemoApplicationTests 类中声明了一个私有字段 appProperties，其类型为 MyAppProperties，其上的@Autowired 注解表示 Spring Boot 在启动时应该自动注入一个 MyAppProperties 类型的 bean 到该字段中。能够注入的前提是 MyAppProperties 类应该带有类似@Component 这样的注解。

接着定义了名为 getProperties 的测试方法，@Test 注解标识这是一个 JUnit 测试方法。

在测试方法内，我们调用 appProperties.getAppName()方法获取应用名称，并使用 System.out.printf 将其打印到控制台。

注意：

如果 MyAppProperties 未正确配置或其他任何原因导致 bean 注入失败，则此测试将不会通过。

2. @ConfigurationProperties

虽然@Value 是以一种简单并且直观的方式来注入配置值，但当需要注入大量相关的配置属性时，使用@ConfigurationProperties 通常是更好的选择，该注解允许你将配置文件中的多个相关属性绑定到一个 Java bean，使得配置更加结构化和类型更加安全。例如，使用@ConfigurationProperties(prefix = "app")可以将所有带有 app 前缀的属性绑定到一个 bean。

首先，在 application.properties 文件中加入以下自定义内容。

```
app.custom.name=MyApplication
app.custom.timeout=300
```

在 demo 项目中，加入测试用的 bean，命名为 CustomProperties，为了方便测试，将此类创建在 test 目录的 com.example.demo 包下，代码如下。

```
@Component
@ConfigurationProperties(prefix = "app.custom")
public class CustomProperties {
```

```
    private String name;
    private int timeout;
    public String getName() {
        return name;
    }
    public void setName(String name) {
        this.name = name;
    }
    public int getTimeout() {
        return timeout;
    }
    public void setTimeout(int timeout) {
        this.timeout = timeout;
    }
}
```

在上面的例子中，prefix = "app.custom"指示@ConfigurationProperties 查找前缀为 app.custom 的所有属性，如 app.custom.name 和 app.custom.timeout。为了后续在项目中使用该类，需要确保 AppProperties 类能被 Spring Boot 识别并处理。因此将其标记为@Component。

在 DemoApplicationTests 类中加入以下单元测试代码，用于测试是否生效。

```
@SpringBootTest
class DemoApplicationTests {

    @Test
    void contextLoads() {
    }
    @Autowired
    private MyAppProperties appProperties;

    @Autowired
    private CustomProperties customProperties;

    @Test
    void getProperties(){
        System.out.println(appProperties.getAppName());;
        System.out.println(customProperties.getName());
        System.out.println(customProperties.getTimeout());
    }
}
```

上述代码中，首先通过@Autowired 注解注入了 customProperties 实例，然后在

getProperties()测试方法中调用 customProperties.getName()和 customProperties.getTimeout()方法获取配置信息并打印至控制台。

为了选择合适的配置注入方法，开发者需要根据具体需求进行权衡。如果只是需要注入少量的属性，@Value 可能是更简单的选择。然而，对于需要结构化和集中管理的大型配置，或者需要利用类型安全、验证和复杂属性的优势，@ConfigurationProperties 显然是更好的选择。

第 2 章 Spring Boot Web 应用开发

通过本章内容的学习，可以达到以下目标。

（1）了解 MVC 架构及其在 Web 应用开发中的应用。

（2）理解 Spring Boot 中 Web 请求与响应的处理机制。

（3）掌握构建 RESTful 服务的方法和原则。

（4）掌握文件上传与下载的技术实现。

（5）掌握数据验证与异常处理在 Spring Boot 中的应用。

本章专注于使用 Spring Boot 框架构建 Web 应用。从 MVC 架构基础出发，深入探讨请求与响应处理、RESTful 服务构建、文件上传下载及数据验证与异常处理，旨在提升读者在 Spring Boot 应用开发中的实际操作能力和问题解决能力。

2.1 MVC 架构应用

本节将介绍如何使用 spring-boot-starter-web 来构建基于 Spring MVC 的应用，深入探讨 Spring MVC 的核心概念，指导读者开发基本的 Spring Boot Web 应用。

2.1.1 spring-boot-starter-web

在 1.4.1 节中，创建 Spring Boot 项目时额外添加了 Spring Web 相关的依赖，加入此项依赖后，所生成项目的 pom.xml 文件中会加入 spring-boot-starter-web 启动器（starter），Spring Boot 的启动器是一种特殊的依赖项，旨在简化依赖项管理。通过引入一个启动器，可以得到一个特定功能或模块的所需依赖项，而不用再手动添加每个依赖项。

在项目的 pom.xml 文件中可以看到如下所示的启动器依赖项。

```
<dependencies>
    <dependency>
```

```
            <groupId>org.springframework.boot</groupId>
            <artifactId>spring-boot-starter-web</artifactId>
        </dependency>
        <dependency>
            <groupId>org.springframework.boot</groupId>
            <artifactId>spring-boot-starter-test</artifactId>
            <scope>test</scope>
        </dependency>
</dependencies>
```

以上代码是 pom.xml 文件中的<dependencies>部分，它描述了项目的依赖关系，共有如下两个依赖。

（1）spring-boot-starter-web 是 Spring Boot 为 Web 开发提供的启动器依赖，它是构建 Web 应用的基础。

（2）spring-boot-starter-test 是 Spring Boot 提供的用于测试的启动器依赖，它包含了许多有用的测试库，如 JUnit、Spring Test 等。同时，scope 被设置为 test，表示此依赖仅在测试时有效，以确保测试库不会被包含在生产的应用程序包中。

spring-boot-starter-web 会自动配置如下关键的 Web 开发组件。

（1）Spring MVC，Spring 体系中核心的 Web 开发框架，用于创建标准的 Web 应用程序。

（2）Embedded Tomcat，使用嵌入式的 Tomcat 作为默认的 Web 服务器，使应用程序可以独立运行，而不需要外部的 Tomcat 实例。

（3）其他 Web 开发相关的依赖，如用于 JSON 处理的 Jackson，以及 Validation API 用于数据验证。

引入 spring-boot-starter-web 依赖后，就不需要单独添加这些 Web 组件了，Spring Boot 会自动处理版本兼容性和配置，简化了基于 Spring Boot 的 Web 应用程序的构建过程。

2.1.2 Spring MVC

当使用 Spring Boot 开发 Web 应用程序时，Spring MVC 是其背后的主要驱动力，作为 Spring 框架的一部分，它为 Web 应用提供了 MVC 架构和组件，是 Java Web 开发中极为流行和广泛采用的框架之一。

MVC 是一种设计模式，用于将应用程序分为三个主要组件。这种分离促进了用户界面和业务数据之间的清晰分隔，增强了代码的模块化和可维护性。

以下是 MVC 各组件的分工。

☑ Model：代表应用程序的数据和核心业务逻辑，它响应视图和控制器的指令，如更新数据库、修改数据，通常包括数据访问层和服务层。

☑ View：负责展示数据，即用户所见的界面。它从模型获取信息并呈现给用户，处理用户界面和布局。

☑ Controller：处理用户请求，决定调用哪个模型组件，并将结果返回给用户。

MVC 的各组件工作流程如图 2-1 所示。

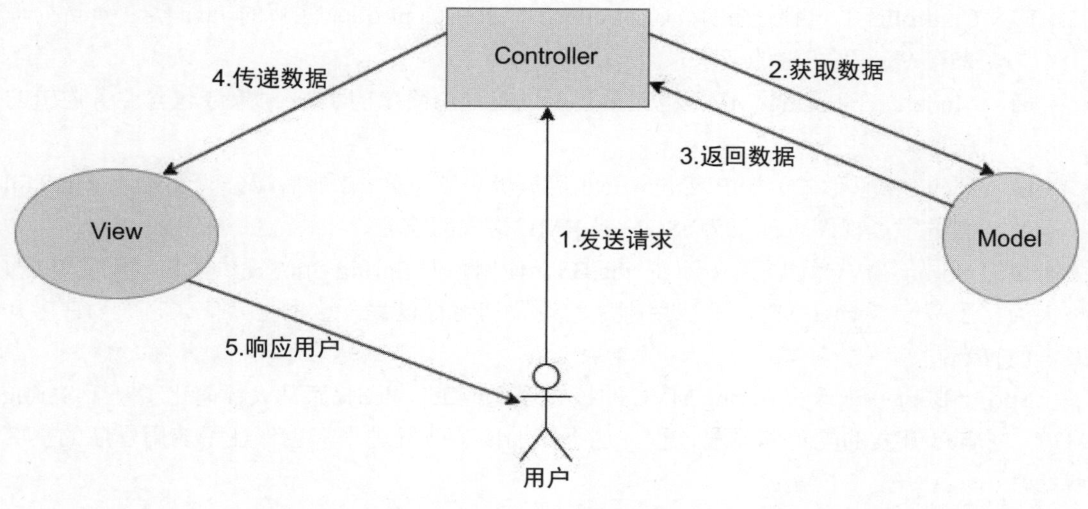

图 2-1　MVC 工作流程

MVC 架构的核心工作流程可以概括如下。

（1）用户交互。流程开始于用户在 Web 浏览器中的操作，如单击按钮或链接。这些操作将触发请求发送至相应的控制器。

（2）控制器处理。控制器接收用户的请求后，会解释用户的需求，控制器可能会检查用户输入的数据，如表单的数据，以确保它们是有效的。接着控制器会基于用户的输入和应用程序的业务逻辑决定下一步该如何操作，一旦决定了如何响应用户的请求，控制器会指示模型进行相应的数据处理，这可能包括从数据库中获取数据、更新数据或进行其他任何与数据相关的操作。

（3）模型执行。模型执行控制器的指令，处理数据，并返回结果（如查询结果）给控制器，模型也可能根据需要更新其状态。

（4）视图呈现。控制器接收模型的数据后，会选择一个合适的视图进行展示。视图获取控制器传递的数据，生成输出，如 HTML 页面。视图的职责仅限于数据展示，不处理业务逻辑。

（5）用户响应。一旦视图生成了输出（如一个完整的 HTML 页面），这个输出就会被发送回用户的设备，供用户查看和互动。在 Web 应用中，输出通常是通过 Web 浏览器展示的。一旦响应被送回用户，系统就会再次等待用户的下一个动作，然后重复整个过程。

这就是 MVC 的核心工作流程。虽然不同系统的实现可能有所不同，但上述的基本工作流程是大多数 MVC 系统共有的。

Spring MVC 框架作为 MVC 设计模式的实现，包含以下组件。

☑ Controller：一般是带有@Controller 或@RestController 注解的 Java 类，负责处理来自 Web 客户端的请求。

☑ Model：在 Spring MVC 中，模型可以是一个简单的 Java 对象或包含业务逻辑的服务。

☑ View：常见形式为 JSP、Thymeleaf 等模板引擎页面。在前后端分离架构或 RESTful 服务中，视图可能仅为 JSON 或 XML 格式的响应。

虽然 Spring MVC 可以独立于 Spring Boot 使用，但 Spring Boot 提供了自动配置功能，极大简化了基于 Spring MVC 的应用程序的设置和运行过程，这也是为什么它成为许多开发者的首选。

Spring Boot 并未改变 Spring MVC 的核心理念或工作机制，而是大幅简化了基于 Spring MVC 的 Web 开发的配置和设置过程。这不仅加快了开发进程，也保证了应用程序的生产就绪性。

2.1.3 开发基本的 Web 应用

在开发应用前，需要先考虑如何组织项目中大量的类和接口文件，通常情况下，Spring Boot 项目中的控制器类（Controller）会被组织并存放在一个名为 controller 的包中。这是一种通用的约定，用于将控制器与其他组件（如服务、模型等）分开进行组织。

Spring Boot 没有严格的项目结构，但它有一些约定和最佳实践，这些最佳实践使得代码更加整洁，模块化，并有助于自动配置的正常工作。以下是一个典型的 Spring Boot 项目的包结构，如表 2-1 所示。

表 2-1 Spring Boot 项目包结构

目　录	描　述
com.example.myapp	项目的根包，通常以域名或公司名称的反转来命名
controller	存放处理请求和响应的控制器类
service	包含业务逻辑的服务类
repository	数据访问和持久化层，使用 MyBatis-Plus 等技术时可能命名为 mapper 或 dao
model	存放模型类，通常是 POJO（plain old java object）类，用于表示应用程序中的数据结构

续表

目　录	描　述
config	存放配置类，用于配置应用程序的一些特殊设置，如数据库连接、安全配置等
dto	数据传输对象（data transfer object）这里存放 DTO 类，用于在层之间传输数据，特别是在 Controller 和 Service 层之间
util	存放工具类，通常包含一些辅助性方法或工具函数

这只是一个基础的结构。随着应用的扩展，你可能会添加其他包，如 exceptions（自定义异常）、security（安全配置）、constants（常量类）等，以适应不同的需求和复杂性。

这种包结构有助于清晰地组织不同类型的组件，提高代码的可维护性和可读性。根据项目的规模和需求，可以适当地调整和定制这个结构。

构建一个能够响应用户请求的 Web 服务，只需要经过以下三步。

（1）引入 spring-boot-starter-web 依赖。

（2）创建一个带有@RestController 注解的类。

（3）在此类中定义一些带有@RequestMapping 或其相关注解（如@GetMapping、@PostMapping 等）的方法。

因为 spring-boot-starter-web 依赖在创建项目时已经加入，所以接下来详细介绍后续的两个步骤。

首先，在 demo 项目的根包（com.example.demo）下创建 controller 包，并在此包下新建名为 BookController 的类，代码如下。

```
import org.springframework.web.bind.annotation.GetMapping;
import org.springframework.web.bind.annotation.RestController;
import java.util.Arrays;
import java.util.List;

@RestController
public class BookController {
    @GetMapping("/books")
    public List<String> getAllBooks() {
        return Arrays.asList("The Great Gatsby", "Moby Dick", "War and Peace");
    }
}
```

该代码定义了一个简单的 Spring Boot 控制器，控制器返回一份书籍列表，其中：

☑ @RestController 是一个 Spring 的特殊注解，表示这个类是一个 RESTful Web 服务的控制器，该控制器返回的对象会自动被转换为 JSON 响应。

☑ @GetMapping("/books")是一个方法级的注解，表示当用户向/books 发送一个 GET

请求时，该方法会被调用。

☑ getAllBooks()方法是为了处理前面@GetMapping("/books")定义的路径请求，当此方法被调用时（即当有人请求/books 路径时），它会返回这三本书的名字。

当启动应用程序后，可以通过浏览器访问 http://localhost:8080/books 来获取所有书籍列表，会得到以下的 JSON 响应。

```
["The Great Gatsby", "Moby Dick", "War and Peace"]
```

2.1.4 控制器注解

Spring MVC 中用于定义控制器的注解有@Controller 和@RestController，两者都用于声明某个类为 Web 层的控制器，但它们在功能上有明显差异。

当使用@Controller 注解时，控制器类中的方法通常返回一个字符串，代表逻辑视图的名称。这个视图名将被解析为一个实际的视图，如一个 JSP、Thymeleaf 或 FreeMarker 模板。

如果想从@Controller 注解的类中的方法返回数据，而不是视图，则可以在该方法上使用@ResponseBody 注解。这样，返回的数据会被直接写入 HTTP 响应体，通常用于返回 JSON 或 XML 格式的数据。

@Controller 示例代码如下。

```
@Controller
public class WebController {

    @GetMapping("/page")
    public String getPage() {
        // 返回 index 视图（例如：index.jsp 或 index.html）
        return "index";
    }
    @GetMapping("/data")
    @ResponseBody
    public List<String> getData() {
     // 直接返回书籍列表
        return Arrays.asList("The Great Gatsby", "Moby Dick", "War and Peace");
    }
}
```

这段代码定义了名为 WebController 的控制器类，该控制器有两个处理方法，分别处理两种不同的 HTTP GET 请求。

☑ @GetMapping("/page")：此注解将 getPage 方法与/page 路径的 HTTP GET 请求相关联。该方法返回一个字符串，代表视图名称。在这个示例中，它返回 index，这意味着请求将被解析并展示为名为 index 的视图。

☑ @GetMapping("/data")：此注解将 getData 方法与/data 路径的 HTTP GET 请求相关联。由于该方法上额外添加了@ResponseBody 注解，其返回值将直接写入 HTTP 响应体中，而不是被解析为视图名称。因此，它将返回一个包含三本书名的 JSON 数组。

@RestController 是@Controller 和@ResponseBody 注解的结合体。它标记一个类为控制器，且类中的每个方法默认返回数据而非视图。使用@RestController 的控制器方法直接将返回值写入 HTTP 响应体，无须在每个方法上单独添加@ResponseBody。

@RestController 示例代码如下。

```
@RestController
public class ApiController {
    @GetMapping("/data")
    public List<String> getData() {
     // 直接返回书籍列表
        return Arrays.asList("The Great Gatsby", "Moby Dick", "War and
Peace");
    }
}
```

需要注意的是，当@Controller 用于返回视图（如 JSP、Thymeleaf、FreeMarker 等）时，通常表示前端和后端逻辑在同一个项目或应用中。这种架构常被称为“单体应用”或“传统的 Web 应用”。在这种情况下，前后端并不是完全分离的。

在前后端分离的架构中，后端通常只提供数据接口，如 RESTful API，使用@RestController 来返回数据而不是视图；前端则是一个独立的应用，如使用 Vue.js、React、Angular 等框架构建的 SPA（单页应用）。

2.2　请求与响应

在 Spring Boot 中，请求与响应的处理主要是基于 Spring MVC 框架的@RequestMapping、@RequestParam、@PathVariable 注解，本节将详细介绍这些注解的使用方法。

2.2.1　请求映射

@RequestMapping 是 Spring MVC 中的核心注解，用于将请求路径映射到特定的控制器方法。它具有多个属性，使得处理器方法能够只响应满足特定条件的请求。表 2-2 列出了@RequestMapping 注解的主要属性及其用法。

表 2-2　@RequestMapping 的主要及其用法属性

属　性	描　述	示　例
value/path	定义 URI 模式，是@RequestMapping 最常用的属性，类型为 String[]	@RequestMapping("/books")
method	定义 HTTP 请求方法，如 GET、POST、PUT、DELETE 等，类型为 RequestMethod[]	@RequestMapping(value="/books", method=RequestMethod.GET)
params	定义请求必须满足的参数条件。可以指定参数存在、不存在或具有特定的值，类型为 String[]	@RequestMapping(value="/books", params="type=novel") 只匹配有 type=novel 参数的请求
headers	定义必须满足的请求头条件，类型为 String[]	@RequestMapping(value="/books", headers="Referer=http://www.example.com/") 只匹配来自指定 Referer 的请求
consumes	定义请求必须发送的内容类型，通常是 Content-Type 头部的值，常用于处理特定格式的请求主体，如 JSON 或 XML，类型为 String[]	@RequestMapping(value="/books", method=RequestMethod.POST, consumes="application/json")只匹配 Content-Type 为 application/json 的 POST 请求
produces	定义响应的可接收内容类型，通常对应于 Accept 头部。允许处理器方法根据客户端可接收的内容类型生成响应，类型为 String[]	@RequestMapping(value="/books", produces="application/json") 指示处理器方法产生 JSON 响应

@RequestMapping 提供了灵活的 URL 匹配机制，允许通过多种方式指定请求与处理器方法间的映射关系。在实践中，最常用的匹配方式包括基于 value 属性的请求路径匹配和基于 method 属性的请求方法匹配。

1．基于 value 属性的请求路径匹配

最简单的方式就是直接指定一个路径。例如，@RequestMapping("/books")会将所有发送到/books 的请求映射到控制器方法，具体示例如下。

```
@RestController
public class BookController {
    @RequestMapping("/books")
    public List<String> getAllBooks() {
        return Arrays.asList("The Great Gatsby", "Moby Dick", "War and Peace");
    }
}
```

此外，@RequestMapping 还支持使用通配符来进行更灵活的路径匹配。

☑ ?：匹配单个字符。例如，/boo?s 可以匹配/books 或/boots，但不匹配/booos。
☑ *：匹配路径的一个部分。例如，/users/*可以匹配/users/1 或/users/john，但不匹配/users 或/users/1/details。
☑ **：匹配路径的多个部分。例如，/users/** 可以匹配/users/1、/users/john、/users/1/details 等。

使用通配符的示例代码如下。

```
@RequestMapping("/users/*")
@RequestMapping("/users/**")
```

@RequestMapping 既可以用于控制器类级别，也可以用于方法级别。当它被同时应用于类和方法时，类级别和方法级别的 URL 模式会组合在一起。例如：

```
@RestController
@RequestMapping("/api")
public class BookController {

    // 将处理发送到"/api/books"的请求
    @RequestMapping("/books")
    public List<String> getAllBooks() {
        return Arrays.asList("The Great Gatsby", "Moby Dick", "War and Peace");
    }
}
```

在上述代码中，所有发送到/api/books 的请求都会被映射到 getAllBooks()方法。当@RequestMapping 应用于类级别时，它为该类中的所有方法定义了一个基础 URI，可以被视为所有方法共享的“前缀”。因此，类级别的模式与方法级别的模式组合在一起，形成了最终的请求映射路径。

在控制器方法中，可以通过在路径中使用{variableName}的格式来捕获 URL 的一部分作为路径变量。这些变量随后可以在控制器的处理器方法中通过@PathVariable 注解进行访问。例如：

```
@RequestMapping("/books/{bookId}")
public String getBook(@PathVariable String bookId) {
    // 打印传递的 bookId
    System.out.println(bookId);

    // 假设返回与 bookId 相关的书籍信息
    return "The Great Gatsby";
}
```

2．基于 method 属性的请求方法匹配

@RequestMapping 注解的 method 属性允许我们根据 HTTP 请求的方法（如 GET、POST、PUT、DELETE 等）来进一步限定请求的匹配。这意味着可以将特定的 HTTP 方法映射到相应的处理器方法上。

例如，指定单个 HTTP 方法：

```
@RequestMapping(value = "/users", method = RequestMethod.GET)
```

指定多个 HTTP 方法：

```
@RequestMapping(value = "/users", method = { RequestMethod.GET,
RequestMethod.POST })
```

为了简化开发和提高代码的可读性，Spring 还提供了一些快捷注解，它们实际上是@RequestMapping 的预设版本。

☑ @GetMapping：对应 HTTP 的 GET 方法。

☑ @PostMapping：对应 HTTP 的 POST 方法。

☑ @PutMapping：对应 HTTP 的 PUT 方法。

☑ @DeleteMapping：对应 HTTP 的 DELETE 方法。

☑ @PatchMapping：对应 HTTP 的 PATCH 方法。

使用这些快捷注解，上述例子可以被更简洁地表示为：

```
@GetMapping("/users")
@PostMapping("/users")
```

通过结合基于路径和 HTTP 方法的匹配，@RequestMapping 提供了一种灵活的方式来定义请求与处理器方法之间的映射关系。

2.2.2 参数绑定

在 Web 应用中，服务端经常需要获取浏览器传递的数据，如搜索查询、分页、排序和过滤等场景。在 Spring Boot 中，有多种注解可用于将请求中传递的数据绑定到处理器方法的参数中，以便获取并处理这些数据。常用的注解如下。

☑ @PathVariable：从 URI 模板中提取值，如从/books/{id}中提取 id。

☑ @RequestParam：获取查询参数或表单数据。

☑ @RequestBody：将请求主体（通常为 JSON 或 XML）绑定到方法参数。

☑ @RequestHeader：获取请求头的值。

- ☑ @CookieValue：从 Cookie 中提取值。

1．查询参数

查询参数，也称为查询字符串参数或 URL 参数，是 URL 的一部分，用于传递额外的信息给服务器。这些参数以键-值对的形式存在，并且以问号（?）开头附加到 URL 后面。多个参数之间通常使用&符号进行分隔。

例如，在以下 URL 中，query 和 page 是查询参数的键，而 springboot 和 2 是对应的值：

```
https://example.com/search?query=springboot&page=2
```

在 Web 开发中，查询参数常常用于以下场景。

- ☑ 搜索查询：如 query=springboot 表示一个搜索查询。
- ☑ 分页：如 page=2，告诉服务器客户端想要查看第二页的数据。
- ☑ 排序和过滤：如 sort=asc&filter=active 表示按升序排序并过滤活跃项目。
- ☑ 其他设置或选项：如选择显示的语言、布局选项等。

在 Spring Boot 中，可以使用@RequestParam 注解来获取查询参数的值。例如：

```
@GetMapping("/search")
public String search(@RequestParam String query, @RequestParam int page) {
    // 此处的 query 和 page 参数将自动赋值为 URL 中相应查询参数的值
}
```

如果 HTTP 请求中的参数名称与控制器方法的参数名称相同，可以省略@RequestParam 注解。在这种情况下，Spring 会自动进行数据绑定，将请求参数的值赋给方法参数。因此，上述代码也可以简化为：

```
@GetMapping("/search")
public String search(String query,int page) {
   // query 和 page 参数同样会自动映射
}
```

然而，如果 HTTP 请求中的参数名称与方法的参数名称不一致，这种情况比较少见，这时就需要使用@RequestParam 来明确指定映射关系。例如：

```
@GetMapping("/example")
public String example(@RequestParam("paramName") String myVar) {
   // 将请求中的 paramName 参数映射到方法的 myVar 参数
}
```

在这个例子中，HTTP 请求中的参数名为 paramName，而方法中的参数名为 myVar。如果省略@RequestParam，则 Spring 会尝试查找一个名为 myVar 的请求参数，这显然不是我们想要的。

@RequestParam 注解支持设置参数为可选，并允许为这些参数指定默认值。例如：

```
@GetMapping("/example")
public String example(@RequestParam(name="param", required=false,
defaultValue="default") String param) {.
}
```

在这个例子中，param 参数被设置为可选的（required=false），并且当未提供 param 参数时，默认值将是 default。这意味着方法在不同请求情况下的行为如下。

- ☑ 对于请求/example?param=test，param 参数的值将是 test。
- ☑ 对于请求/example（不含查询参数），param 参数的值将是默认的 default。
- ☑ 对于请求/example?anotherParam=value（未提供 param 参数），param 参数的值仍是 default。

2. 路径变量

有时，数据会嵌入 URL 的路径中。例如，/books/123，此时，可以使用@PathVariable 来捕获这些数据。例如：

```
@GetMapping("/books/{bookId}")
public String getBook(@PathVariable String bookId) {
}
```

上述代码将 URL 路径中的 bookId 变量值绑定至@PathVariable 注解修饰的变量中。对于 URL / books /123，bookId 变量的值将是 123。

3. 请求体

在前后端分离的应用或 RESTful 服务中，客户端常常通过 JSON 或 XML 格式在请求体中发送数据。在 Spring Boot 中，@RequestBody 注解用于读取 HTTP 请求的正文（body），并将其反序列化成相应的 Java 对象。

以下是一个简单的示例，演示如何使用@RequestBody 来接收一个 JSON 对象。

假设有一个名为 Book 的简单 Java POJO 类来表示书籍，该类存放于 com.example.demo.model 包中，代码如下。

```
public class Book {
    private String title;
    private String author;
    // 省略构造函数、Getter 和 Setter 方法
}
```

然后，在控制器中使用@RequestBody 注解来添加一个方法，该方法用于创建新书籍，代码如下。

```
@PostMapping("/")
public String createBook(@RequestBody Book book) {
    // 保存书籍或进行其他处理
    return "创建成功";
}
```

当客户端发送以下 HTTP POST 请求时：

```
POST /books/
Content-Type: application/json

{
    "title": "The Great Gatsby",
    "author": "F. Scott Fitzgerald"
}
```

Spring 将自动将请求体中的 JSON 数据反序列化为 Book 对象，并将其传递给 createBook 方法。在这个方法中，可以执行保存操作或其他逻辑处理。

这种方式在需要处理来自前端应用（如 Angular、React 或 Vue.js）发送的复杂数据结构时非常有用。

4. HTTP 头

有时某些数据会通过 HTTP 请求头发送，如 User-Agent 或自定义的头信息。在 Spring Boot 中，可以使用@RequestHeader 来获取特定的头信息，使用方法如下。

```
@GetMapping("/endpoint")
public String handleRequest(@RequestHeader("User-Agent") String userAgent) {
}
```

上述代码将 HTTP 请求头中的 User-Agent 属性值绑定到 userAgent 变量中。

5. Cookie

在 Web 应用中，浏览器可以存储数据在 Cookie 中，并在每个请求中发送这些数据，在 Spring Boot 中，可以使用@CookieValue 来读取特定的 Cookie 值。这个注解将指定名称的 Cookie 值绑定到控制器方法的参数上。例如：

```
@GetMapping("/profile")
public String getProfile(@CookieValue("sessionId") String sessionId) {
    // sessionId 参数现在包含名为 sessionId 的 Cookie 的值
```

```
    // 可以根据这个 sessionId 来执行进一步的逻辑处理
    return "用户资料";
}
```

在上述代码中，@CookieValue("sessionId")注解用于从 HTTP 请求的 Cookies 中查找名为 sessionId 的 Cookie，并将其值绑定到方法参数 sessionId 上。这种方法非常适用于处理需要使用 Cookies 中存储的数据的场景，如在用户认证或会话管理中。

2.2.3 JSON 响应

在 Spring Boot 中，返回 JSON 数据非常简单，spring-boot-starter-web 依赖自带了 Jackson 库，它可以自动将 Java 对象序列化为 JSON 格式。

Jackson 支持将各种 Java 对象序列化为 JSON，包括列表（List）、映射（Map）、集合（Set）、基本数据类型及其包装类等。

当使用@RestController 注解时，Spring Boot 会自动使用 Jackson 库来完成这些对象的序列化。例如，基于 2.2.2 节创建的 Book 类，在控制器中返回数据信息，代码如下。

```
@RestController
@RequestMapping("/books")
public class BookController {

    @GetMapping("/{id}")
    public Book getBookById(@PathVariable Long id) {
        // 实际应用中，可能会返回从数据库中查询的数据
        return new Book("The Great Gatsby", "F. Scott Fitzgerald");
    }
}
```

需要修改 Book 类，为其添加构造器，代码如下。

```
public Book(String title, String author) {
    this.title = title;
    this.author = author;
}
```

当访问/books/1（或任何 ID）时，会得到以下 JSON 响应。

```
{
    "title": "The Great Gatsby",
    "author": "F. Scott Fitzgerald"
}
```

上述只是返回 JSON 数据的基本示例。实际应用中，可能还需要处理更复杂的数据结

构，如错误处理、HTTP 状态码等，为了保持 API 的一致性和可读性，许多项目都会封装一个公共的结果类来标准化响应的结构。这样，不管请求是成功还是失败，返回给客户端的格式都是一致的。这种模式不仅使前端开发更简单，还使后端代码更具组织性。

以下是一个简单的公共结果类示例。

```
public class ApiResponse<T> {

    private boolean success;                    // 请求是否成功
    private String message;                     // 错误消息
    private T data;                             // 返回的数据
    private int code;                           // 自定义状态码

    // 省略构造函数、Getter 和 Setter 方法
    // 成功时的静态工厂方法
    public static <T> ApiResponse<T> success(T data) {
        ApiResponse<T> response = new ApiResponse<>();
        response.setSuccess(true);
        response.setData(data);
        response.setCode(20000);            // 自定义成功码
        return response;
    }
    // 失败时的静态工厂方法
    public static <T> ApiResponse<T> error(String message, int errorCode) {
        ApiResponse<T> response = new ApiResponse<>();
        response.setSuccess(false);
        response.setMessage(message);
        response.setCode(errorCode);        // 自定义错误码
        return response;
    }
}
```

ApiResponse<T>是一个用于 Spring Boot 应用程序的通用响应结果类，旨在标准化 API 响应。该类使用 Java 泛型，允许不同类型的数据作为响应返回，如 String、List<Book>或其他自定义对象。

ApiResponse<T>的成员变量用于封装数据及表示请求成功或失败的信息。

- ☑ success：布尔值，表示 API 请求是否成功。通常成功执行的业务逻辑设置为 true，否则为 false。
- ☑ message：存储请求失败时的错误消息，如“资源未找到”等。
- ☑ data：泛型字段，用于存储请求成功时返回的数据。
- ☑ code：整数值，表示自定义的状态码。例如，可以用 20000 表示成功的状态，其

他数字表示不同类型的错误或状态。

类中提供了两个静态工厂方法用于创建 ApiResponse 对象，其中：

☑ success(T data)：用于创建表示成功响应的对象。设置 success 为 true，并将数据设置为 data 字段。

☑ error(String message, int errorCode)：创建表示失败响应的对象。设置 success 为 false，message 字段为错误消息，code 为传入的自定义错误码。

在控制器中，使用 ApiResponse<T>类可以返回结构化的响应，包括成功和失败的场景，代码如下。

```
@RestController
@RestController
@RequestMapping("/books")
public class BookController {

    @GetMapping("/{id}")
    public ApiResponse<Book> getBookById(@PathVariable Long id) {
        // 假设查找书籍，这里只是模拟
        Book book = findBookById(id);
        if (book != null) {
            return ApiResponse.success(book);
        } else {
            return ApiResponse.error("Book not found", 40000); // 使用自定义
错误码
        }
    }
}
```

对于成功的请求，响应可能是：

```
{
    "success": true,
    "data": {
        "title": "The Great Gatsby",
        "author": "F. Scott Fitzgerald"
    },
    "code": 20000
}
```

对于失败的请求，响应可能是：

```
{
    "success": false,
    "message": "Book not found",
```

```
    "code": 40000
}
```

通过这种方式，ApiResponse<T>类不仅提供了操作结果的信息（成功或失败），还通过 code 字段提供了更具体的状态描述，使得 API 的使用者能够更清晰地理解响应的含义。

需要注意的是，在上述案例中，无论请求成功还是失败，HTTP 状态码始终保持为 200。这意味着从 HTTP 的角度看，所有请求都被视为成功。

然而，具体的业务逻辑结果是通过自定义状态码传达的。此种方式可以减少由于不同 HTTP 状态码引起的潜在混淆，特别是在复杂的应用程序中，其中业务逻辑可能比 HTTP 协议提供的状态更为复杂。

2.2.4 ResponseEntity

Spring Boot 框架提供了 ResponseEntity 类，这是一个内建的封装类，用于在 RESTful Web 服务中更精细地控制 HTTP 响应。

ResponseEntity 用于全面控制 HTTP 响应，包括状态码、头部信息和响应体内容。它在 RESTful Web 服务中尤其有用，因为它允许根据不同的场景返回不同的 HTTP 状态，以下是 ResponseEntity 的主要特点和常见用途。

- ☑ 完整的 HTTP 响应控制：能够精确控制响应的每个部分，包括头部信息、状态码和响应体。
- ☑ 链式语法：通过 ResponseEntity 的 ok()、notFound()、badRequest()等静态方法，可以方便地构建不同类型的响应。
- ☑ 泛型支持：ResponseEntity<T>允许定义响应体的具体类型，增加了返回类型的灵活性和明确性。

例如，下面的代码展示了如何在一个 RESTful API 中使用 ResponseEntity 类来返回不同的 HTTP 状态和数据。

```
@GetMapping("/item/{id}")
public ResponseEntity<Item> getItem(@PathVariable Long id) {
    Item item = itemService.findById(id); // 调用服务层获取 Item，此处仅为模拟
    if (item != null) {
        // 如果找到 Item，返回状态码 200 OK 和 Item 对象
        return ResponseEntity.ok(item);
    } else {
        // 如果没有找到 Item，返回状态码 404 Not Found
        return ResponseEntity.notFound().build();
    }
}
```

在这个例子中，根据 itemService.findById(id)的结果，代码会返回相应的 HTTP 响应。如果找到了 Item 对象，它返回状态码为 200 OK 的响应和 Item 对象。如果未找到，它返回状态码为 404 Not Found 的响应，没有响应体。

ResponseEntity 也可以返回自定义头部信息。例如，以下代码展示了如何设置 HTTP 响应头来指示浏览器下载文件，而不是直接在浏览器中显示它。

```
@GetMapping("/item/{id}/download")
public ResponseEntity<Resource> downloadItem(@PathVariable Long id) {
    Resource resource = itemService.findResourceById(id); // 从服务层获取资源
    // 设置响应头，指示内容为附件并提供文件名
    return ResponseEntity.ok()
        .header(HttpHeaders.CONTENT_DISPOSITION, "attachment; filename=\""
+ resource.getFilename() + "\"")
        .body(resource); // 设置响应体为资源内容
}
```

在这个例子中，header()方法用于设置 Content-Disposition 响应头，告诉浏览器这是一个要下载的文件。resource.getFilename()用于从资源对象中获取文件名。使用.body(resource)设置响应体，包含了要下载的资源。

2.3 构建 RESTful 服务

本节将详细介绍 RESTful 服务的基本概念和设计原则，并探讨如何利用 Spring Boot 实现 RESTful API。此外，还将介绍使用 SpringDoc 生成 API 文档的方法。

2.3.1 RESTful 服务概述

RESTful 服务是基于 REST（representational state transfer，表述性状态转移）架构风格的 Web 服务。它遵循一组标准，使得 Web 服务能够通过预定义的无状态操作（如 HTTP 的 GET、POST、PUT、DELETE 等）让用户获取和操作资源的表示形式。

在 RESTful 架构中，所有的事物都视为资源，这些资源通过 URI（统一资源标识符）进行标识。例如，在提供书籍和作者信息的服务中，“书”和“作者”都被视为资源，它们分别可以通过类似/books 和/authors 的 URI 进行访问。

资源可以有不同的表示形式，如 JSON、XML 等。当客户端请求一个资源时，服务器返回该资源的特定表示形式。客户端和服务器之间的交互是完全通过这些表示形式进行的。

在 RESTful 架构中，所有的交互都必须是无状态的。这意味着每个请求必须包含所有必要的信息，以便服务器能够理解和处理该请求，而不依赖于之前的请求或存储在服务器上的上下文信息。

那么如何理解表述性状态转移这个概念呢？要理解“表述性状态转移”，可以拆分这个词来逐一理解。

- ☑ 表述性（representational）：指的是数据的表现形式。例如，“书”资源可以用 JSON、XML 或 HTML 格式表示。访问资源时，得到的是资源的一个“表述”，而不是资源本身。
- ☑ 状态（state）：指资源的当前状态，如书籍的书名、作者、出版日期等。REST 是“状态无关”的，这意味着每个请求都是独立的，包含了处理请求所需的全部信息。
- ☑ 转移（transfer）：指状态的传递。当客户端请求一个资源时，服务器将资源的“表述”传递给客户端，即状态转移。

综上所述，“表述性状态转移”是指在客户端和服务器之间，资源的某种“表述”（或状态）被传递（或转移）。

2.3.2 RESTful 设计原则

在 REST 架构中，其核心概念是资源，它们通常用名词表示，如/users 而不是/getUser。资源可以是单个实体或对象集合，如用户、订单、产品等。

每个资源基本上都有创建、读取、更新和删除操作。RESTful 服务利用 HTTP 方法来执行对资源的操作，具体包括：

- ☑ GET：获取资源。
- ☑ POST：创建新资源。
- ☑ PUT：更新或替换资源。
- ☑ DELETE：删除资源。

除了这些基本的资源命名和 HTTP 方法的使用外，RESTful 服务通常还遵循以下原则。

- ☑ 资源命名与层级：资源路径应该是有意义的，并遵循一定的命名约定。例如，/users/123/orders 表示获取用户 ID 为 123 的所有订单。
- ☑ 版本控制：随着 API 的发展，引入版本控制如/v1/users 可以避免对现有客户端的中断。
- ☑ 过滤、排序与分页：使用查询参数来处理过滤、排序和分页，如/users?age=25&sort=desc。

- ☑ 适当的 HTTP 状态码：使用标准的 HTTP 状态码来明确地传达操作的结果，如 201 Created 表示资源成功创建。
- ☑ 错误处理：在出错时返回清晰、详细的错误信息，通常使用 JSON 格式。
- ☑ 安全与授权：使用 HTTPS 来保护数据交换的安全性，并通过 OAuth、JWT 等机制进行身份验证和授权。
- ☑ 文档的重要性：无论 API 的复杂性如何，提供详尽的文档是关键，可以使用 Swagger 或 SpringDoc 等工具。

2.3.3 Spring Boot 实现 RESTful API

在 Spring Boot 中创建 RESTful 服务相对简单直观。以下是一个示例，展示如何创建一个用于处理图书的 RESTful 服务。

```
@RestController
@RequestMapping("/api/books")
public class RestBookController {

    // 获取所有图书
    @GetMapping
    public ResponseEntity <List<Book>> getAllBooks() {
    }
    // 根据 ID 获取图书
    @GetMapping("/{id}")
    public ResponseEntity <Book> getBookById(@PathVariable Long id) {
    }
    // 添加新图书
    @PostMapping
    public ResponseEntity <Book> createBook(@RequestBody Book book) {
    }
    // 更新图书信息
    @PutMapping("/{id}")
    public ResponseEntity <Book> updateBook(@PathVariable Long id,
@RequestBody Book book) {
    }
    // 删除图书
    @DeleteMapping("/{id}")
    public ResponseEntity <Void> deleteBook(@PathVariable Long id) {
    }
}
```

通过这个控制器，可以实现对图书资源的基本创建（create）、读取（read）、更新（update）、删除（delete），简称 CRUD 操作，具体的 URL 路径如下。

- ☑ 获取所有图书：GET /api/books。
- ☑ 根据 ID 获取图书：GET /api/books/{id}。
- ☑ 添加图书：POST /api/books。
- ☑ 更新图书：PUT /api/books/{id}。
- ☑ 删除图书：DELETE /api/books/{id}。

注意：

这个示例是简化版的。在实际应用中，需要添加错误处理、输入验证、日志记录等功能，并可能涉及与数据库的交互来持久化图书数据。

2.3.4 在业务层使用 HTTP 状态码的讨论

在控制器中应该使用 ApiResponse 类封装自定义的状态码，统一返回 200 状态码，还是使用 ResponseEntity 基于 RESTful 风格返回不同的 HTTP 状态码呢？

尽管 ApiResponse 类提供了一种统一和灵活的方式来封装 API 响应，但在设计 RESTful 服务时，一个常见的讨论点是业务层是否应该使用或了解 HTTP 状态码。

在 Web 开发中，关于是否应该使用 HTTP 状态码来表示业务逻辑，存在一定的争议。这主要取决于 API 的设计哲学和具体需求。

接下来，详细比较一下使用 HTTP 状态码与使用自定义状态码来表示业务逻辑的不同场景。

1．使用 HTTP 状态码表示业务逻辑

在 RESTful API 设计中，HTTP 状态码通常用于表示请求的结果。例如：

- ☑ 200 OK：请求成功，响应体中包含请求的数据。
- ☑ 404 Not Found：请求的资源不存在。
- ☑ 500 Internal Server Error：服务器内部错误。

这种方法的优点在于它遵循 HTTP 协议的标准，使得 API 的行为符合通用的 Web 标准，易于理解和集成。

2．使用自定义状态码表示业务逻辑

另一方面，一些 API 选择使用自定义状态码来表示更复杂的业务逻辑。例如：

- ☑ 20000：操作成功。
- ☑ 40001：用户未授权。

☑ 50002：服务器处理错误。

这种方法的优点是提供了更好的灵活性，允许开发者定义更细粒度的状态码，以便更适合复杂或特定的业务逻辑需求。

争议主要源于以下几点。

☑ 遵循标准：使用 HTTP 状态码符合 RESTful API 的原则，但可能不足以表达所有业务逻辑的细节。

☑ 灵活性：自定义状态码提供了更多的灵活性，但可能导致与通用 HTTP 协议的偏离。

☑ 前端处理：前端开发者可能会认为统一的 200 状态码更容易处理。

☑ 错误处理：在某些情况下，使用 HTTP 状态码可以简化错误处理，但在其他情况下，自定义状态码可能提供更具体的错误信息。

选择使用 HTTP 状态码还是自定义状态码，应基于 API 的具体需求、目标受众和开发团队的偏好。

☑ ApiResponse 提供了更大的灵活性，但它需要额外的文档来说明这些自定义状态码的含义，在内部服务的 API 中可能更有优势。

☑ 在面向公共消费者的 API 中，遵循 RESTful 标准的 ResponseEntity 可能更合适，利用 HTTP 状态码来表示请求的结果更容易被其他开发者和服务理解。

2.3.5 使用 SpringDoc 生成 API 文档

springdoc-openapi 是一个专为 Spring Boot 应用程序设计的开源库，旨在自动生成符合 OpenAPI 3 规范的文档。OpenAPI（以前称为 Swagger）为描述 RESTful API 提供了一个标准化的框架，涵盖了 API 的端点、请求/响应格式、身份验证等方面。

使用 springdoc-openapi 可以快速、简便地生成 API 文档，从而促进前后端团队的无缝协作。除了文档生成，springdoc-openapi 还内嵌了 Swagger UI，其为开发者和用户提供了一个直观的界面来浏览和测试 API。

相比传统的 Swagger 2 库，springdoc-openapi 为 OpenAPI 3 提供了更全面的支持，是生成 OpenAPI 3 文档的首选工具。

为了在 Spring Boot 项目中集成 springdoc-openapi，首先需要在项目的 pom.xml 中添加相应的依赖：

```
<dependency>
    <groupId>org.springdoc</groupId>
    <artifactId>springdoc-openapi-starter-webmvc-ui</artifactId>
    <version>2.1.0</version>
</dependency>
```

当 Spring Boot 应用启动后，springdoc-openapi 会自动执行以下操作。

- ☑ 扫描控制器：扫描所有带有@RestController 和@Controller 注解的类。
- ☑ 读取路由信息：分析每个控制器类及其方法上的路由信息（如@GetMapping、@PostMapping、@PutMapping 等）。
- ☑ 参数和返回值：读取方法的参数和返回值，通常通过 Java 反射和相关库（如 Jackson）实现。
- ☑ OpenAPI 注解：如果使用了 OpenAPI 相关注解（如@Operation、@ApiResponse、@Parameter 等），也会被解析并包含在文档中。
- ☑ 生成文档：基于收集到的信息，生成 OpenAPI 3.0+的描述文档。

默认情况下，Swagger UI 可以通过 http://localhost:8080/swagger-ui.html 访问（假设应用运行在默认的 8080 端口）。这个界面允许用户查看并与 API 文档互动，效果如图 2-2 所示。

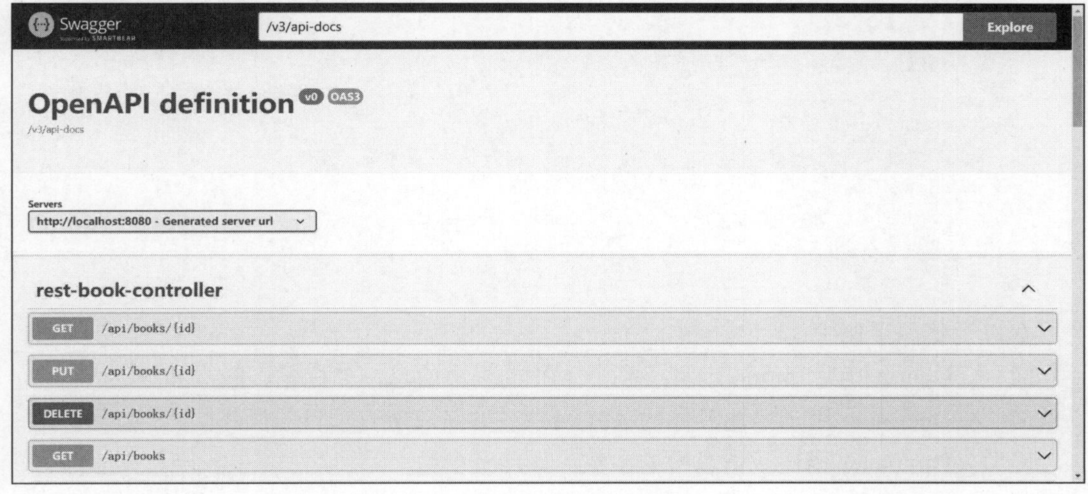

图 2-2　在线 API 文档

OpenAPI 提供了一系列注解，使得开发者可以更精确地描述 API 的行为、参数和响应。以下是一些常用的 OpenAPI 注解及其用途。

```
// 主应用类
@OpenAPIDefinition(info = @Info(title = "我的 API", version = "v1",
description = "我的 API 描述"))
public class Application {
}

@RestController
@RequestMapping("/items")
```

```
public class ItemController {

    // 获取所有项目
    @GetMapping
    @Operation(summary = "获取所有项目", description = "从仓库中获取所有项目。")
    public List<Item> getItems() {
    }

    // 根据 ID 获取特定项目
    @GetMapping("/{id}")
    @Operation(summary = "根据 ID 获取项目", description = "根据 ID 获取特定项目。")
    @ApiResponse(responseCode = "200", description = "找到了项目")
    @ApiResponse(responseCode = "404", description = "未找到项目")
    public Item getItem(@PathVariable @Parameter(description = "需要获取的
项目的 ID") Long id) {
    }
}
// 数据模型
public class Item {
    @Schema(description = "项目的唯一标识符")
    private Long id;
    @Schema(description = "项目的名称")
    private String name;
    // Getter 和 Setter...
}
```

在以上代码示例中：

☑ @OpenAPIDefinition 定义了整个 API 的基本信息，如标题、版本和描述。

☑ @Operation 用于描述具体的 API 端点（如获取所有项目的操作）。

☑ @Parameter 描述了请求中的参数，如路径参数。

☑ @ApiResponse 用于描述可能的响应和它们的状态码。

☑ @Schema 定义了数据模型的结构，如用于请求和响应的数据类型。

这些注解只是 OpenAPI 注解的一部分。为了提高 API 文档的质量，可能需要结合多个注解使用。同时，尽管这些注解有助于提供更详尽的文档，但并非必须，因为 springdoc-openapi 默认会为 API 自动生成大部分文档。

2.4 文件上传与下载

本节将详细介绍如何处理文件的上传和下载，以及如何配置静态资源的路径。

2.4.1　文件上传原理

浏览器上传文件的过程是基于 HTTP 协议进行的，并使用特定的请求类型和编码方式来传输文件数据。以下是上传文件的基本步骤和原理。

（1）HTML 表单：用户通过包含<input type="file">的 HTML 表单来选择文件。这个表单元素允许用户从其设备上选择一个或多个文件。

（2）构建请求：当用户提交表单时，浏览器会构建一个 HTTP 请求。若表单指定了 enctype="multipart/form-data"，则浏览器将使用这种特殊编码方式来发送文件数据。

（3）多部分编码（multipart/form-data）：这是一种编码方式，用于发送表单数据，特别是文件。它允许将多种数据（如文本、图片、音频等）组合成单个 HTTP 消息体。每部分数据由唯一的边界字符串分隔，并包含文件元数据，如文件名和内容类型（MIME 类型）。

（4）发送请求：完成构建后，浏览器通过 HTTP POST 或其他适当的方法发送请求。文件数据作为请求体的一部分传输。

（5）服务器处理：服务器接收请求后，解析多部分数据，提取文件内容及其他相关数据。文件可以存储在服务器的磁盘、数据库或其他介质上。同时，其他表单数据（如文本字段等）也会被处理。

（6）响应：服务器处理请求后，向浏览器发送响应，可能是确认消息、页面重定向或其他类型的响应。

（7）安全性与验证：出于安全考虑，服务器应验证文件的类型、大小和内容。这是为了防止恶意文件上传或攻击。

在现代 Web 应用中，还可以使用 JavaScript（如通过 XMLHttpRequest 或 Fetch API）来异步上传文件，并向用户展示上传进度。

2.4.2　上传与下载实现

在 Spring Boot 中处理文件上传主要依赖于 Spring Web 的 MultipartFile 接口。MultipartFile 是一个专门用于处理 HTTP 请求中上传文件的接口。当客户端（如浏览器）通过 multipart/form-data 格式的表单提交文件时，Spring MVC 可以将这些文件映射为 MultipartFile 对象，以便在服务器端进行处理。

MultipartFile 接口的一些主要方法如表 2-3 所示。

表 2-3　MultipartFile 主要方法

方　法　名	描　　述
byte[] getBytes()	返回文件的内容为字节数组
String getContentType()	返回文件的 MIME 类型，如 image/jpeg 或 text/plain
InputStream getInputStream()	返回一个 InputStream，允许用户读取文件的内容
String getName()	返回参数名称。例如，当表单中的 input 元素的 name 属性为 file 时，这个方法会返回 file
String getOriginalFilename()	返回客户端在文件系统中的原始文件名
boolean isEmpty()	返回文件是否为空
void transferTo(File dest)	将上传的文件保存到目标文件或目录中

在 Spring MVC 控制器中，可以使用@RequestParam 注解与 MultipartFile 类型的参数来接收上传的文件。例如：

```
@PostMapping("/upload")
public String handleFileUpload(@RequestParam("file") MultipartFile file) {
    // 处理上传的文件
}
```

在这个示例中，假设有一个包含名为 file 的 input 元素的表单用于文件上传。当用户提交表单时，可以在服务器端使用 MultipartFile 对象来访问和处理这个文件。

在实际应用中，除了接收前端上传的文件，服务端通常还需要将文件保存在服务器的适当位置。这可能涉及文件存储的路径配置、文件命名策略以及安全性考虑，如避免文件名冲突和限制文件大小。

以下是如何在 Spring Boot 中处理上传的文件并将其存储到本地的详细步骤。

1. 定义上传配置

首先，在 application.properties 文件中，可以配置文件上传的相关属性，如文件大小限制和存储位置：

```
spring.servlet.multipart.max-file-size=10MB
spring.servlet.multipart.max-request-size=10MB
upload.path=./uploads/
```

其中：

- ☑ spring.servlet.multipart.max-file-size 定义了单个上传文件的最大尺寸。如果文件超过此限制，将抛出异常。
- ☑ spring.servlet.multipart.max-request-size 定义了整个 multipart 请求的最大尺寸，包

括所有文件和表单数据。

☑　upload.path 是自定义属性，用于指定文件上传后的存储目录。

如果需要支持大文件或大量的文件上传，可以考虑增加这些限制。但出于安全考虑，不建议设置太大的值，因为这可能会导致内存不足或被恶意的大文件上传攻击。

2．模拟表单

以下是一个简单的 HTML 表单代码，用于文件上传，至于前端的技术细节将会在后续的章节进行详细介绍，代码如下。

```
<!DOCTYPE html>
<html lang="en">
<head>
   <meta charset="UTF-8">
   <meta http-equiv="X-UA-Compatible" content="IE=edge">
   <meta name="viewport" content="width=device-width, initial-scale=1.0">
   <title>文件上传</title>
</head>
<body>
   <h2>上传文件</h2>
   <form action="http://localhost:8080/api/files/upload" method="post"
enctype="multipart/form-data">
      <div>
         <label for="file">选择文件:</label>
         <input type="file" name="file" id="file">
      </div>
      <br>
      <input type="submit" value="上传">
   </form>
</body>
</html>
```

这个表单允许用户选择文件并通过单击“上传”按钮将文件发送到 http://localhost:8080/api/files/upload。需要确保 Spring Boot 应用监听在 8080 端口上，以便正确处理这些上传请求。

3．创建控制器

定义一个 Controller，将其命名为 FileUploadController，用来处理文件上传，代码如下。

```
@RestController
@RequestMapping("/api/files")
public class FileUploadController {
```

```
    @Value("${upload.path}")
    private String UPLOAD_DIR;

    @PostMapping(value = "/upload",consumes = MediaType.MULTIPART_FORM_
DATA_VALUE)
    public ResponseEntity<String> uploadFile(@RequestParam("file")
MultipartFile file) {
        try {
            // 确保上传目录存在
            Files.createDirectories(Paths.get(UPLOAD_DIR));

            // 将文件复制到上传目录
            Path path = Paths.get(UPLOAD_DIR + file.getOriginalFilename());
            Files.copy(file.getInputStream(), path, StandardCopyOption.
REPLACE_EXISTING);

            // 构建下载 URI
            String fileDownloadUri = ServletUriComponentsBuilder.
fromCurrentContextPath()
                    .path("/api/files/download/")
                    .path(file.getOriginalFilename())
                    .toUriString();

            // 返回包含下载链接的响应
            return ResponseEntity.ok(fileDownloadUri);
        } catch (Exception e) {
            // 处理上传过程中的异常
            return ResponseEntity.status(500).body("文件上传失败: " +
e.getMessage());
        }
    }
}
```

在这段代码中：

- ☑ UPLOAD_DIR 通过@Value 注解从配置文件中获取上传目录路径。
- ☑ uploadFile()方法处理来自/api/files/upload 的 POST 请求。这与 HTML 表单中的 action 属性相对应。
- ☑ 使用 Files.createDirectories 确保上传目录存在。如果目录不存在，会自动创建。
- ☑ 定义 Path 对象指向要保存文件的位置，包含上传目录和文件的原始名称。
- ☑ 使用 Files.copy 将文件数据复制到指定路径。如果文件已存在，StandardCopyOption.REPLACE_EXISTING 选项会替换旧文件。
- ☑ 使用 ServletUriComponentsBuilder 构建文件下载的 URI。

☑ 如果一切正常，方法返回一个包含下载链接的 200 OK 响应。如果出现异常，方法返回 500 Internal Server Error 响应和错误信息。

当然，为了能够处理用户的下载请求，还需要在控制器中加入相应的方法，代码如下。

```
@RestController
@RequestMapping("/api/files")
public class FileUploadController {

    @GetMapping("/download/{filename:.+\\.\\w+}")
    public ResponseEntity<?> downloadFile(@PathVariable String filename) {
        try {
            Path path = Paths.get(UPLOAD_DIR, filename);
            Resource resource = new UrlResource(path.toUri());
            if (resource.exists()) {
                return ResponseEntity.ok()
                        .header("Content-Disposition", "attachment; filename=
\"" + resource.getFilename() + "\"")
                        .body(resource);
            } else {
                return ResponseEntity.notFound().build();
            }
        } catch (Exception e) {
            return ResponseEntity.status(500).body("文件下载失败: " +
e.getMessage());
        }
    }
}
```

在这段代码中，@GetMapping 路径使用正则表达式来更精细地匹配路径的某个部分，其中的 filename 表示变量，冒号后的字符串代表正则表达式的匹配规则，此表达式将匹配文件名及其扩展名，如 image.jpeg 或 document.pdf，其中：

☑ ".+"：匹配一个或多个任意字符。这样可以匹配文件名的任意部分，但是它必须有一个扩展名，因为我们后面还有"\\."部分。

☑ "\\."：由于"."在正则表达式中是一个特殊字符，所以需要对它进行转义，这就是"\\."的目的。这部分匹配文件名中的一个点。

☑ "\\w+"：匹配一个或多个单词字符（相当于[a-zA-Z0-9_]）。这通常用于匹配文件的扩展名。

注意:

需要使用双反斜杠（\\）来在 Java 字符串中表示一个单一的反斜杠。

downloadFile()方法中使用了 Path 和 Resource 结合的方式读取文件，其中：

☑ Paths.get(UPLOAD_DIR, filename)方法创建一个 Path 对象，该对象表示文件的路径。这里的文件位于 UPLOAD_DIR 目录中，并使用提取的 filename 值命名。

☑ new UrlResource(path.toUri())将文件路径转换为 URI 并用其创建一个 UrlResource，当创建一个 UrlResource 并将其返回给客户端时，Spring 会处理文件的读取和数据的发送。

☑ 如果文件存在，则返回一个包含文件内容和 Content-Disposition 头的 200 OK 响应，引导浏览器进行文件下载。如果文件不存在，则返回 404 Not Found 响应。

2.4.3 静态资源访问

在 2.4.2 节中，如果上传的是图片文件，当处理图片文件的下载请求时，浏览器不会显示此图片，而会下载图片，这是因为当设置 HTTP 头部的 Content-Disposition 为 attachment 时，通常会指示浏览器下载文件。

要使浏览器直接显示图片，可以省略 Content-Disposition 头部，并确保正确设置文件的 Content-Type。例如，对于 JPEG 图片：

```
return ResponseEntity.ok()
    .header(HttpHeaders.CONTENT_TYPE, "image/jpeg")
    .body(resource);
```

在这个例子中，假设文件是 JPEG 格式的图片。根据文件实际类型，可能需要动态地设置 Content-Type。

除了通过在控制器中指定 Content-Type 头的方式使浏览器显示图片，还可以通过配置静态资源路径的方式完成。

静态资源是指那些不需要服务器端进行任何处理，直接可以被 Web 客户端（如浏览器）读取和显示的文件。这些资源主要包括但不限于：

☑ 前端代码文件：HTML、CSS、JavaScript 文件。

☑ 图片：如 JPEG、PNG、GIF 等格式的图像文件。

☑ 字体文件：如 WOFF、TTF 等。

☑ 其他媒体文件：如音频和视频文件。

与服务器端动态生成的内容（如动态 HTML 或 JSON）相比，静态资源有以下几个特点。

☑ 效率高：静态资源不需要服务器进行计算或处理，直接从磁盘或其他存储介质读取并发送到客户端。

- ☑ 客户端缓存：静态资源适合客户端缓存，因为它们不像动态内容那样频繁更改。这有助于提高性能并减少服务器负载。
- ☑ CDN 分发：静态资源可以通过内容分发网络（CDN）分发，以加速内容加载并提高用户体验。

可以通过在 Spring Boot 应用中配置静态资源路径，使这些资源直接可被 Web 客户端访问。这通常通过在 application.properties 文件或类似配置文件中设置静态资源目录来实现。

1. 通过配置文件实现

通过在 application.properties 文件中设置 spring.resources.static-locations 属性来指定静态资源的路径，例如：

```
spring.resources.static-locations=classpath:/custom-path/,
classpath:/another-path/
```

在这个示例中，custom-path 和 another-path 是类路径上的资源目录。也可以使用 file: 前缀指向文件系统上的绝对路径。例如，在这些目录下有一个名为 image.jpg 的文件，可以通过如下 URL 访问它：

```
http://yourserver:port/image.jpg
```

2. 通过配置类实现

创建一个配置类，实现 WebMvcConfigurer 接口，WebMvcConfigurer 是 Spring Web MVC 框架的一部分，提供了一种回调方法来自定义 Spring MVC 的默认配置。通过覆盖 addResourceHandlers()方法以自定义资源处理器，实现静态资源路径的设置。

在 demo 项目的根包（com.example.demo）下创建 config 包，并在此包下新建名为 WebConfig 的类，代码如下。

```
@Configuration
public class WebConfig implements WebMvcConfigurer {
   @Override
   public void addResourceHandlers(ResourceHandlerRegistry registry) {
      registry.addResourceHandler("/resources/**")
            .addResourceLocations("classpath:/custom-path/")
            .setCachePeriod(3600)
            .resourceChain(true)
            .addResolver(new PathResourceResolver());
   }
}
```

这段代码定义了一个 Spring 的配置类 WebConfig，该类实现了 WebMvcConfigurer 接口以自定义 Spring MVC 的默认配置。这里，它覆盖了 addResourceHandlers 方法以配置静态资源的处理，代码实现的主要逻辑如下。

- ☑ @Configuration 是一个 Spring 注解，用于标记该类为 Spring 配置类。
- ☑ addResourceHandlers 是 WebMvcConfigurer 接口中的方法，允许我们自定义资源处理，在方法中调用了 registry.addResourceHandler("/resources/**")，指定了一个 URI 模式（/resources/**），表示这个模式的所有请求都应该被视为静态资源请求。例如，请求/resources/images/pic.jpg 会尝试在配置的资源位置查找 pic.jpg。
- ☑ .addResourceLocations("classpath:/custom-path/")告诉 Spring 在哪里查找这些静态资源。在这里，它是指在类路径下的 custom-path 目录。所以，如果你有一个名为 pic.jpg 的资源在 src/main/resources/custom-path/images/下，那么它可以通过/resources/images/pic.jpg 来访问。
- ☑ .setCachePeriod(3600)设置了资源的缓存时间（以秒为单位）。这里设置为 3600 秒，即 1 小时。这意味着浏览器会缓存这些资源 1 小时，除非有更改。
- ☑ .resourceChain(true)启用了资源链，资源链可以增强资源的处理，如通过缓存或编码。
- ☑ .addResolver(new PathResourceResolver())添加了一个资源解析器。PathResourceResolver 是默认的解析器，它基于 URI 解析静态资源。如果需要，还可以添加其他解析器或自定义解析器。

总的来说，这段代码配置了 Spring MVC 处理/resources/**路径下的静态资源请求，并指定了这些资源在类路径的 custom-path 目录下。同时，它为这些资源设置了 1 小时的缓存，并启用了资源链进行资源的处理。

3. 默认静态资源目录

在 Spring Boot 应用中，如果不进行任何自定义配置，框架默认会搜索以下类路径下的目录并将它们作为静态资源目录。

- ☑ /META-INF/resources/。
- ☑ /resources/。
- ☑ /static/。
- ☑ /public/。

将静态文件（如 HTML、CSS、JS 或图片）放置在这些目录下，Spring Boot 会自动提供这些文件的访问。

需要注意的是，直接将上传的文件保存到静态资源目录并公开访问，可能存在安全风险，包括未经授权的文件上传、路径遍历攻击和资源滥用等。通过控制器方式提供文件访问，可以将文件保存在非静态资源目录，从而更好地控制文件访问，并实施额外的安全策略。

在实际项目中，可以考虑以下策略来增强文件存储的安全性。

- ☑ 使用数据库存储文件：将文件作为 BLOB 类型存储在数据库中。这种方式更安全，但可能增加数据库的复杂性和存储需求。
- ☑ 使用专用的文件存储服务：如 Amazon S3 或阿里云对象存储等云服务。这些服务提供高可用性、可扩展性、文件版本控制、备份和加密功能，以及细粒度的访问控制，但可能产生额外费用。

无论选择哪种方法存储文件，都需要确保以下内容。

- ☑ 对上传的文件进行安全检查（如文件类型、大小等）。
- ☑ 使用随机和不可预测的文件名来保存上传的文件。
- ☑ 定期备份存储的文件。
- ☑ 实施适当的错误处理和异常处理机制。

2.5　数据验证与异常处理

本节将详细探讨如何在 Spring Boot 应用程序中实现全局异常处理，以及如何有效地进行数据验证和使用拦截器。

2.5.1　全局异常处理

随着应用程序的复杂性增加，有效和一致的错误及异常处理变得至关重要。你是否曾经遇到过这样的情况：用户在相同的页面或功能中遇到问题，却收到了不一致的错误提示；或者，在应用的某些部分，故障信息过于技术化，而其他部分又过于模糊。这种不一致性可能导致用户感到困惑，并对应用程序的可靠性产生质疑。

全局异常处理是确保无论在应用程序的哪个部分遇到问题，都能以一致、清晰的方式向用户反馈的关键机制。这一机制允许我们在一个集中的位置处理所有的异常，确保整体的用户体验和应用的响应行为始终如一。

在 Spring Boot 中，全局异常处理通常是通过使用@ControllerAdvice 或@RestControllerAdvice 和@ExceptionHandler 注解来实现的。@RestControllerAdvice 是@ControllerAdvice 的特殊变种，它默认将结果作为 JSON 返回，非常适合 RESTful 服务。

@ControllerAdvice 与@RestControllerAdvice 允许你为多个@Controller 或@RestController

类定义全局、跨切面的行为，它们不直接处理 HTTP 请求，而是提供一个机制来影响或修改其他控制器的行为，它的功能影响所有控制器，除非你特别指定了一组控制器或包。

当你需要定义一些对多个控制器都适用的行为时，例如，当多个控制器都需要相同的异常处理逻辑时，@ControllerAdvice 与@RestControllerAdvice 是最合适的选择。

@ExceptionHandler 用于处理控制器中的特定异常，这个注解提供了一种优雅的方式来集中处理特定的异常类型，而不是在每个控制器方法中使用 try-catch 块。

你可以在控制器中定义一个或多个方法，并使用@ExceptionHandler 注解来指定这些方法应处理的异常类型，例如：

```
@RestController
@RequestMapping("/api")
public class MyRestController {

    @GetMapping("/some-endpoint")
    public ResponseEntity<String> someEndpoint() {
        // 可能抛出 CustomException 的代码
        return ResponseEntity.ok("成功响应");
    }

    @ExceptionHandler(CustomException.class)
    public ResponseEntity<String> handleCustomException(CustomException ex) {
        // 自定义异常的处理
        return
ResponseEntity.status(HttpStatus.BAD_REQUEST).body(ex.getMessage());
    }
}
```

在上面的示例中，如果someEndpoint()方法抛出CustomException，则handleCustomException()方法将被调用来处理该异常，并返回一个包含错误消息的 BAD_REQUEST 响应。

当与@RestControllerAdvice 结合使用时，@ExceptionHandler 注解可以为多个 REST 控制器提供全局的异常处理，例如：

```
@ControllerAdvice
public class GlobalExceptionHandler {

    @ExceptionHandler(CustomException.class)
    public ResponseEntity<String> handleCustomException(CustomException ex) {
        return ResponseEntity.status(HttpStatus.BAD_REQUEST).body
(ex.getMessage());
    }
}
```

上述 GlobalExceptionHandler 类定义了一个全局异常处理器，它会处理所有控制器中抛出的 CustomException，可以单独在 demo 项目的根包（com.example.demo）下创建 advice 包，将 advice 相关的类统一存放在此包中。

2.5.2 数据验证

在 Spring Boot 中，数据验证是一个常见且重要的任务。无论是从前端传递的请求数据，还是从其他服务接收的数据，正确地验证它们都是确保应用程序健壮性的关键。

Spring Boot 通过集成 Hibernate Validator 和使用 Java 的 Bean Validation API，为开发者提供了一套强大、灵活且易于使用的数据验证机制。

要在 Spring Boot 应用程序中使用数据验证，首先需要添加相关的依赖，在 pom.xml 文件中加入以下依赖：

```
<dependency>
    <groupId>org.springframework.boot</groupId>
    <artifactId>spring-boot-starter-validation</artifactId>
</dependency>
```

Java Bean Validation 提供了一系列注解，用于在 JavaBean 的字段上指定验证规则。以下是一些常见的验证注解。

- ☑ @NotNull：确保字段的值不为 null。
- ☑ @Size(min=, max=)：确保字段值的大小/长度在指定的范围内。
- ☑ @Min(value=)：确保字段的值大于或等于给定的最小值。
- ☑ @Max(value=)：确保字段的值小于或等于给定的最大值。
- ☑ @NotBlank：确保某个字符串属性在验证时不为空，并且其去除首尾空白后的长度至少为 1。
- ☑ @Email：确保字段值是电子邮件地址。
- ☑ @Pattern(regexp=)：确保字段的值与给定的正则表达式匹配。

例如，在 demo 项目的根包（com.example.demo）下创建 dto 包，并创建名为 UserDTO 的类：

```
public class UserDTO {

    @NotNull
    private Long id;

    @Size(min = 5, max = 30)
```

```
    private String username;

    @Email
    private String email;
    // 省略构造函数、Getter 和 Setter 方法
}
```

在这个例子中，UserDTO 类包含了三个字段：id、username 和 email，它们分别使用了@NotNull、@Size 和@Email 注解来定义验证规则。

类似 UserDTO 这样的类被称为数据传输对象（data transfer object，DTO）。DTO 是一种设计模式，用于在不同的系统层次或不同的系统之间传递数据，其核心思想是将内部数据从一个子系统或层次传输到另一个子系统或层次，同时避免直接传递域模型或实体对象。

虽然 DTO 和 JavaBean 都是 POJO（plain old java objects，普通 Java 对象），但它们的目的、用途和特性可能有所不同。DTO 主要用于数据传输，而 JavaBean 可以有多种用途，他们的主要区别如下。

（1）DTO 通常用于传递数据，尤其是在不同的系统、应用程序或层次之间。例如，它们可以在控制器和服务层之间，或服务层和数据访问层之间，甚至是在不同的微服务之间传递数据。JavaBean 更为通用，可以用于多种目的。它们可以代表数据库的实体、UI 的模型、配置数据等。

（2）由于 DTO 经常用于从客户端接收数据或将数据发送到客户端，因此它们通常与验证注解一起使用（如@NotNull、@Size 等），以确保数据的正确性。JavaBean 不包含这些验证注解，除非它们也被用作数据传输对象。

（3）为了简化和优化数据传输，DTO 通常是不可变的。这意味着一旦 DTO 被创建，它的状态就不能更改。而 JavaBean 根据需求，可能是可变的或不可变的。

（4）DTO 生命周期通常较短，仅在数据传输期间存在。JavaBean 可能有更长的生命周期，取决于它们在应用程序中的用途。

创建 DTO 相关类后，要在 Controller 中触发验证，通常在方法参数前使用@Valid 注解。@Valid 用于触发被注解对象的验证，当用于方法参数时（如 Controller 中的方法参数），Spring MVC 会检查该对象的约束并验证它，例如：

```
@RestController
public class UserController {

    @PostMapping("/users")
    public ResponseEntity<String> createUser(@Valid @RequestBody UserDTO
user) {
```

```
        // 处理用户创建逻辑
        return ResponseEntity.ok("用户创建成功");
    }
}
```

当验证失败时，通常会抛出 MethodArgumentNotValidException 异常。可以通过@ExceptionHandler 在控制器内捕获此异常，并向前端提供明确的错误消息：

```
@RestControllerAdvice
public class GlobalExceptionHandler {

    @ExceptionHandler(MethodArgumentNotValidException.class)
    public ResponseEntity<List<String>> handleValidationExceptions
(MethodArgumentNotValidException ex) {
        List<String> errors = ex.getBindingResult()
                .getAllErrors().stream()
                .map(ObjectError::getDefaultMessage)
                .collect(Collectors.toList());
        return ResponseEntity.badRequest().body(errors);
    }
}
```

这段代码定义了一个全局异常处理器，它会捕获并处理 MethodArgumentNotValidException 异常，@RestControllerAdvice 实际上是@ControllerAdvice 与@ResponseBody 的组合，这意味着它不仅可以处理异常，而且可以直接将返回值作为响应体返回给客户端。

handleValidationExceptions 是处理异常的方法，它接收一个 MethodArgumentNotValidException 参数，这个异常对象包含了关于验证失败的详细信息，此方法的主要逻辑如下。

- ☑ ex.getBindingResult()：从异常对象中获取验证结果。
- ☑ .getAllErrors()：获取所有的验证错误。
- ☑ .stream()：将错误列表转换为 Java 8 的 Stream。
- ☑ .map(ObjectError::getDefaultMessage)：从每个 ObjectError 对象中提取默认的错误消息。
- ☑ .collect(Collectors.toList())：将所有的错误消息收集到一个列表中。

最后，这个方法返回了一个 ResponseEntity，它带有 HTTP 状态码 400 Bad Request，以及上面收集的错误消息列表作为响应体。

@Valid 还可以与任何对象一起使用，不只限于方法参数。例如，你可以在一个对象内的另一个对象上使用@Valid 来级联验证。

假设有两个类，Address 和 User。User 类有一个 Address 类型的属性：

```
public class Address {
    @NotBlank
    private String street;
    @NotBlank
    private String city;
    // 省略构造函数、Getter 和 Setter 方法
}
public class User {
    @NotBlank
    private String name;
    @Valid
    private Address address;
    // 省略构造函数、Getter 和 Setter 方法
}
```

在 User 类中：

- ☑ name 属性使用@NotBlank 注解，以确保名称字段不为空。
- ☑ address 属性前的@Valid 注解启用了级联验证。这意味着当验证 User 对象时，除了验证 User 对象本身的约束，还会验证 address 属性的约束。

当验证 User 对象时（例如，在 Spring MVC 控制器方法中接收到一个 User 对象），Spring Boot 验证框架将自动验证 User 对象的所有字段，还会验证其内部引用的对象（如 Address 引用的 street）的约束。

级联验证非常适用于处理复杂对象模型，其中一个对象包含其他自定义对象作为其属性。通过在父对象的属性上使用@Valid 注解，可以确保整个数据模型在验证时的完整性，从而避免了漏检某些嵌套对象的错误。

2.5.3 拦截器

拦截器（interceptor）是一种设计模式，用于在某个操作或请求的前后插入特定的行为或处理逻辑。在 Web 开发中，拦截器通常用于在处理 HTTP 请求的前后执行某些操作，例如：

- ☑ 身份验证和授权：在请求到达目标处理器之前，进行用户身份验证和权限检查。
- ☑ 日志记录：记录请求的详细信息，如来源 IP、请求的 URL、请求方法以及响应时间和执行时长。
- ☑ 数据处理与监控：预加载请求所需的数据，记录请求处理时间以进行性能监控，

限制 API 使用频率等。例如，限制用户每分钟只能调用 API 有限次。

在 Spring Boot 中，拦截器是通过实现 HandlerInterceptor 接口来创建的。此接口包含如下三个主要方法。

- ☑ preHandle()：在请求处理之前调用。如果返回 true，请求继续进行；如果返回 false，请求将中断。
- ☑ postHandle()：在请求被处理之后，视图被渲染之前调用。
- ☑ afterCompletion()：在请求处理完毕后调用，这包括视图的渲染。通常用于资源清理操作。

接下来，详细介绍在 Spring Boot 中使用拦截器的步骤。

（1）定义一个类并实现 HandlerInterceptor 接口，在 demo 项目的根包（com.example.demo）下创建 Interceptors 包，并在此包下新建名为 CustomInterceptor 的类，代码如下。

```
public class CustomInterceptor implements HandlerInterceptor {

    @Override
    public boolean preHandle(HttpServletRequest request, HttpServletResponse
response, Object handler) throws Exception {
        // 前置逻辑处理
        return true;
    }

    @Override
    public void postHandle(HttpServletRequest request, HttpServletResponse
response, Object handler, ModelAndView modelAndView) throws Exception {
        // 后置逻辑处理
    }

    @Override
    public void afterCompletion(HttpServletRequest request,
HttpServletResponse response, Object handler, Exception exception) throws
Exception {
        // 请求完成后的逻辑处理
    }
}
```

在这个 CustomInterceptor 类中，可以在 preHandle、postHandle 和 afterCompletion 方法中实现自定义的逻辑，如验证、日志记录或数据处理等。

（2）要在 Spring Boot 应用中使用自定义拦截器，需要将其注册到应用的拦截器注册表中，可通过实现 WebMvcConfigurer 接口并重写 addInterceptors 方法来实现。

以下是如何在 WebConfig 类中注册自定义拦截器的示例。

```
@Configuration
public class WebConfig implements WebMvcConfigurer {

    @Override
    public void addInterceptors(InterceptorRegistry registry) {
        registry.addInterceptor(new CustomInterceptor())
                .addPathPatterns("/api/**")                  // 指定拦截的路径
                .excludePathPatterns("/api/auth/**");     // 指定不拦截的路径
    }
}
```

在这个示例配置中：

☑ registry.addInterceptor(new CustomInterceptor())：将 CustomInterceptor 实例添加到拦截器注册表中。

☑ .addPathPatterns("/api/**")：指定拦截器应拦截/api/路径下的所有请求。

☑ .excludePathPatterns("/api/auth/**")：指定拦截器不应拦截/api/auth/路径下的请求。

2.6 案例：在线影评平台

本节将综合应用本章所学的 Spring Boot Web 应用开发知识来逐步构建一个在线影评平台案例。

2.6.1 案例概述

本案例将专注于后端的构建，使用 Spring Boot 实现一系列的 RESTful API，这些接口将处理电影数据的增加、删除、修改和查询，同时支持用户提交评论和评分。

案例的关键功能和技术点如下。

☑ 电影列表与详情：使用控制器实现电影列表的浏览和电影详情的查看接口。

☑ RESTful API 设计：设计处理电影查询和用户评论提交的 RESTful API，使用 JSON 作为数据交换格式。

☑ 文件处理：实现电影海报的基本上传和展示功能，利用 MultipartFile 接口处理上传的文件。

☑ 数据验证：在提交评论时使用 Spring 的验证框架进行数据验证。

☑ 异常处理：处理并返回合适的响应状态码，如 404（未找到）或 400（错误的请求），使用@ControllerAdvice 和@ExceptionHandler 来处理异常。

具体实现步骤如下。

（1）创建 Spring Boot 项目：添加必要的依赖，如 Spring Web、Spring Boot Test 等。由于已在本节之前讲解操作方法，这里不再详细叙述。

（2）定义数据模型：定义 Movie 类和 Comment 类来表示电影和评论数据，并在类中创建静态列表来模拟存储电影信息和用户评论。

（3）实现 RESTful 控制器：包括电影列表和详情展示的接口。

（4）文件上传功能：处理电影海报的上传。

（5）数据验证和异常处理：在用户提交数据时实施数据验证，并实现全局异常处理策略。

在当前阶段，由于案例尚未涉及数据库操作，因此将使用静态数据来模拟电影信息和用户评论，以便在开发和测试过程中无须依赖数据库。

2.6.2 定义数据模型

首先创建 Movie 类，用来表示电影的各种属性，包括标题、导演、简介以及海报链接。此外，它还包含一个静态列表，用于模拟存储和操作电影数据的数据库。

Movie 类的实现代码如下。

```
public class Movie {
    private Long id;                                         // 电影的唯一标识
    private String title;                                    // 电影标题
    private String director;                                 // 导演
    private String description;                              // 电影简介
    private String posterUrl;                                // 海报图片的 URL

    // 静态列表模拟数据库
    private static List<Movie> movies = new ArrayList<>();
    // 省略构造函数、getters、setters
    // 使用静态方法来模拟数据库操作
    public static List<Movie> getAllMovies() {
        return new ArrayList<>(movies);
    }
    public static void addMovie(Movie movie) {
        movie.setId((long) (movies.size() + 1));     // 简单的 ID 赋值逻辑
        movies.add(movie);
    }
```

```
    public static Movie getMovieById(Long id) {
        return movies.stream()
                .filter(movie -> movie.getId().equals(id))
                .findFirst()
                .orElse(null);
    }
    public static void deleteMovie(Long id) {
        movies.removeIf(movie -> movie.getId().equals(id));
    }
}
```

Movie 类的功能如下。

☑ getAllMovies()：返回所有电影的列表。

☑ addMovie(Movie movie)：向列表中添加一个新电影。

☑ getMovieById(Long id)：根据 ID 查找并返回相应的电影。

☑ deleteMovie(Long id)：根据 ID 删除对应的电影。

Comment 类用于表示用户对电影的评论和评分，代码如下。

```
public class Comment {
    private Long id;                                        // 评论的唯一标识
    private Movie movie;                                    // 关联的电影对象
    private String content;                                 // 评论内容
    private Integer rating;                                 // 用户评分

    // 使用静态列表模拟数据库
    private static List<Comment> comments = new ArrayList<>();
    // 省略构造函数、getters、setters
    // 使用静态方法来模拟数据库操作
    public static List<Comment> getCommentsByMovieId(Long movieId) {
        return comments.stream()
                .filter(comment -> comment.getMovie().getId().equals(movieId))
                .collect(Collectors.toList());
    }
    public static void addComment(Comment comment) {
        comment.setId((long) (comments.size() + 1));    // 简单的 ID 赋值逻辑
        comments.add(comment);
    }
}
```

Comment 类的功能如下。

☑ getCommentsByMovieId()：根据电影 ID 查找评论。

☑ addComment()：添加电影评论。

2.6.3 创建 RESTful 控制器

本节需要创建 RESTful 控制器来处理客户端的请求。在这一步，将实现两个主要的控制器：MovieController 和 CommentController。这两个控制器将负责处理与电影列表、详情、评论和评分相关的请求。

MovieController 将处理有关电影的请求。以下是基础的实现代码。

```
@RestController
@RequestMapping("/api/movies")
public class MovieController {

    // 获取所有电影
    @GetMapping
    public ResponseEntity<List<Movie>> getAllMovies() {
        List<Movie> movies = Movie.getAllMovies();
        return ResponseEntity.ok(movies);
    }
    // 根据 ID 获取电影
    @GetMapping("/{id}")
    public ResponseEntity<Movie> getMovieById(@PathVariable Long id) {
        Movie movie = Movie.getMovieById(id);
        if (movie != null) {
            return ResponseEntity.ok(movie);
        } else {
            return ResponseEntity.notFound().build();
        }
    }
    // 添加电影
    @PostMapping
    public ResponseEntity<Movie> addMovie(@RequestBody Movie movie) {
        Movie.addMovie(movie);
        return ResponseEntity.ok(movie);
    }
    // 根据 ID 删除电影
    @DeleteMapping("/{id}")
    public ResponseEntity<Void> deleteMovie(@PathVariable Long id) {
        Movie movie = Movie.getMovieById(id);
        if (movie != null) {
            Movie.deleteMovie(id);
            return ResponseEntity.ok().build();
        } else {
            return ResponseEntity.notFound().build();
```

```
        }
    }
}
```

CommentController 将处理有关电影评论的请求。以下是一个基础的实现代码。

```
@RestController
@RequestMapping("/api/comments")
public class CommentController {

    // 根据电影 ID 获取评论
    @GetMapping("/{movieId}")
    public ResponseEntity<List<Comment>> getCommentsByMovieId(@PathVariable
Long movieId) {
        List<Comment> comments = Comment.getCommentsByMovieId(movieId);
        if (!comments.isEmpty()) {
            return ResponseEntity.ok(comments);
        } else {
            return ResponseEntity.notFound().build();
        }
    }
    // 添加评论
    @PostMapping
    public ResponseEntity<Comment> addComment(@RequestBody Comment comment) {
        Comment.addComment(comment);
        return ResponseEntity.ok(comment);
    }
}
```

2.6.4 实现文件上传功能

本节需要创建一个用于处理文件上传的服务，并在 MovieController 中添加一个用于上传电影海报的 API。首先，创建文件上传服务，代码如下。

```
@Service
public class FileStorageService {

    private final Path fileStorageLocation;

    // 构造函数：使用配置文件中的路径初始化文件存储位置
    public FileStorageService(@Value("${file.upload-dir}") String uploadDir) {
        // 将配置中的上传目录路径转换为绝对路径并使其规范化
        this.fileStorageLocation = Paths.get(uploadDir).toAbsolutePath().
normalize();
```

```
        try {
            // 确保上传目录存在，如果不存在则创建目录
            Files.createDirectories(this.fileStorageLocation);
        } catch (Exception ex) {
            // 如果无法创建目录，则抛出异常
            throw new RuntimeException("无法创建用于存储上传文件的目录。", ex);
        }
    }

    // 方法：存储文件
    public String storeFile(MultipartFile file) {
        // 清洁文件名以避免安全风险
        String fileName = StringUtils.cleanPath(file.getOriginalFilename());
        try {
            // 检查文件名是否含有不安全的路径序列
            if (fileName.contains("..")) {
                throw new RuntimeException("文件名包含非法路径序列：" + fileName);
            }
            // 确定目标存储位置并复制文件
            Path targetLocation = this.fileStorageLocation.resolve(fileName);
            Files.copy(file.getInputStream(), targetLocation,
StandardCopyOption.REPLACE_EXISTING);
            return fileName; // 返回存储的文件名
        } catch (IOException ex) {
            // 如果无法存储文件，则抛出异常
            throw new RuntimeException("无法存储文件"+fileName+",请重试。",ex);
        }
    }
}
```

FileStorageService 类被用于处理文件的存储逻辑，这是一种典型的服务层操作。因此，此处使用@Service 注解来标记这个类，使其能被 Spring 容器自动检测并注册为 Spring 应用上下文的一个 Bean，从而可以在其他地方（如控制器）被注入和使用。

FileStorageService 类代码解释如下。

- ☑ 文件存储位置的初始化：构造函数中使用@Value 注解从配置文件获取文件上传的目录路径，然后将其转换为绝对路径并规范化。
- ☑ 目录创建：在构造函数中，尝试创建文件存储目录，如果创建失败则抛出异常。
- ☑ 文件存储：storeFile 方法首先清洁文件名以防止安全风险，然后检查文件名是否包含非法路径。最后，它将文件复制到目标存储位置。

接下来，在 MovieController 中添加一个接口来处理电影海报的上传，该接口将调用 FileStorageService 来保存文件，并更新电影的海报 URL，代码如下。

```
@RestController
@RequestMapping("/api/movies")
public class MovieController {

    private final FileStorageService fileStorageService;
    private final String uploadDir;

    // 构造函数：注入 FileStorageService 和上传目录路径
    @Autowired
    public MovieController(FileStorageService fileStorageService, @Value
("${file.upload-dir}") String uploadDir) {
        this.fileStorageService = fileStorageService;
        this.uploadDir = uploadDir;
    }

    // 上传电影海报
    @PostMapping("/{id}/uploadPoster")
    public ResponseEntity<String> uploadPoster(@PathVariable Long id,
@RequestParam("file") MultipartFile file) {
        try {
            // 存储文件并获取文件名
            String fileName = fileStorageService.storeFile(file);
            // 获取电影实体并更新海报 URL
            Movie movie = Movie.getMovieById(id);
            if (movie != null) {
                String posterUrl = "/api/movies/posters/" + fileName;
                movie.setPosterUrl(posterUrl);
                // 返回海报的下载 URL
                return ResponseEntity.ok(posterUrl);
            } else {
                // 如果电影不存在，返回 404
                return ResponseEntity.notFound().build();
            }
        } catch (Exception e) {
            // 处理文件存储相关异常
            return ResponseEntity.internalServerError().body("上传海报失败:"
+ e.getMessage());
        }
    }

    // 下载电影海报
    @GetMapping("/posters/{filename:.+\\.\\w+}")
    public ResponseEntity<?> downloadPoster(@PathVariable String filename) {
        try {
```

```
        // 构建文件路径
        Path filePath = Paths.get(uploadDir).resolve(filename).normalize();
        Resource resource = new UrlResource(filePath.toUri());
        // 检查资源是否存在且可读
        if (resource.exists() || resource.isReadable()) {
            String contentType = Files.probeContentType(filePath);
            // 返回资源和相应的内容类型
            return ResponseEntity.ok()
                    .header(HttpHeaders.CONTENT_TYPE, contentType)
                    .body(resource);
        } else {
            // 如果文件不存在，返回 404
            return ResponseEntity.notFound().build();
        }
    } catch (IOException e) {
        // 处理文件读取相关异常
        return ResponseEntity.internalServerError().body("无法下载文件:" 
+ e.getMessage());
    }
  }
}
```

代码解释如下。

- ☑ 构造函数：通过依赖注入接收 FileStorageService 和上传目录路径，这样可以在类中使用这些服务。
- ☑ 上传海报：uploadPoster()方法接收电影 ID 和 MultipartFile 对象。文件被保存，并且构建了用于访问该文件的 URL。
- ☑ 海报 URL 的构建：海报上传后，构建的 URL 指向了下载海报的 API 端点。
- ☑ 下载海报：downloadPoster()方法根据文件名提供下载功能，它使用正则表达式{filename:.+\\.\\w+}来匹配文件名。
- ☑ 设置 Content-Type：使用 Files.probeContentType(filePath)来确定文件的 MIME 类型，并在响应头中设置 Content-Type。

2.6.5　数据验证

本节我们将为 Movie 和 Comment 类添加数据验证，以确保用户输入的数据符合业务规则。

首先，添加必要的 Spring 验证注解来校验输入数据。例如，确保数据不为空且符合长度要求：

```
public class Movie {
    private Long id;

    @NotBlank(message = "标题不能为空")
    @Size(max = 100, message = "标题长度不能超过 100 个字符")
    private String title;

    @NotBlank(message = "导演不能为空")
    @Size(max = 100, message = "导演长度不能超过 100 个字符")
    private String director;

    @Size(max = 500, message = "描述长度不能超过 500 个字符")
    private String description;

    private String posterUrl;

    // 其他属性、构造函数、getters、setters 和静态方法...
}
```

然后，对 Comment 类进行类似的更新：

```
public class Comment {
    private Long id;

    @Valid
    private Movie movie;

    @NotBlank(message = "评论内容不能为空")
    @Size(max = 500, message = "评论内容长度不能超过 500 个字符")
    private String content;

    @NotNull(message = "评分不能为空")
    @Min(value = 1, message = "评分至少为 1")
    @Max(value = 5, message = "评分不能超过 5")
    private Integer rating;
    // 构造函数、getters、setters 和静态方法...
}
```

最后，更新控制器中的方法，以使用@Valid 注解触发验证，并通过 BindingResult 处理验证结果：

```
@RestController
@RequestMapping("/api/movies")
public class MovieController {
```

```
    @PostMapping
    public ResponseEntity<?> addMovie(@Valid @RequestBody Movie movie, BindingResult result) {
        if (result.hasErrors()) {
            return ResponseEntity.badRequest().body(result.getAllErrors().get(0).getDefaultMessage());
        }
        Movie.addMovie(movie);
        return ResponseEntity.ok(movie);
    }
}
```

同样地，也应在 CommentController 中应用这些验证：

```
@RestController
@RequestMapping("/api/comments")
public class CommentController {

    @PostMapping
    public ResponseEntity<?> addComment(@Valid @RequestBody Comment comment, BindingResult result) {
        if (result.hasErrors()) {
            return ResponseEntity.badRequest().body(result.getAllErrors().get(0).getDefaultMessage());
        }
        Comment.addComment(comment);
        return ResponseEntity.ok(comment);
    }
}
```

代码解释如下。

☑ 数据验证：通过在参数前使用@Valid 注解，Spring 将自动校验传入的 Movie 和 Comment 对象是否符合我们在实体类中定义的验证规则。

☑ 错误处理：如果 BindingResult 中存在错误，将选择第一个错误的信息作为响应返回。这样做可以给用户提供直接的反馈，让他们知道数据输入中的问题。

☑ 成功处理：如果没有验证错误，将执行添加电影或评论的逻辑，并返回成功响应。

2.6.6　全局异常处理

本节我们将创建一个全局异常处理器 GlobalExceptionHandler，以提供整个 Spring 应用的中央化异常处理机制。

首先，自定义一个异常类 FileStorageException，用于处理与文件存储相关的异常。

```
public class FileStorageException extends RuntimeException {
    public FileStorageException(String message) {
        super(message);
    }

    public FileStorageException(String message, Throwable cause) {
        super(message, cause);
    }
}
```

接着，需要在 FileStorageService 中引入这个自定义异常并进行修改，使用自定义异常替代原有的 RuntimeException：

```
@Service
public class FileStorageService {

    private final Path fileStorageLocation;

    // 使用配置文件中的路径
    public FileStorageService(@Value("${file.upload-dir}") String uploadDir) {
        this.fileStorageLocation = Paths.get(uploadDir).toAbsolutePath().
normalize();
        try {
            Files.createDirectories(this.fileStorageLocation);
        } catch (Exception ex) {
            // 使用自定义异常替代 RuntimeException
            throw new FileStorageException("无法创建用于存储上传文件的目录。", ex);
        }
    }

    public String storeFile(MultipartFile file) {
        String fileName = StringUtils.cleanPath(file.getOriginalFilename());
        try {
            if (fileName.contains("..")) {
                // 使用自定义异常替代 RuntimeException
                throw new FileStorageException("文件名包含非法路径序列：" +
fileName);
            }
            Path targetLocation = this.fileStorageLocation.resolve(fileName);
            Files.copy(file.getInputStream(), targetLocation,
StandardCopyOption.REPLACE_EXISTING);
            return fileName;
        } catch (IOException ex) {
            // 使用自定义异常替代 RuntimeException
            throw new FileStorageException("无法存储文件 " + fileName + "，请
```

```
重试。", ex);
        }
    }
}
```

最后，创建 GlobalExceptionHandler 类，此类将处理应用中常见的异常，如文件存储异常、数据验证失败等，并返回适当的响应：

```
@ControllerAdvice
public class GlobalExceptionHandler {

    @ExceptionHandler(FileStorageException.class)
    public ResponseEntity<String> handleFileStorageException
(FileStorageException ex) {
        // 直接返回异常消息和内部服务器错误状态
        return ResponseEntity.status(HttpStatus.INTERNAL_SERVER_ERROR).body
("文件存储错误：" + ex.getMessage());
    }
    // 可以添加更多的异常处理 ...
}
```

代码解释如下。

- ☑ 异常处理方法：handleFileStorageException 方法现在直接返回一个 ResponseEntity，其中包含错误消息和相应的 HTTP 状态码。
- ☑ 使用 ResponseEntity.status(HttpStatus.INTERNAL_SERVER_ERROR)来设置响应的 HTTP 状态码为 500，表示内部服务器错误。

第 3 章 数据库集成和持久化

通过本章内容的学习，可以达到以下目标：

（1）了解 MySQL 数据库的安装和配置。

（2）理解 MyBatis 的基本使用和原理。

（3）掌握 MyBatis-Plus 的配置与使用。

本章深入探讨数据库技术在 Web 开发中的关键应用，重点关注 MySQL 数据库的安装与配置、MyBatis 和 MyBatis-Plus 框架的使用。内容涵盖如何有效集成数据库到 Spring Boot 应用，实现数据的高效管理和持久化。

3.1 MySQL 数据库安装配置

MySQL 是一个著名的开源关系型数据库管理系统（RDBMS），由 MySQL AB 公司开发，现属于 Oracle 公司。其广泛应用于各种项目规模，从个人项目到大型企业级应用，得益于其卓越的性能、可靠性和易用性。

MySQL 使用结构化查询语言（SQL）进行数据访问、添加和管理，这种标准语言的使用便于在不同环境（云或本地）中进行数据库操作。除了开源核心版本，MySQL 还提供了企业版本，包含额外功能，如分区、高级监控和备份。

3.1.1 安装配置

作为一种关系型数据库，MySQL 适用于各种应用场景，包括传统网站、电子商务解决方案、云应用和物联网。本节将介绍在 Windows 平台安装 MySQL 的详细步骤。

（1）访问 MySQL 官方下载页面，地址为 https://downloads.mysql.com/archives/community/，在页面中选择 Product Version 为 5.7.35，Operating System 为 Microsoft

Windows，OS Version 为 Windows（x86, 64-bit），然后下载 ZIP Archive 格式的文件，如图 3-1 所示。

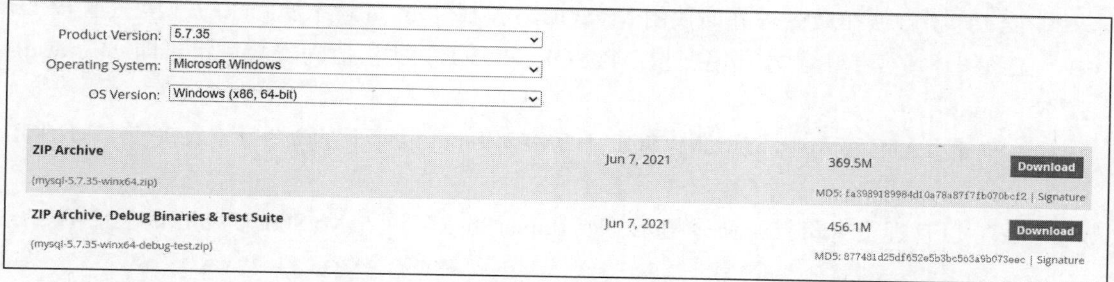

图 3-1　MySQL 安装包下载

（2）解压下载的 ZIP 文件至目标目录，如 D:\mysql-5.7.35-winx64。

（3）在安装目录下创建 my.ini 文件，添加以下配置：

```
[mysql]
# 客户端默认字符集
default-character-set=utf8

[mysqld]
# 安装目录
basedir = D:\mysql-5.7.35-winx64
# 数据存放目录
datadir = D:\mysql-5.7.35-winx64\data
# 监听端口
port = 3306
# 服务器字符集
character-set-server=utf8
# 默认存储引擎
default-storage-engine=INNODB
# 最大并发连接数
max_connections = 100
# 内存表最大内存
max_heap_table_size = 64M
# 排序缓冲区大小
sort_buffer_size = 8M
# JOIN 缓冲区大小，可以根据业务需求调整
join_buffer_size = 32M
# 查询缓存大小，对于相同的查询，可以直接返回缓存结果
query_cache_size = 64M
```

上述配置中，[mysql]和[mysqld]都是 MySQL 的配置段，前者是针对客户端的，后者

是针对服务器端的。添加配置内容后，需要手动在安装目录中创建名为 data 的目录，作为数据存储目录。

（4）为了方便在命令行界面使用 MySQL，可以将 bin 目录添加到系统环境变量 PATH 中，在系统环境变量中新建环境变量 MYSQL_HOME，变量值为安装目录，即 D:\mysql-5.7.35-winx64。

（5）在 PATH 变量中添加%MYSQL_HOME%\bin，以便于在命令行中直接使用 MySQL 命令。

（6）以管理员身份打开命令提示符或 PowerShell，进入 MySQL 的 bin 目录，例如：

```
cd D:\ mysql-5.7.35-winx64\bin
```

（7）运行以下命令初始化 MySQL。

```
mysqld --initialize --user=mysql --console
```

此命令会在配置文件中 datadir 参数指定的目录下创建所有必要的文件和目录，同时，在控制台显示临时生成的 root 用户密码，我们需要记下这个密码，以用于首次登录。密码信息如下：

```
[Note] A temporary password is generated for root@localhost: iX&3JQ#aL4g1
```

（8）运行以下命令将 MySQL 安装为 Windows 服务。

```
mysqld -install mysql
```

命令执行后，MySQL 服务器将会被注册为一个 Windows 服务，这样就可以使用 Windows 服务管理工具来管理 MySQL 服务了。

（9）运行以下命令启动 MySQL 服务。

```
net start mysql
```

（10）服务启动后，运行以下命令连接到 MySQL 服务。

```
mysql -u root -p
```

运行上述命令后，需要输入第（7）步生成的临时密码。

（11）成功连接 MySQL 服务后，输入以下命令修改 root 用户密码，并使其立即生效。

```
SET PASSWORD FOR 'root'@'localhost' = PASSWORD('root');
flush privileges;
```

注意：

在 MySQL 中，用户名和它的来源都是用于定义用户身份的，因此 root@localhost 与

root@some_other_host 是两个完全不同的用户，上述命令将 root@localhost 用户的密码修改为 root。

至此，已经成功在 Windows 系统上安装并配置了 MySQL 5.7，接下来我们就可以开始创建数据库、表格并进行其他相关操作了。

3.1.2　数据库管理工具

在成功安装并配置 MySQL 后，为了更高效地管理和查询数据库，一个图形界面的数据库管理工具将非常有用，尤其是在处理复杂数据结构或执行多种数据库任务时。

市面上有众多数据库管理工具，如 Navicat、DBeaver、SQLyog 等，本书选择 DBeaver 作为教学工具。DBeaver 是一个开源、跨平台的数据库管理工具，支持多种数据库系统，包括 MySQL。它允许用户以更直观的方式浏览数据库结构、执行 SQL 查询、查看和编辑数据，以及执行其他数据库相关任务。

DBeaver 分为两个主要版本：

- ☑ DBeaver Community Edition（CE）：这是一个免费版本，提供了大多数常用的数据库管理功能，并支持包括 MySQL、PostgreSQL、SQLite、Oracle 在内的常见关系型数据库。
- ☑ DBeaver Enterprise Edition（EE，也称为 PRO）：这是一个付费版本，除了包含 CE 版本的所有功能外，还支持一些专业或商业数据库，如 Redshift、Snowflake、BigQuery、Vertica 等。

对于基本的数据库管理需求，DBeaver Community Edition 通常是可以满足的。下面介绍 DBeaver 管理工具的安装与使用方法。

（1）访问 DBeaver 官方下载页面 https://dbeaver.io/download/，并选择适用于 Windows 的 DBeaver Community 版本。

（2）下载完成后，双击 .exe 文件并按照安装向导指示进行操作，可以使用默认设置完成安装。

（3）在 DBeaver 启动后，单击界面左上角的“新建连接”图标。在弹出的窗口中选择连接的数据库类型，此处选择 MySQL，如图 3-2 所示。

（4）在连接设置中填写必要的信息，如数据库的服务器地址、端口、用户名和密码，如图 3-3 所示。

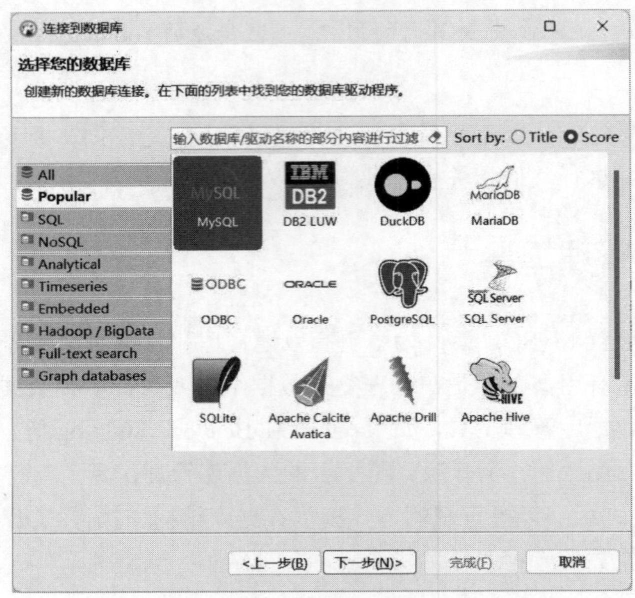

图 3-2　选择 MySQL

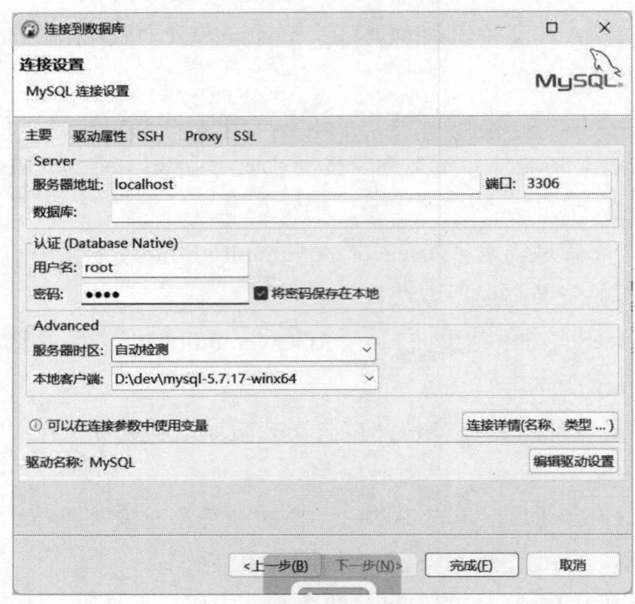

图 3-3　MySQL 连接信息

（5）单击“完成”按钮保存此连接，在左侧的导航面板就可以看到刚刚创建的连接信息了，通过此连接可以管理所有的数据库、表、视图等，如图 3-4 所示。

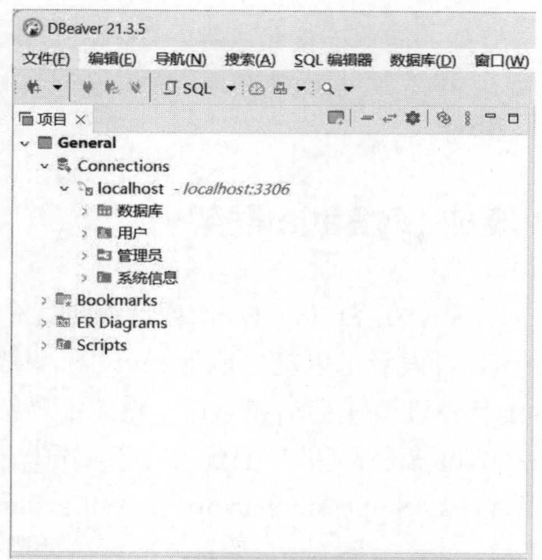

图 3-4　本地数据库信息

3.2　MyBatis 基本使用

本节将介绍对象关系映射（object-relational mapping，ORM）的概念，并详细探讨 MyBatis 框架在数据库操作中的应用。内容将覆盖注解和 XML 配置两种方式。

3.2.1　数据持久化与 ORM

在现代应用开发中，数据持久化是一个关键概念。它涉及将数据保存在持久存储（如数据库）中，以确保即使在程序关闭或崩溃后，数据仍然被保留。直接与数据库交互可能操作复杂且易出错，尤其在面向对象编程中，ORM 显得尤为重要。

ORM 桥接了面向对象编程与关系型数据库存储数据的方式之间的鸿沟，它允许开发者以操作对象的方式与数据库交互，简化了数据库操作过程。

MyBatis 是一种半自动 ORM 框架，它允许开发者直接编写 SQL，同时提供了结果映射到对象的能力。与完全自动的 ORM 工具相比，MyBatis 提供了更多的灵活性和控制力。

MyBatis 的核心特性如下。

☑　灵活的 SQL 查询：允许按照开发者的风格编写 SQL，充分利用数据库功能。

☑　强大的映射功能：支持多种复杂映射，如一对一、一对多等。

☑　双向配置：提供注解和 XML 两种配置方式。

☑　动态 SQL：支持根据运行时条件改变的 SQL 查询。

☑ 内置连接池和事务管理：简化连接和事务管理，也支持集成第三方工具。

接下来，将详细介绍 MyBatis 的安装步骤和基本使用方法，包括如何配置和执行 SQL 查询。

3.2.2 Spring Boot 集成 MyBatis 框架

MyBatis 官方为简化 MyBatis 在 Spring Boot 项目中的集成，提供了 mybatis-spring-boot-starter，通过这个 Starter，开发者可以轻松地将 MyBatis 集成到 Spring Boot 应用中，并利用 Spring Boot 的自动配置特性快速启动和运行，它的主要特点如下。

☑ 自动配置：Spring Boot Starter 的核心优势在于其自动配置能力，它会自动配置 MyBatis 的关键组件，如 SqlSessionFactory 和 SqlSessionTemplate。

☑ 无须 XML：尽管 MyBatis 支持 XML 配置，但通过使用 Starter，开发者可以通过纯 Java 配置和注解使用 MyBatis，从而减少对 XML 的依赖。

☑ 集成 Spring 事务：Starter 与 Spring 事务无缝集成，允许使用 Spring 的@Transactional 注解管理事务。

☑ 灵活的属性配置：通过 application.properties 或 application.yml 文件，可以轻松配置 MyBatis 的各种属性。

下面将详细介绍在 Spring Boot 项目中集成 MyBatis 框架的具体步骤。

1. 加入依赖

在项目的 pom.xml 文件中添加 mybatis-spring-boot-starter 依赖及 MySQL JDBC 驱动：

```
<dependency>
    <groupId>org.mybatis.spring.boot</groupId>
    <artifactId>mybatis-spring-boot-starter</artifactId>
    <version>3.0.0</version>
</dependency>
<dependency>
    <groupId>mysql</groupId>
    <artifactId>mysql-connector-java</artifactId>
    <version>5.1.47</version>
</dependency>
```

2. 配置数据源

为了使 Spring Boot 应用能够连接到 MySQL 数据库，需要在 application.properties 文件中进行以下配置：

```
spring.datasource.url=jdbc:mysql://localhost:3306/mydb?useSSL=false&ser
verTimezone=UTC&characterEncoding=UTF-8
spring.datasource.username=root
spring.datasource.password=root
spring.datasource.driver-class-name=com.mysql.jdbc.Driver
```

这些配置参数的具体含义如下。

☑ spring.datasource.url：定义数据库服务器的地址和端口，以及要操作的数据库名，即 mydb。此处的 URL 包含了数据库地址（localhost:3306）、数据库名称（mydb）以及一些连接参数，如禁用 SSL（useSSL=false）、设置服务器时区（serverTimezone=UTC）和字符编码（characterEncoding=UTF-8）。

☑ spring.datasource.username：指定连接数据库所使用的用户名，在此例中为 root。

☑ spring.datasource.password：指定用户名 root 的密码，这里设置为 root。

☑ spring.datasource.driver-class-name：指定使用的 MySQL JDBC 驱动类名。对于 MySQL 5，使用 com.mysql.jdbc.Driver；若使用 MySQL 8，则类名应为 com.mysql.cj.jdbc.Driver。

3．创建数据库表

为了演示数据库相关操作，需要在 MySQL 中创建示例表格。本例中将创建两张表：用户表 users 和订单表 orders。这两张表构成了一个典型的“一对多”关系，即每个用户（users 表中的记录）可以有多个订单（orders 表中的记录），但每个订单只属于一个用户。

用户表结构如表 3-1 所示。

表 3-1　用户表结构

字 段 名	含　义	数 据 类 型
id	用户编号	INT
username	用户名称	VARCHAR(255)
email	电子邮件	VARCHAR(255)
registered_date	注册日期	DATE

订单表结构如表 3-2 所示。

表 3-2　订单表结构

字 段 名	含　义	数 据 类 型
id	订单编号	INT
user_id	用户编号	INT
order_date	订单日期	DATE
amount	订单金额	DECIMAL(10, 2)

以下是创建这两张表的 SQL 脚本：

```
CREATE TABLE users (
   id INT AUTO_INCREMENT PRIMARY KEY,
   username VARCHAR(255) NOT NULL,
   email VARCHAR(255) UNIQUE NOT NULL,
   registered_date DATE NOT NULL
);
CREATE TABLE orders (
   id INT AUTO_INCREMENT PRIMARY KEY,
   user_id INT,
   order_date DATE NOT NULL,
   amount DECIMAL(10, 2) NOT NULL,
   FOREIGN KEY (user_id) REFERENCES users(id)
);
```

通过以下 SQL 语句加入一些模拟的数据：

```
-- 插入用户数据
INSERT INTO users (username, email, registered_date) VALUES ('Alice', 
'alice@email.com', '2023-01-10');
INSERT INTO users (username, email, registered_date) VALUES ('Bob', 
'bob@email.com', '2023-02-05');

-- 插入订单数据
INSERT INTO orders (user_id, order_date, amount) VALUES (1, '2023-03-10', 
100.50);
INSERT INTO orders (user_id, order_date, amount) VALUES (1, '2023-03-15', 
150.75);
INSERT INTO orders (user_id, order_date, amount) VALUES (2, '2023-03-20', 
200.25);
```

以上脚本将在 users 表中插入两个用户，并在 orders 表中插入三个订单。

4．定义模型类

为了实现应用程序和数据库间的数据交互，首先需要定义与数据库表结构相匹配的实体类。以 users 表为例，可以定义一个相应的 User 类。Java 类中的字段名称和数据类型应与数据库表中的列名称和数据类型保持一致。以下是 User 类的示例代码：

```
public class User {

   private int id;
   private String username;
   private String email;
```

```
    private Date registeredDate;
    // 省略构造方法 Getter 和 Setter 方法
}
```

在数据库设计中，列名通常采用下画线命名法（如 registered_date）。而在 Java 中，则常用驼峰命名法（如 registeredDate）。MyBatis 提供了自动映射这两种命名方式的功能。要启用这一特性，需要在 MyBatis 的配置文件中设置如下信息。

```
mybatis.configuration.map-underscore-to-camel-case=true
```

由于 users 表包含日期类型的字段，因此在序列化和反序列化含有日期和时间的对象时，时区设置可能会导致问题出现。Spring Boot 使用的 Jackson 默认采用 GMT（格林尼治标准时间）作为时区。为避免时区错误，建议在 application.properties 中配置 jackson 的默认时区，如使用亚洲/上海时区：

```
spring.jackson.time-zone=Asia/Shanghai
```

5. 创建 MyBatis 映射

MyBatis 映射是其核心功能之一，主要负责描述如何将 SQL 查询结果转换为 Java 对象，以及如何从 Java 对象转换到 SQL 查询参数。映射定义了数据库与 Java 对象之间的数据转换规则。

映射的主要组成部分如下。

☑　SQL 语句：要执行的具体 SQL 操作，如查询、插入、更新或删除。

☑　输入映射：描述如何从 Java 对象提取值，并作为 SQL 语句的参数。

☑　输出映射：描述如何从 SQL 查询结果中提取值，并填充到 Java 对象的属性中。

映射可以通过以下两种方式定义。

（1）XML 映射：在 XML 文件中定义 SQL 语句、输入映射和输出映射。适用于复杂的查询和映射场景。

（2）注解映射：在 Java 接口方法上使用 MyBatis 注解（如@Select、@Insert）定义映射。适用于简单场景。

Mapper 接口是 MyBatis 中的关键概念，它是映射的 Java 表现形式，提供了类型安全的方式来使用映射。每个 Mapper 接口方法对应一个 SQL 操作。

当使用 MyBatis 时，主要分为以下三步。

（1）定义 Mapper 接口：创建一个接口，其中包含与 SQL 操作相对应的方法。

（2）定义映射方法：在 Mapper 接口的方法中，通过注解或与外部 XML 文件关联来定义 SQL 语句。

（3）调用映射方法：在应用程序中调用 Mapper 接口的方法，MyBatis 会找到相应的映射并执行 SQL 语句，返回处理后的结果。

以下是如何在 Spring Boot 应用中创建和使用 MyBatis Mapper 接口的示例。

Mapper 接口通常被放在名为 mapper 的包下，在项目的 mapper 包下定义一个名为 UserMapper 的接口，用于操作数据库中的 users 表：

```
@Mapper
public interface UserMapper {
    @Select("SELECT * FROM users WHERE id = #{id}")
    User getUserById(int id);
}
```

代码解释如下。

（1）@Mapper 注解：标记接口为 MyBatis Mapper 接口，允许 MyBatis 生成代理对象来实现该接口，可以在应用程序中不编写任何具体实现的情况下，直接调用这个接口的方法来与数据库进行交互。在 Spring Boot 中，这个注解还指示 Spring 容器扫描并管理该接口作为一个 Bean，使得它可以在其他组件（如服务、控制器）中通过@Autowired 注解自动注入。

（2）@Select 注解：用于定义 SQL 查询语句。在这个例子中，注解指定了一个查询操作，从 users 表中选择一个用户，其中用户的 id 与方法参数 id 匹配。MyBatis 的占位符#{id}会被调用方法时传入的 id 参数的值所替换。

（3）方法定义：User getUserById(int id)方法接收一个 int 类型的 id 参数，并返回一个 User 对象。MyBatis 负责将 SQL 查询结果映射到 User 对象。

在大型 Spring Boot 项目中，如果存在许多 MyBatis Mapper 接口，为每个接口单独添加@Mapper 注解可能会显得烦琐且重复。为了简化这一过程，MyBatis 提供了@MapperScan 注解，可以指定一个或多个包路径，MyBatis 将自动扫描这些包下的所有接口，并将它们注册为 Mapper 接口。

假设存在一个包路径 com.example.demo.mapper，该路径下包含了项目中的所有 Mapper 接口。为了自动注册这些接口，可以在 Spring Boot 应用的主类或配置类上添加@MapperScan 注解，如下所示。

```
@SpringBootApplication
@MapperScan("com.example.demo.mapper")
public class MyApplication {
    public static void main(String[] args) {
        SpringApplication.run(MyApplication.class, args);
    }
}
```

通过这种方式，com.example.demo.mapper 包下的所有接口都会被 MyBatis 自动识别并注册为 Mapper 接口，从而无须再为每个接口单独添加@Mapper 注解。

6．使用 Mapper

一旦定义了 Mapper 组件，就可以在 Service 层或 Controller 层注入并使用这些 Mapper。在复杂的业务逻辑场景下，建议将业务逻辑封装在 Service 层，并在该层注入并使用 Mapper。下面为了简单演示 Mapper 的功能和使用方式，我们将直接在 Controller 中注入和使用 Mapper。

以下是一个实际的使用示例，在 UserController 中注入 UserMapper 并实现根据用户 ID 获取用户信息的功能：

```
@RestController
public class UserController {

    @Autowired
    private UserMapper userMapper;

    // 根据 ID 获取用户信息
    @GetMapping("/users/{id}")
    public User getUserById(@PathVariable int id) {
        return userMapper.getUserById(id);
    }
}
```

在 UserController 中，通过@Autowired 注解自动注入 UserMapper 实例。这样，当访问 URL http://localhost:8080/users/1 时，getUserById 方法将被触发，从而调用 userMapper 的 getUserById 方法，并使用从 URL 提取的 ID 来查询数据库。

该查询返回的 User 对象将自动转换为 JSON 格式，并作为响应返回给客户端。例如，如果请求的是 ID 为 1 的用户，则浏览器将显示类似以下的信息：

```
{
    "id": 1,
    "username": "Alice",
    "email": "alice@email.com",
    "registeredDate": "2023-01-10T00:00:00.000+08:00"
}
```

3.2.3　注解方式操作数据库

在 MyBatis 中，注解方式提供了一种更加简洁的方法来执行数据库的 CRUD 操作，避免了 XML 配置的需要。

1. CRUD 注解

MyBatis 提供了以下注解用于处理基本的数据库操作。

- ☑ @Select：执行 SELECT 查询。
- ☑ @Insert：执行 INSERT 操作。
- ☑ @Update：执行 UPDATE 操作。
- ☑ @Delete：执行 DELETE 操作。

接下来是一个简单的 UserMapper 接口示例，展示如何使用这些注解进行 CRUD 操作。

```
@Mapper
public interface UserMapper {

    // 查询用户
    @Select("SELECT * FROM users WHERE id = #{id}")
    User getUserById(int id);

    // 插入新用户
    @Insert("INSERT INTO users(username, email,registered_date) VALUES
(#{username}, #{email}, #{registeredDate})")
    int insertUser(User user);        // 返回插入操作的影响行数

    // 更新用户
    @Update("UPDATE users SET username = #{username}, email = #{email} WHERE
id = #{id}")
    int updateUser(User user);        // 返回更新操作的影响行数

    // 删除用户
    @Delete("DELETE FROM users WHERE id = #{id}")
    int deleteUser(int id);           // 返回删除操作的影响行数

    // 查询所有用户
    @Select("SELECT * FROM users")
    List<User> getAllUsers();
}
```

代码解释如下。

- ☑ @Select 标注的方法 getUserById(int id)：用于根据用户 ID 查询用户信息。方法的参数（在这里是 id）可以直接在 SQL 语句中使用，并通过#{参数名}的方式引用。
- ☑ @Insert insertUser(User user)：向数据库中添加新用户。返回值 int 表示受影响的行数。User 对象的属性（如#{username}、#{email}）在 SQL 语句中可以直接引用。

☑ @Update updateUser(User user)：更新用户信息。方法返回值 int 表示受影响的行数。

☑ @Delete deleteUser(int id)：根据用户 ID 删除用户。返回值 int 表示受影响的行数。

☑ @Select getAllUsers()：查询并返回所有用户信息。返回值是 User 对象的列表。

UserMapper 定义完成后，可以在 Controller 中注入和使用 UserMapper，UserController 代码如下。

```
@RestController
@RequestMapping("/users")
public class UserController {

    @Autowired
    private UserMapper userMapper;

    // 获取单个用户
    @GetMapping("/{id}")
    public User getUserById(@PathVariable int id) {
        return userMapper.getUserById(id);
    }

    // 获取所有用户
    @GetMapping
    public List<User> getAllUsers() {
        return userMapper.getAllUsers();
    }
    // 新增用户
    @PostMapping
    public int insertUser(@RequestBody User user) {
        return userMapper.insertUser(user);      // 返回受影响的行数
    }
    // 更新用户
    @PutMapping("/{id}")
    public int updateUser(@PathVariable int id, @RequestBody User user) {
        return userMapper.updateUser(user);      // 返回受影响的行数
    }
    // 删除用户
    @DeleteMapping("/{id}")
    public int deleteUser(@PathVariable int id) {
        return userMapper.deleteUser(id);        // 返回受影响的行数
    }
}
```

这个 UserController 类展示了如何使用 Spring Boot 和 MyBatis 的注解来构建一个完整的 RESTful Web 服务，它提供了对用户数据的基本 CRUD 操作。运行程序后，使用浏览器发送不同的请求，会得到不同的响应，其中：

（1）当发送 GET 请求，请求路径为/users/1 时，getUserById 方法会被调用，浏览器会响应 ID 为 1 的用户信息：

```
{
   "id": 1,
   "username": "Alice",
   "email": "alice@email.com",
   "registeredDate": "2023-01-10T00:00:00.000+08:00"
}
```

（2）当发送 GET 请求，请求路径为/users 时，getAllUsers 方法会被调用，浏览器会响应所有的用户信息：

```
[
   {
      "id": 1,
      "username": "Alice",
      "email": "alice@email.com",
      "registeredDate": "2023-01-10T00:00:00.000+08:00"
   },
   {
      "id": 2,
      "username": "Bob",
      "email": "bob@email.com",
      "registeredDate": "2023-02-05T00:00:00.000+08:00"
   }
]
```

（3）当发送 POST 请求，请求路径为/users 时，insertUser 方法会被调用，若请求体信息如下：

```
{
   "username": "Charlie",
   "email": "charlie@email.com",
   "registeredDate": "2023-05-15"
}
```

数据库中会增加一条 ID 为 3 的记录（因为之前已有 Alice 和 Bob 两条记录，所以新记录的 ID 应该是 3），浏览器会返回受影响的行数，即数字 1。

（4）当发送 PUT 请求，请求路径为/users/1 时，updateUser 方法会被调用，若请求体信息如下：

```
{
```

```
    "id": 1,
    "username": "AliceUpdated",
    "email": "aliceupdated@email.com"
}
```

数据库中 ID 为 1 的用户记录将会被更新，其中 username 字段被修改为 AliceUpdated，email 字段被修改为 aliceupdated@email.com，浏览器会返回受影响的行数，即数字 1。

（5）当发送 DELETE 请求，请求路径为/users/2 时，deleteUser 方法会被调用，数据库中 ID 为 2 的用户将会被删除，浏览器会返回受影响的行数，即数字 1。

2．参数传递

使用 MyBatis 注解进行 SQL 操作时，有几种常用的参数传递方法可以使 SQL 语句中的参数动态化。以下是一些常用方法及其简要介绍。

（1）当方法参数为基本数据类型或其包装类时，使用#{参数名}形式。如果方法只有一个参数，可以直接使用#{value}，例如：

```
@Select("SELECT * FROM users WHERE id = #{id}")
User getUserById(int id);
```

（2）对象作为参数。当传递一个对象或 Java Bean 作为参数时，使用#{对象属性名}形式引用对象属性，例如：

```
@Insert("INSERT INTO users(username, email) VALUES(#{username}, #{email})")
int insertUser(User user);
```

（3）多参数传递。当方法有多个参数时，可以使用@Param 注解来给每个参数命名，然后在 SQL 语句中使用这些名称，例如：

```
@Select("SELECT * FROM users WHERE username = #{name} AND email = #{email}")
User getUserByNameAndEmail(@Param("name") String username, @Param("email")
String email);
```

在 MyBatis 3.4 及更高版本中，特别是在结合 Spring Boot 使用时，如果方法参数使用-parameters 编译参数进行编译（在 Spring Boot 项目中通常为默认行为），则不需要使用@Param 注解，只要方法参数名称与 SQL 语句中的参数名称一致即可。

```
@Select("SELECT * FROM users WHERE username = #{username} AND email = #{email}")
User getUserByNameAndEmail(String username, String email);
```

（4）通过 Map 传递。使用 Map 传递多个参数，在 SQL 中直接使用 Map 的键，例如：

```
@Select("SELECT * FROM users WHERE username = #{name} AND email = #{email}")
User getUserByMap(Map<String, Object> map);
```

3. 结果映射

在使用 MyBatis 进行数据查询时，尽管许多简单的映射（如将数据库的 user_name 字段映射到 Java 的 userName 属性）可以自动完成，但有时候我们会遇到更复杂的映射需求，或者希望更明确地定义映射规则。此时，可以利用@Results 和@Result 注解来实现精确的映射。

考虑以下 Java 实体类，其中某些属性名称故意与数据库字段不匹配。

```
public class User {
    private int id;
    private String username;
    private String emailAddress;          // 注意这里使用了不同的属性名称
    private Date registrationDate;        // 注意这里使用了不同的属性名称

    // 省略构造函数、Getter 和 Setter 方法
}
```

为了映射这些不匹配的字段，可以在 UserMapper 接口中使用@Results 和@Result 注解。

```
@Mapper
public interface UserMapper {

    @Select("SELECT * FROM users WHERE id = #{id}")
    @Results({
        @Result(property = "id", column = "id"),
        @Result(property = "username", column = "username"),
        @Result(property = "emailAddress", column = "email"),
        @Result(property = "registrationDate", column = "registered_date")
    })
    User getUserById(int id);
}
```

在上述代码中，虽然 id 和 username 字段与实体类的属性名称相匹配，但仍然提供了映射。这是因为当使用@Results 映射部分字段时，MyBatis 要求为所有字段提供映射，否则未映射的字段将不会被填充。

3.2.4 注解方式多表查询

在 MyBatis 中处理多表查询时，@Results 和@Result 注解不仅用于简单的字段与属性映射，它们也能处理更复杂的情况，如连接查询或嵌套结果。在对象关系映射中，一对多关系是常见的情形。例如，一个用户（User）可能有多个订单（Order），而每个订单只对应一个用户。

接下来将基于在 3.2.2 节中创建的用户表和订单表，详细介绍多表查询的方法。

1. 一对多

一对多关系是其中一个表的行与另一个表的多行有关系。例如，一个用户可能有多个订单。

基于订单表，首先定义一个 Order 模型类，表示订单信息。

```
public class Order {
    private int id;
    private int userId;
    private Date orderDate;
private BigDecimal amount;
// 省略构造函数、Getter 和 Setter 方法
}
```

接着，修改 User 类，添加一个 Order 对象的列表，以表示一个用户拥有多个订单。

```
public class User {
    private int id;
    private String username;
    private String email;
    private Date registeredDate;
    private List<Order> orders; // 用户的订单列表
// 省略构造函数、Getter 和 Setter 方法
}
```

在 MyBatis 中处理一对多关系的一种常见方法是进行两次查询。首先查询主要实体（如用户），然后为每个实体查询相关联的子实体（如订单）。@Many 注解在 MyBatis 中用于处理这种类型的关系。以下是如何在 UserMapper 接口中实现这一功能。

```
@Mapper
public interface UserMapper {

    // 查询用户及其所有订单
    @Select("SELECT * FROM users WHERE id = #{userId}")
    @Results({
        @Result(property = "id", column = "id"),
        @Result(property = "username", column = "username"),
        @Result(property = "email", column = "email"),
        @Result(property = "registeredDate", column = "registered_date"),
        @Result(property = "orders", javaType = List.class, column = "id",
            many = @Many(select = "getOrdersByUserId"))
    })
    User getUserWithOrders(int userId);

    // 根据用户 ID 查询订单
```

```
    @Select("SELECT * FROM orders WHERE user_id = #{userId}")
    List<Order> getOrdersByUserId(int userId);
}
```

代码解释如下。

（1）getUserWithOrders 方法：首先从 users 表中查询一个用户，并通过@Results 注解将查询结果映射到 User 对象。

（2）@Many 注解：当 MyBatis 检测到@Many 注解时，MyBatis 会为每个用户调用 getOrdersByUserId()方法来获取该用户的所有订单。

（3）最后这些订单被放入 User 对象的 orders 列表中。

当执行这些查询时，需要注意性能问题。嵌套查询可能会导致“N+1 查询问题”，即主查询执行一次，然后为每个返回的结果执行嵌套查询，导致大量的数据库查询。如果数据量大，可能会影响性能。在这种情况下，应考虑使用懒加载或其他优化策略。

在 MyBatis 中，通过设置 fetchType 属性可以实现懒加载，fetchType 有以下两个主要的值。

- ☑ eager（急切加载）：默认方式，主对象加载时，关联对象立即加载。
- ☑ lazy（懒加载）：关联对象在被真正访问时才加载。

例如，在用户和订单的关系中，我们只有在真正访问一个用户的订单时才想加载它们，可以这样定义这个关系：

```
@Select("SELECT * FROM users WHERE id = #{userId}")
@Results({
    @Result(id=true, property="id", column="id"),
    @Result(property="username", column="username"),
    @Result(property="orders", column="id", javaType=List.class,
            many=@Many(select="getOrdersByUserId", fetchType=FetchType.LAZY))
})
User getUserWithLazyOrders(int userId);
```

在这个示例中，当我们获取一个用户时，他的订单并不会立即加载。当尝试访问用户的订单（如通过 user.getOrders()方法）时，这些订单才会被加载。

注意，使用懒加载时需要给 User 实体类上添加@JsonIgnoreProperties(value = "handler")注解，确保在序列化时忽略 handler 属性，因为 MyBatis 使用代理来实现懒加载，这会在实体类中添加一个名为"handler"的属性，导致 Jackson 无法序列化而出错。

2．一对一

在一对一关系中，例如，订单和用户之间的关系，每个订单都与一个特定的用户相关联。在这种情形下，可以使用 MyBatis 的@One 注解来处理这种关系。

首先，调整 Order 模型类，使其包含一个 User 对象，以表示每个订单关联的用户信息。

```
public class Order {
    private int id;
    private Date orderDate;
    private BigDecimal amount;
    private User user; // 包含关联的用户对象
}
```

然后，创建 OrderMapper 接口，使用以下方法查询订单及其关联的用户信息。

```
@Mapper
public interface OrderMapper {

    @Select("SELECT * FROM orders WHERE id = #{orderId}")
    @Results({
            @Result(property = "id", column = "id"),
            @Result(property = "orderDate", column = "order_date"),
            @Result(property = "amount", column = "amount"),
            @Result(property = "user", column = "user_id",
                    one = @One(select = "getUserById"))
    })
    Order getOrderWithNestedUserQuery(int orderId);

    @Select("SELECT * FROM users WHERE id = #{userId}")
    User getUserById(int userId);
}
```

在上面的示例中，getOrderWithNestedUserQuery 方法使用的是嵌套查询。首先查询 orders 表，然后对于每个订单使用@One 注解再去查询关联的用户信息。

在处理一对一关系时，使用连接查询是一种高效的做法，它允许一次性获取所有所需数据。

以下是 OrderMapper 接口中使用连接查询来同时获取订单和用户信息的示例。

```
public interface OrderMapper {

    @Select("SELECT o.*, u.id as user_id, u.username, u.email, u.registered_
date " +
            "FROM orders o " +
            "LEFT JOIN users u ON o.user_id = u.id " +
            "WHERE o.id = #{orderId}")
    @Results({
            @Result(property = "id", column = "id"),
            @Result(property = "orderDate", column = "order_date"),
```

```
        @Result(property = "amount", column = "amount"),
        @Result(property = "user.id", column = "user_id"),
        @Result(property = "user.username", column = "username"),
        @Result(property = "user.email", column = "email"),
        @Result(property = "user.registeredDate", column = "registered_
date"),
    })
    Order getOrderWithUser(int orderId);

}
```

在这个示例中：

- ☑ 使用 LEFT JOIN 语句连接 orders 表和 users 表，从而一次性查询出订单及其关联的用户信息。
- ☑ @Results 注解中详细指定了如何将查询结果中的列映射到 Order 对象的属性和其嵌套的 User 对象的属性。

一对一的查询通常更简单，因为不需要处理结果集中的重复数据。但是，选择哪种查询方法，还是取决于具体需求和性能考虑。

3.2.5 XML 方式操作数据库

XML 映射方式在 MyBatis 中提供了更多的灵活性和功能，尽管它看起来可能比注解方式更烦琐。以下是使用 XML 映射方式在 Spring Boot 中操作数据库的基本步骤。

1．基本使用

（1）指定映射文件位置。在 application.properties 文件中指定 MyBatis XML 映射文件的路径：

```
mybatis.mapper-locations=classpath*:mapper/*.xml
```

这个配置项的作用如下。

- ☑ 指定映射文件位置：上述配置指示 MyBatis 从 resources/mapper/目录中加载所有的 XML 映射文件。
- ☑ 项目资源文件约定：在 Spring Boot 项目中，通常的约定是将资源文件（如配置文件、SQL 映射文件等）放在 src/main/resources/目录下。
- ☑ 类路径包含：当项目启动时，Spring Boot 会从 src/main/resources/目录加载资源文件，包括 MyBatis 的 XML 映射文件。这些文件随后会被包含在构建输出的 target/classes/mapper/目录中，成为类路径的一部分，这也是为什么配置路径以

classpath 开头的原因。

（2）定义 Mapper 接口，但不需要在其中使用注解。在 XML 映射方式中，Mapper 接口相对“干净”，因为 SQL 和映射信息都放置在了 XML 文件中。例如：

```
public interface UserMapper {
    User getUserById(int id);
    // ... 其他方法
}
```

（3）与注解方式不同，需要为每个 Mapper 接口创建一个对应的 XML 文件来定义 SQL 语句和结果映射。例如，在 resources/mapper/目录下创建一个名为 UserMapper.xml 的文件，并在其中定义 SQL 和映射规则。

```
<!-- resources/mapper/UserMapper.xml -->
<?xml version="1.0" encoding="UTF-8" ?>
<!DOCTYPE mapper PUBLIC "-//mybatis.org//DTD Mapper 3.0//EN"
"http://mybatis.org/dtd/mybatis-3-mapper.dtd">
<mapper namespace="com.example.demo.mapper.UserMapper">
    <select id="getUserById" resultType="com.example.demo.model.User">
        SELECT * FROM users WHERE id = #{id}
    </select>
    <!-- ... 其他映射 -->
</mapper>
```

上述 XML 文件定义了如何从数据库中查询数据并将其映射到 Java 对象。下面是对其内容的解释。

- ☑ <mapper namespace="com.example.demo.mapper.UserMapper">定义了 XML 文件的开始和结束。namespace 属性指定了这个映射文件关联的 Mapper 接口的全限定类名，确保了 XML 映射和 Java 接口之间的正确关联。
- ☑ <select id="getUserById" resultType="com.example.demo.model.User">定义了一个名为 getUserById 的查询语句。id 属性与 Mapper 接口中的方法名一致，使得 MyBatis 能找到并执行相应的 SQL 语句。resultType 属性指定了查询结果应映射到的 Java 类。
- ☑ SELECT * FROM users WHERE id = #{id}是 SQL 查询语句。#{id}是参数占位符，运行时会被 getUserById 方法的参数值替换。

（4）在服务类或控制器中，可以注入 UserMapper 并调用其方法来执行定义的 SQL 查询并获取结果。例如，在 UserController 中的使用：

```
@RestController
@RequestMapping("/users")
```

```
public class UserController {

    @Autowired
    private UserMapper userMapper;

    @GetMapping("/{id}")
    public User getUserById(@PathVariable int id) {
        return userMapper.getUserById(id);
    }

    // ... 其他 HTTP 请求处理方法
}
```

在上述控制器中，当调用 getUserById()方法时，MyBatis 会根据 XML 映射文件中定义的 SQL 查询执行数据库操作，并将结果映射到 User 类的实例。

（5）在 Spring Boot 应用中，使用@MapperScan 注解来启动 MyBatis Mapper 接口的自动扫描是一个关键步骤。这一步骤不仅适用于注解方式，也同样适用于 XML 映射方式。以下是如何在 Spring Boot 的主类或配置类中配置@MapperScan：

```
@SpringBootApplication
@MapperScan("com.example.demo.mapper")
public class DemoApplication {
    public static void main(String[] args) {
        SpringApplication.run(DemoApplication.class, args);
    }
}
```

Spring Boot 会自动扫描指定包下的所有 Mapper 接口，并为它们创建代理实例，使得这些接口可以被注入到其他 Spring 组件中（如服务类或控制器）并被使用。

2．CRUD 标签

在 MyBatis 的 XML 映射方式中，专门提供了一系列标签来执行 CRUD 操作。以下是在 UserMapper.xml 文件中如何定义这些操作的示例。

在 UserMapper.xml 文件中加入以下内容。

```
<!-- resources/mapper/UserMapper.xml -->
<?xml version="1.0" encoding="UTF-8" ?>
<!DOCTYPE mapper PUBLIC "-//mybatis.org//DTD Mapper 3.0//EN"
"http://mybatis.org/dtd/mybatis-3-mapper.dtd">

<mapper namespace="com.example.demo.mapper.UserMapper">
```

```
    <!-- SELECT: 查询操作 -->
    <select id="getUserById" resultType="com.example.demo.model.User">
        SELECT * FROM users WHERE id = #{id}
    </select>

    <!-- INSERT: 插入操作 -->
    <insert id="insertUser" parameterType="com.example.demo.model.User">
        INSERT INTO users(username, email, registered_date)
        VALUES(#{username}, #{email}, #{registeredDate})
    </insert>

    <!-- UPDATE: 更新操作 -->
    <update id="updateUser" parameterType="com.example.demo.model.User">
        UPDATE users
        SET username=#{username}, email=#{email}, registered_date=
#{registeredDate}
        WHERE id=#{id}
    </update>

    <!-- DELETE: 删除操作 -->
    <delete id="deleteUser">
        DELETE FROM users WHERE id = #{id}
    </delete>

</mapper>
```

上述 XML 文件中：

- ☑ <select>标签：用于查询操作，id 属性对应 Mapper 接口中的方法名，这样在 Java 代码中调用 getUserById 方法时，MyBatis 就知道要执行这个<select>标签里的 SQL。resultType 属性指定查询结果映射到的 Java 类。
- ☑ <insert>标签：用于插入数据，id 属性与 Mapper 接口中的方法名相对应，而 parameterType 属性指定传入参数的 Java 类型。
- ☑ <update>标签：用于更新数据，结构和<insert>类似。
- ☑ <delete>标签：用于删除操作，其 id 属性对应 Mapper 接口中的方法。

在 MyBatis XML 映射中，resultType 和 parameterType 是两个特有的属性，用于指定查询结果的 Java 类型和传递给 SQL 语句的参数类型，它们在注解方式中没有直接对应。

- ☑ resultType：指定查询结果应映射到的 Java 类型，可以是基本数据类型、Java Bean、集合或其他任何 Java 类型。
- ☑ parameterType：定义传递给 SQL 语句的参数的 Java 类型，告诉 MyBatis 参数的预期类型，从而使其能够正确处理和映射这些参数。

虽然在某些情况下这两个属性可以省略，MyBatis 可以自动推断这些类型，但为了清晰性和可维护性，明确指定它们通常是一个好习惯。

MyBatis 允许使用简写的形式指定 resultType 和 parameterType，但这依赖于是否在配置文件中为相关类定义了别名。

可以在 application.properties 文件中使用 mybatis.type-aliases-package 属性指定自动扫描的包，以自动为该包下的所有 Java 类注册类型别名：

```
mybatis.type-aliases-package=com.example.demo.model
```

当指定了 type-aliases-package，MyBatis 会扫描该包下的所有 Java 类，并为它们自动注册一个类型别名。默认情况下，这个别名是类的简单名称。

例如，位于 com.example.demo.model 的 User 类，其别名默认为 User。因此，可以在 XML 文件中这样简写：

```
<!-- 使用完整类名 -->
<select id="selectUser" resultType="com.example.demo.model.User">
   SELECT * FROM users WHERE id = #{id}
</select>

<!-- 使用类型别名简写 -->
<select id="selectUser" resultType="User">
   SELECT * FROM users WHERE id = #{id}
</select>
```

同样的规则也适用于 parameterType。

3. 结果映射

在 MyBatis 的 XML 映射方式中，结果映射是通过<resultMap>标签定义的。这种方式为映射数据库查询结果到 Java 对象提供了灵活性，既可以处理简单的属性到列的映射，也可以处理更复杂的一对多或多对多关系的映射。

例如，对查询出的用户信息进行映射：

```
<resultMap id="userResultMap" type="com.example.demo.model.User">
   <id column="id" property="id"/>
   <result column="username" property="username"/>
   <result column="email" property="email"/>
   <result column="registered_date" property="registeredDate"/>
</resultMap>
```

在上述<resultMap>中：

☑ 定义了与 User 类相关的映射，其中 id、username、email、registered_date 是数据

库列名，而 id、username、email、registeredDate 是 User 类中的属性名。

- ☑ column 属性指定数据库的列名，而 property 属性指定 Java 对象中的属性名。
- ☑ id 元素是标记映射的唯一标识符（主键）。

定义<resultMap>后，可以在<select>、<update>、<insert>等标签中通过 resultMap 属性引用它，而不是使用 resultType，例如：

```
<select id="getUserById" resultMap="userResultMap">
    SELECT * FROM users WHERE id = #{id}
</select>
```

注意事项如下。

- ☑ <resultMap>中的 id 属性是映射的唯一标识符。在同一个 XML 文件中可以定义多个<resultMap>，只要它们的 id 是唯一的。
- ☑ 当在<select>、<insert>、<update>或<delete>标签中引用<resultMap>时，可以使用它的 id 进行引用，如示例中的 resultMap="userResultMap"。

3.2.6 XML 方式多表查询

在 MyBatis 的 XML 配置中，对于多表查询，可以使用<association>标签来处理一对一的关系，使用<collection>标签来处理一对多的关系。基于 3.2.2 节创建的用户和订单数据表，以下是如何使用这两个标签进行一对多和一对一的查询。

1. 一对多

例如，获取一个用户及其所有相关的订单，以下是如何在 XML 映射文件中定义这种关系。

```
<?xml version="1.0" encoding="UTF-8"?>
<!DOCTYPE mapper PUBLIC "-//mybatis.org//DTD Mapper 3.0//EN" "http://
mybatis.org/dtd/mybatis-3-mapper.dtd">

<mapper namespace="com.example.demo.mapper.UserMapper">

    <resultMap id="UserWithOrdersMap" type="com.example.demo.model.User">
        <id property="id" column="id" />
        <result property="username" column="username" />
        <result property="email" column="email" />
        <result property="registeredDate" column="registered_date" />
        <collection property="orders" ofType="com.example.demo.model.Order">
            <id property="id" column="order_id" />
```

```
            <result property="orderDate" column="order_date" />
            <result property="amount" column="amount" />
        </collection>
    </resultMap>

    <select id="findUserWithOrders" resultMap="UserWithOrdersMap">
        SELECT u.*, o.id AS order_id, o.order_date, o.amount
        FROM users u
        LEFT JOIN orders o ON u.id = o.user_id
        WHERE u.id = #{userId}
    </select>

</mapper>
```

代码解释如下。

- ☑ <collection>标签：用于定义一对多关系。此处，它表示如何将多个订单映射到单个用户对象的 orders 属性。ofType 属性指定了集合中对象的类型。
- ☑ 在<select>标签中定义的查询 id 为 findUserWithOrders，从 users 表和 orders 表检索数据，并使用左连接基于 user_id 将它们关联起来。查询结果使用 UserWithOrdersMap <resultMap>映射到 User 对象。

2．一对一

在 MyBatis 的 XML 配置中，<association>标签通常用于处理一对一的关系。例如，如果要获取一个订单及其对应的用户信息，可以在 XML 映射文件中为 Order 类定义一个 resultMap 并使用<association>标签表示其用户信息。

```
<?xml version="1.0" encoding="UTF-8"?>
<!DOCTYPE mapper PUBLIC "-//mybatis.org//DTD Mapper 3.0//EN" "http://
mybatis.org/dtd/mybatis-3-mapper.dtd">

<mapper namespace="com.example.demo.mapper.OrderMapper">

    <resultMap id="OrderWithUserMap" type="com.example.demo.model.Order">
        <id property="id" column="id" />
        <result property="orderDate" column="order_date" />
        <result property="amount" column="amount" />
        <association property="user" javaType="com.example.demo.model.User">
            <id property="id" column="user_id" />
            <result property="username" column="username" />
            <result property="email" column="email" />
            <result property="registeredDate" column="registered_date" />
        </association>
```

```
    </resultMap>

    <select id="findOrderWithUser" resultMap="OrderWithUserMap">
        SELECT o.*, u.id AS user_id, u.username, u.email, u.registered_date
        FROM orders o
        INNER JOIN users u ON o.user_id = u.id
        WHERE o.id = #{orderId}
    </select>

</mapper>
```

代码解释如下。

☑ <association>标签：用于定义 Order 对象中的复杂属性（在此示例中是 user 属性）。这里，它指示 MyBatis 如何将查询结果中与用户相关的数据映射到 Order 对象的 user 属性。

☑ <select>标签：定义了一个查询。id 属性是该查询方法的名称，而 resultMap 属性指明了如何映射查询结果。查询内容使用内连接来连接 orders 和 users 表，并选择了与给定订单 ID 匹配的记录。

至此，XML 配置和注解的方式都已经介绍完毕，这两种方法各有其独特性和优势，而选择哪一种方式往往取决于具体的应用场景和开发者的偏好。

XML 配置的主要特点是清晰和分离，它使得 SQL 查询与业务逻辑代码分离，从而更容易管理。这对于复杂的 SQL 或那些需要灵活动态 SQL 结构的查询尤其有益。对于那些在大型项目中需要更好的 SQL 管理和维护或面对复杂查询需求的开发者来说，XML 可能是更好的选择。

与此相反，注解提供了一个更加紧凑和集中的方法来定义 SQL 映射。对于简单的 CRUD 操作或小型项目，注解方式可以使代码更简洁，减少文件数量并增加代码的可读性。

那么，是否可以同时使用这两种方式呢？答案是肯定的。在 MyBatis 中，开发者确实可以在同一个项目中混合使用 XML 和注解。但需要注意的是，不要在同一个接口的同一方法同时使用两种方式定义 SQL，以避免冲突。为了保持代码的清晰性和可维护性，最佳实践是为每个 Mapper 接口选择一种方法并坚持使用。

3.3　MyBatis-Plus 基本使用

在前面的章节中，我们已经深入探讨了 MyBatis 在 Spring Boot 项目中的应用，它为复杂的数据库交互提供了强大而灵活的支持。但随着项目的扩展，开发者经常发现自己不得不重复编写大量的标准 CRUD SQL。另外，一些常用功能如分页、主键生成和逻辑删除等，往往需要额外的配置和代码编写工作。正是因为这些编程难题，Mybatis-Plus 应运而生。

3.3.1 配置与使用

MyBatis-Plus 是一个基于 MyBatis 的增强工具，致力于简化 MyBatis 的日常使用，在 MyBatis 的基础上只做增强不做改变。它继承了 MyBatis 的所有特性，同时为开发者提供了更简洁、高效的操作功能。

以下是 MyBatis-Plus 的核心特点。

- ☑ 自动 CRUD 操作：MyBatis-Plus 集成了通用的 Mapper 和 Service，使得单表 CRUD 操作变得简洁而高效。其条件构造器可以轻松应对多变的查询需求。
- ☑ 完全无侵入：MyBatis-Plus 只提供增强功能，不改变原有的 MyBatis 结构，确保项目的稳定性不受影响。
- ☑ 灵活的主键生成：支持多种主键生成策略，包括自增、UUID、雪花算法等。
- ☑ 分页插件：原生支持物理分页查询，开发者只需传递分页参数，无须编写复杂的分页 SQL。
- ☑ 内置代码生成器：采用代码或者 Maven 插件可快速生成 Mapper、Model、Service、Controller 层代码，支持模板引擎。

要在 Spring Boot 项目中使用 MyBatis-Plus，可以按照以下步骤进行。

（1）添加 MyBatis-Plus 依赖，打开项目的 pom.xml 文件，加入以下内容。

```
<dependency>
    <groupId>com.baomidou</groupId>
    <artifactId>mybatis-plus-boot-starter</artifactId>
    <version>3.5.4</version>
</dependency>
```

注意：

MyBatis-Plus 3.5.3 及以上版本支持 Spring Boot 3。

（2）创建示例数据库表，为了演示数据库操作，以员工表为例。员工表的字段信息如表 3-3 所示。

表 3-3　员工表的字段信息

字段名	含义	数据类型
id	员工编号	INT
first_name	员工名	VARCHAR(255)
last_name	员工姓	VARCHAR(255)
position	职位	VARCHAR(255)
department	部门	VARCHAR(255)
hire_date	入职日期	DATE

使用 SQL 创建表，并加入示例数据，代码如下。

```
CREATE TABLE employees (
   id BIGINT AUTO_INCREMENT PRIMARY KEY,
   first_name VARCHAR(255) NOT NULL,
   last_name VARCHAR(255),
   position VARCHAR(255),
   department VARCHAR(255),
   hire_date DATE
);
INSERT INTO employees (first_name, last_name, position, department, hire_
date) VALUES
('John', 'Doe', 'Software Engineer', 'IT', '2022-01-15'),
('Jane', 'Smith', 'Project Manager', 'IT', '2019-07-10'),
('Mike', 'Johnson', 'Data Analyst', 'Data Science', '2020-04-25'),
('Emily', 'Adams', 'UI/UX Designer', 'Design', '2018-10-05'),
('Robert', 'Brown', 'Database Administrator', 'IT', '2021-02-20');
```

（3）使用 MyBatis-Plus 提供的注解来描述模型类与数据库表的映射关系。

```
@TableName("employees")
public class Employee {

   @TableId(value = "id", type = IdType.AUTO)
   private Long id;
   private String firstName;
   private String lastName;
   private String position;
   private String department;
private Date hireDate;
// 省略构造函数、Getter 和 Setter 方法
}
```

以上代码中：

☑ @TableName("employees")：指定模型类对应的数据库表名是 employees。

☑ @TableId(value = "id", type = IdType.AUTO)：指明 id 属性为表的主键，并且使用数据库自增的方式生成主键。

（4）定义 Mapper 接口，创建一个继承自 MyBatis-Plus 的 BaseMapper 的接口。

```
@Mapper
public interface EmployeeMapper extends BaseMapper<Employee> {
}
```

在这里，BaseMapper<T>是 MyBatis-Plus 提供的核心接口，T 是操作的实体类类型。通过指定泛型 Employee，MyBatis-Plus 能够自动生成针对 Employee 实体类的一系列 CRUD 方法。

与传统的 MyBatis 不同，使用 BaseMapper<T>时，不需要手动编写 SQL 映射代码，MyBatis-Plus 会自动生成 CRUD 方法，这大大简化了数据访问层的开发过程。

（5）之前在 3.2 节中配置的 XML 文件路径和包别名，针对 MyBatis-Plus 需要做出相应的更新。具体来说，原来的配置：

```
mybatis.mapper-locations=classpath*:mapper/*.xml
mybatis.type-aliases-package=com.example.demo.model
```

需要修改为：

```
mybatis-plus.mapper-locations=classpath*:mapper/*.xml
mybatis-plus.type-aliases-package=com.example.demo.model
```

在 3.2 节中已经完成的数据源和@MapperScan 注解的设置，这里可以直接使用。但 3.2.5 节的 XML 文件路径和包别名在这里需要按照 MyBatis-Plus 的规范进行更新，否则 XML 中涉及的类别名可能会无法识别，进而导致运行出错。

（6）为了验证 EmployeeMapper 的功能，可以在项目的测试包中新增 EmployeeMapperTest 测试类。

```
@SpringBootTest
public class EmployeeMapperTest {
    @Autowired
    private EmployeeMapper employeeMapper;

    @Test
    public void testSelect() {
        // 根据 ID 查询
        Employee employee = employeeMapper.selectById(1);
        assertNotNull(employee, "ID 为 1 的员工应该存在。");

        // 查询所有员工
```

```
        List<Employee> employees = employeeMapper.selectList(null);
        assertFalse(employees.isEmpty(), "数据库中应该有一个或多个员工记录。");
    }
}
```

在此测试中，使用 BaseMapper 提供的 selectById()方法查询指定 ID 的员工，并使用 selectList()方法查询所有员工的记录。

通过以上简单的步骤，已实现员工表的 CRUD 功能，无须编写任何额外的 XML 文件或注解。利用 BaseMapper 的 CRUD 方法，MyBatis-Plus 会自动从模型类中解析字段和注解来进行数据库操作。

默认情况下，模型类名（采用驼峰命名）会被转换为相应的数据库表名（使用下画线命名）。若表名与模型类名不匹配，可以使用@TableName 注解指定。

如果数据库表的某个字段名和实体类中的属性名不一致，可以使用@TableField 注解来指定这种映射关系。假设数据库表 users 有一个字段 date_of_birth，而实体类 User 中对应的属性名为 dob，则映射关系可以这样定义：

```
public class User {
    // ... 其他字段
    @TableField("date_of_birth")
    private LocalDate dob;
}
```

在这个示例中，@TableField("date_of_birth")明确指定了 dob 属性对应于数据库中的 date_of_birth 字段。

当字段名和属性名完全一致时，无须使用@TableField 注解，MyBatis-Plus 会自动进行映射。@TableField 注解不仅用于字段映射，还提供了额外的功能，如指定某字段是否参与查询、是否作为查询条件等。更多高级功能和使用方法可以参考 MyBatis-Plus 的官方文档。

3.3.2 核心功能

MyBatis-Plus 强大的功能体现在其核心组件——Mapper CRUD 接口和 Service CRUD 接口上。在一个典型的多层架构中，这些组件扮演着关键的角色。

在 Mapper 层（或称 DAO 层，数据访问层）：

- ☑ 数据库交互：负责直接与数据库进行交互，执行具体的 SQL 操作。
- ☑ 实体转换：将数据库查询结果转换为实体对象，或将实体对象转换为数据库可识别的格式。
- ☑ 基本 CRUD：通常与特定的数据库表相对应，为该表提供基本的 CRUD 操作。

- ☑ 业务逻辑：应避免在此层包含复杂的业务逻辑。

在 Service 层：

- ☑ 业务封装：封装特定的业务规则、计算或处理程序，可能涉及一个或多个数据模型。
- ☑ 事务管理：在需要的情况下，负责管理数据库事务。
- ☑ Mapper 调用：通常会调用一个或多个 Mapper 来完成数据操作。
- ☑ 访问控制：负责验证和授权，尤其是对需要特定权限的操作。

在 MyBatis-Plus 中，Mapper CRUD 和 Service CRUD 接口提供了一套丰富的功能，可以大幅简化数据库操作和业务逻辑实现的过程。

1．Mapper CRUD 接口

BaseMapper 提供了一系列预定义的方法，允许开发者快速进行各种常见的数据库操作。以下是结合员工表的具体使用示例。

（1）方法签名：int insert(T entity)。例如，添加一名新员工：

```
Employee employee = new Employee();
employee.setFirstName("John");
employee.setLastName("Doe");
employee.setPosition("Software Engineer");
employee.setDepartment("IT");
employee.setHireDate(new Date());

int result = employeeMapper.insert(employee);
```

（2）根据 ID 或条件查询数据，方法签名为：

```
T selectById(Serializable id);
List<T> selectList(Wrapper<T> queryWrapper);
```

在 selectList 中，queryWrapper 参数代表查询条件。例如，查询特定 ID 的员工及全部员工：

```
Employee employee = employeeMapper.selectById(1L);
List<Employee> employees = employeeMapper.selectList(null);
```

（3）根据 ID 或条件删除数据，方法签名为：

```
int deleteById(Serializable id);
int delete(Wrapper<T> queryWrapper);
```

删除指定 ID 的员工或使用条件删除员工：

```
int result1 = employeeMapper.deleteById(1L);
int result2 = employeeMapper.delete(null);  // 注意：这种调用可能会删除所有员工记录，需要谨慎使用
```

（4）根据 ID 或条件更新数据，方法签名为：

```
int updateById(T entity);
int update(T updateEntity, Wrapper<T> updateWrapper);
```

下面是如何更新特定 ID 的员工信息的例子：

```
Employee employee = employeeMapper.selectById(1L);
employee.setDepartment("Product");
int result = employeeMapper.updateById(employee);
```

2．条件构造器

在 MyBatis-Plus 中，条件构造器用于构建和组织 SQL 查询条件，避免用户直接编写 SQL 片段，从而使代码更加简洁和安全。主要包括两种类型的条件构造器：QueryWrapper 和 UpdateWrapper。

- ☑ QueryWrapper：主要用于构建查询条件，它提供了丰富的方法来指定查询的各个部分，如选择的字段、where 条件、排序等。
- ☑ UpdateWrapper：专为更新操作设计，允许指定 update 语句中哪些字段需要更新以及更新条件。

QueryWrapper 和 UpdateWrapper 都继承自 AbstractWrapper 类。AbstractWrapper 提供了许多用于生成 SQL 语句的条件方法，常用的条件方法如表 3-4 所示。

表 3-4　AbstractWrapper 提供的用于生成 SQL 语句的条件方法

方　法	描　述	示　例	解　释
eq	等于	queryWrapper.eq("department", "IT")	查询“department”字段值为“IT”的记录
ne	不等于	queryWrapper.ne("position", "Manager")	查询“position”字段值不为“Manager”的记录
gt	大于	queryWrapper.gt("age", 25)	查询“age”字段值大于 25 的记录
ge	大于等于	queryWrapper.ge("age", 25)	查询“age”字段值大于或等于 25 的记录
lt	小于	queryWrapper.lt("age", 30)	查询“age”字段值小于 30 的记录
le	小于等于	queryWrapper.le("age", 30)	查询“age”字段值小于或等于 30 的记录

续表

方　法	描　述	示　例	解　释
between	介于两者之间	queryWrapper.between("age", 25, 30)	查询“age”字段值在 25 到 30 之间的记录
like	包含	queryWrapper.like("name", "John")	查询“name”字段中包含“John”的记录
in	在给定集合中	queryWrapper.in("id", 1, 2, 3)	查询“id”字段值为 1、2 或 3 的记录
and	并且	queryWrapper.eq("department", "IT").and(i -> i.eq("position", "Engineer"));	在“IT”部门中查询“position”为“Engineer”的记录
or	或者	queryWrapper.eq("department", "IT").or().eq("position", "HR")	查询“department”为“IT”或“position”为“HR”的记录

以下是一个使用 QueryWrapper 的示例。

```
QueryWrapper<Employee> queryWrapper = new QueryWrapper<>();
// 设置查询的字段
queryWrapper.select("first_name", "last_name", "position");
// 添加 where 条件
queryWrapper.eq("department", "IT").lt("hire_date", "2023-01-01");
// 执行查询
List<Employee> employees = employeeMapper.selectList(queryWrapper);
```

在此示例中，查询了 IT 部门中在 2023 年 1 月 1 日之前入职的员工，并只查询他们的名字和职位。

以下是一个使用 UpdateWrapper 的示例。

```
UpdateWrapper<Employee> updateWrapper = new UpdateWrapper<>();
// 设置需要更新的字段及其新值
updateWrapper.set("position", "Senior Software Engineer");
// 添加 where 条件
updateWrapper.eq("department", "IT");
// 执行更新
int result = employeeMapper.update(null, updateWrapper);
```

在此示例中，更新了 IT 部门所有员工的职位为“Senior Software Engineer”。

在构建查询或更新条件时，经常需要根据多个条件组合来过滤或更新数据。这时，and()和 or()方法就非常有用了。

and()方法允许连接多个条件，确保所有条件同时满足。以下是一个示例。

```
QueryWrapper<Employee> queryWrapper = new QueryWrapper<>();
queryWrapper.eq("department", "IT")
```

```
        .and(i -> i.lt("hire_date", "2023-01-01").or().like("position",
"Engineer"));
```

在此示例中，查询了 IT 部门中在 2023 年 1 月 1 日之前入职或职位中包含“Engineer”的员工。在 and 方法中使用了 Lambda 表达式，这是 Java 8 及以后版本中新增的一个功能，这里的 Lambda 表达式的作用是在一个子句中构建多个条件，其中：

☑　i ->：Lambda 表达式的开始，i 是 QueryWrapper 对象，可调用任何条件构造方法。

☑　lt("hire_date", "2023-01-01")：表示 hire_date 字段的日期必须早于 2023-01-01。

or()方法允许在满足任一条件时选择记录。以下是一个示例。

```
QueryWrapper<Employee> queryWrapper = new QueryWrapper<>();
queryWrapper.eq("department", "IT").or().like("position", "Manager");
```

这里查询了 IT 部门的员工或职位中包含“Manager”的员工。

3．Service CRUD 接口

MyBatis-Plus 不仅提供了 BaseMapper 来简化数据访问层的开发，还提供了 IService 接口与 ServiceImpl 基类来进一步简化服务层的编码。这些工具允许开发者为实体类轻松创建标准的 CRUD 服务。

首先，创建一个新的包来放置服务接口和实现类。例如，在 com.example.demo 下创建 service 包。

为 Employee 实体类创建一个名为 EmployeeService 的服务接口，让它继承自 MyBatis-Plus 的 IService<Employee>接口，代码如下。

```
public interface EmployeeService extends IService<Employee> {
}
```

继续在 service 包下创建 EmployeeService 接口的实现类，命名为 EmployeeServiceImpl，让 EmployeeServiceImpl 类继承 MyBatis-Plus 的 ServiceImpl 基类，并为其指定相应的泛型参数，代码如下。

```
@Service
public class EmployeeServiceImpl extends ServiceImpl<EmployeeMapper,
Employee> implements EmployeeService {
}
```

这里添加了@Service 注解，使 Spring 框架管理这个类的生命周期，并允许在其他组件中自动注入该服务。

成功创建 EmployeeService 和 EmployeeServiceImpl 后，可以使用 MyBatis-Plus 的 Service CRUD 接口执行数据库操作。IService 提供了更高层次的封装，专注于逻辑操作，简化了

与数据库交互的细节。

接着，转向控制器层，在 EmployeeController 中，注入 EmployeeService 并使用它来执行 CRUD 操作。

```
@RestController
@RequestMapping("/employees")
public class EmployeeController {

    @Autowired
private EmployeeService employeeService;

    @PostMapping("/save")
    public boolean save(Employee employee) {
        return employeeService.save(employee);
    }
    @PostMapping("/saveOrUpdate")
    public boolean saveOrUpdate(Employee employee) {
        return employeeService.saveOrUpdate(employee);
    }
    @DeleteMapping("/remove/{id}")
    public boolean remove(@PathVariable Long id) {
        return employeeService.removeById(id);
    }
    @PutMapping("/update")
    public boolean update(Employee employee) {
        return employeeService.updateById(employee);
    }
    @GetMapping("/get/{id}")
    public Employee get(@PathVariable Long id) {
        return employeeService.getById(id);
    }
    @GetMapping("/list")
    public List<Employee> list() {
        return employeeService.list();
    }
}
```

以下是在 EmployeeController 中用到的一些 IService 的核心方法。

- ☑ save(T entity)：用于保存实体对象到数据库。
- ☑ saveOrUpdate(T entity)：如果实体对象在数据库中存在（基于其 ID），则更新该实体；否则创建新记录。
- ☑ removeById(Serializable id)：根据实体对象的 ID 删除对应的记录。

- ☑ updateById(T entity)：更新给定实体对象的记录，基于实体对象的 ID 找到对应的数据库记录进行更新。
- ☑ getById(Serializable id)：根据 ID 获取实体对象。
- ☑ list()：获取所有记录并以列表形式返回。

MyBatis-Plus 的 IService 接口除了提供了基本的 CRUD 方法，还提供了许多基于条件构造器的方法。

- ☑ list(Wrapper<T> queryWrapper)：根据条件构造器返回记录列表。
- ☑ getOne(Wrapper<T> queryWrapper, boolean throwEx)：根据条件构造器返回一个记录。如果找到多个结果，throwEx 为 true 则抛出异常，为 false 则返回第一个结果。
- ☑ count(Wrapper<T> queryWrapper)：根据条件构造器返回记录数。
- ☑ remove(Wrapper<T> queryWrapper)：根据条件构造器删除记录。
- ☑ update(Wrapper<T> updateWrapper)：根据条件构造器更新记录。

ServiceImpl 类可以在 IService 所提供的基础 CRUD 方法之上添加自定义方法，以满足更复杂的业务需求。例如，实现员工晋升功能：

```
public void promoteEmployee(Long id, String newPosition) {
    Employee employee = this.getById(id);
    if (employee != null) {
        employee.setPosition(newPosition);
        this.updateById(employee);
    }
}
```

在此示例中，promoteEmployee 方法接收员工 ID 和新的职位信息，若员工存在，则更新其职位信息。

4. 主键策略

在实际的数据库操作中，有效地生成和管理数据的主键对于确保数据一致性和系统性能至关重要。MyBatis-Plus 提供了一系列灵活的主键生成策略，以适应不同场景下的需求。合理选择和应用这些策略不仅能够保障数据的唯一性，还有助于提升数据库的整体性能。

MyBatis-Plus 支持的主键策略如下。

- ☑ IdType.AUTO：数据库 ID 自增。
- ☑ IdType.NONE：该策略表示未设置主键类型。在注解中等同于跟随全局配置，而在全局配置中大致相当于 IdType.INPUT。
- ☑ IdType.INPUT：此策略要求在 insert 操作前手动设置主键值。
- ☑ IdType.ASSIGN_ID：适用于 Number（如 Long 和 Integer）或 String 类型，使用雪

花算法生成唯一 ID。

☑ IdType.ASSIGN_UUID：此策略分配一个 UUID 作为主键，适用于 String 类型的主键。

要使用特定的主键策略，可以在实体类的主键字段上应用@TableId 注解并指定生成策略。例如，为员工模型类设置主键自增：

```
@TableName("employees")
public class Employee {

    @TableId(value = "id", type = IdType.AUTO)
private Long id;

// 其他属性...
}
```

当实体类通过@TableId 注解设置了主键策略后，其对应的 Mapper 在进行插入操作时会根据该策略来处理主键。

使用 BaseMapper 的 insert 方法时，MyBatis-Plus 会根据所设置的主键策略自动处理主键生成：

```
@Autowired
private EmployeeMapper employeeMapper;

public void addEmployee(Employee employee) {
    employeeMapper.insert(employee);

    // 当主键策略为数据库自增时，此操作后 employee 的 id 属性会被自动赋值为数据库生成
的主键值
    System.out.println("Employee inserted with ID: " + employee.getId());
}
```

3.3.3 分页插件

MyBatis 为我们搭建了连接 Java 对象和 SQL 语句映射关系的桥梁。但在实际项目中，开发者经常面临特定的需求挑战，如自动分页、性能监控或多租户支持。作为 MyBatis 的增强扩展，MyBatis-Plus 通过插件机制为这些需求提供了解决方案。这些插件都依赖于 InnerInterceptor 接口，该接口为开发者提供了在 SQL 执行流程中插入定制逻辑的能力。

以分页为例，这是 Web 开发中的常见需求。考虑到大型数据集，展示所有数据不仅不现实，而且可能导致不佳的用户体验。为此，MyBatis-Plus 提供的 PaginationInnerInterceptor

插件能够无缝地对数据进行分页，免去了手动编写复杂分页逻辑的麻烦。

要在 Spring Boot 中使用 MyBatis-Plus 的分页插件，需要进行相应的配置。以下是在项目的 config 包下创建配置类 MybatisPlusConfig 的示例代码。

```
@Configuration
public class MybatisPlusConfig {

    // 添加分页插件
    @Bean
    public MybatisPlusInterceptor mybatisPlusInterceptor() {
        MybatisPlusInterceptor interceptor = new MybatisPlusInterceptor();
        interceptor.addInnerInterceptor(new
PaginationInnerInterceptor(DbType.MYSQL));// 如果配置多个插件，切记分页最后添加
        return interceptor;
    }
}
```

上述代码旨在配置并启用 MyBatis-Plus 的分页插件，其中：

- ☑ @Configuration 是一个 Spring 注解，表示该类是一个配置类，用于定义 beans 和配置设置。Spring Boot 将会在启动时扫描标有此注解的类，并将其加载到应用上下文中。
- ☑ @Bean：标记 mybatisPlusInterceptor 方法将返回一个对象，该对象注册为 Spring 应用上下文中的一个 bean，允许其他部分的应用自动装配和注入。
- ☑ MybatisPlusInterceptor：MyBatis-Plus 的核心组件，用于管理各种 MyBatis 拦截器，包括分页插件。
- ☑ new PaginationInnerInterceptor(DbType.MYSQL)：向 MybatisPlusInterceptor 添加分页功能的内部拦截器，此拦截器用于实现分页逻辑，需要指定目标数据库类型，这里为 MySQL。

需要注意的是，如果有多个内部拦截器，应确保分页拦截器最后被添加。这是为了确保分页功能正常工作，避免其他拦截器对其产生干扰。

插件配置完毕后，在服务层或控制器层，可以使用 EmployeeMapper 进行分页查询，在 EmployeeServiceImpl 类中添加一个分页查询的方法：

```
@Service
public class EmployeeServiceImpl extends ServiceImpl<EmployeeMapper,
Employee> implements EmployeeService {

    @Autowired
    private EmployeeMapper employeeMapper;
```

```
    public IPage<Employee> getEmployeesByPage(int pageNo, int pageSize) {
        Page<Employee> page = new Page<>(pageNo, pageSize);
        return employeeMapper.selectPage(page, null);
    }
}
```

在上面的方法中，首先创建了一个 Page 对象，指定了当前页数和每页的记录数。然后通过调用 selectPage 方法执行分页查询，这将返回一个 IPage 对象，其中包含了当前页的记录、总记录数、总页数等分页信息。

在 EmployeeService 接口中添加方法声明：

```
public interface EmployeeService extends IService<Employee> {
    IPage<Employee> getEmployeesByPage(int pageNo, int pageSize);
}
```

接着，在 EmployeeController 中调用服务层的分页方法，提供分页查询的 API：

```
@RestController
@RequestMapping("/employees")
public class EmployeeController {

    @Autowired
    private EmployeeService employeeService;
    @GetMapping("/page")
    public IPage<Employee> getEmployeesByPage(
            @RequestParam(name = "pageNo", defaultValue = "1") int pageNo,
            @RequestParam(name  =  "pageSize",  defaultValue  =  "10")  int
pageSize) {
        return employeeService.getEmployeesByPage(pageNo, pageSize);
}
}
```

现在，当访问/employees/page?pageNo=1&pageSize=10 时，将返回第一页的员工数据，每页包含 10 条记录。

3.3.4 代码生成器

在复杂的项目开发中，一项常见但耗时的任务是编写基础代码，特别是数据访问层的代码。想象一下，为每个数据表编写对应的 Model、Mapper、Service 和 Controller，再加上相关的配置文件和单元测试，这工作量确实是巨大的。这时，代码生成器就显得尤为重要。

代码生成器，顾名思义，是自动生成代码的工具。它能够根据预设的模板和配置，快速地生成标准化的代码，从而提高开发效率、减少手动编码的错误，并保持代码的一致性。

MyBatis-Plus 提供了一个强大的代码生成器，使得开发者可以快速地生成 Model、Mapper、Service 和 Controller 层的基础代码。这大大简化了开发流程，尤其在项目初期，可以快速地为多个数据表生成相应的 CRUD 操作代码。

由于代码生成器会生成大量的代码文件，将其放在现有的工程中可能会导致结构混乱，而且很容易覆盖已有的代码。为了避免这些问题，接下来，我们重新创建一个新的 Spring Boot 工程以演示代码生成器的使用方法。

首先，使用 Spring Initializr 在线工具创建 Spring Boot 项目，命名为 mp-codegen-demo。创建项目后，在项目的 pom.xml 文件中添加 MyBatis-Plus 依赖、MySQL 驱动依赖、代码生成器的依赖：

```
<dependency>
    <groupId>com.baomidou</groupId>
    <artifactId>mybatis-plus-generator</artifactId>
    <version>3.5.4</version>
</dependency>
<dependency>
    <groupId>mysql</groupId>
    <artifactId>mysql-connector-java</artifactId>
    <version>5.1.47</version>
</dependency>
<dependency>
    <groupId>org.freemarker</groupId>
    <artifactId>freemarker</artifactId>
    <version>2.3.32</version>
</dependency>
<dependency>
    <groupId>com.baomidou</groupId>
    <artifactId>mybatis-plus-boot-starter</artifactId>
    <version>3.5.4</version>
</dependency>
```

注意：

请确保使用 mybatis-plus-generator 和 mybatis-plus-boot-starter 3.5.4 或以上版本，因为 3.5.3 版本与官方的代码生成器示例存在兼容性问题。

接着，在项目的根包下创建 Java 类，命名为 Codegen，并加入以下代码：

```
package com.example.mpcodegen;
```

```
public class Codegen {
    public static void main(String[] args) {
        FastAutoGenerator.create("jdbc:mysql://localhost:3306/mydb", "root",
"root")
                .globalConfig(builder -> {
                    builder.author("liu") // 设置作者
                            .outputDir("D:/code/spring-book/mp-codegen-demo/
src/main/java"); // 指定输出目录
                })
                .dataSourceConfig(builder -> builder.typeConvertHandler
((globalConfig, typeRegistry, metaInfo) -> {
                    int typeCode = metaInfo.getJdbcType().TYPE_CODE;
                    if (typeCode == Types.SMALLINT) {
                        // 自定义类型转换
                        return DbColumnType.INTEGER;
                    }
                    return typeRegistry.getColumnType(metaInfo);

                }))
                .packageConfig(builder -> {
                    builder.parent("com.example.mpcodegen") // 设置父包名
                            .pathInfo(Collections.singletonMap(OutputFile.xm
l, "D:/code/spring-book/mp-codegen-demo/src/main/resources/mapper"));
// 设置 mapperXml 生成路径
                })
                .strategyConfig(builder -> {
                    builder.addInclude("users","emp")// 设置需要生成的表名
                    .controllerBuilder().enableRestStyle().
enableHyphenStyle().enableFileOverride()
                            .entityBuilder().enableFileOverride()
                            .mapperBuilder().enableFileOverride()
                            .serviceBuilder().enableFileOverride();
                })
                .templateEngine(new FreemarkerTemplateEngine())
// 使用 Freemarker 引擎模板，默认的是 Velocity 引擎模板
                .execute();
    }
}
```

以上这段代码是利用 MyBatis-Plus 的代码生成器功能自动生成对应数据库表的代码，代码解释如下。

☑ 数据库连接配置：FastAutoGenerator.create(...)方法用于创建代码生成器实例并配

置数据库连接信息。

- ☑ 全局配置：.globalConfig(builder -> {...})定义代码生成的全局设置，如输出目录和作者。
- ☑ 数据源配置：在.dataSourceConfig(builder -> {...})中，定义自定义类型转换逻辑，如将数据库中的 SMALLINT 类型转换为 Java 中的 Integer 类型。
- ☑ 包配置：.packageConfig(builder -> {...})定义代码输出的包结构和 mapper.xml 的输出路径。
- ☑ 策略配置：.strategyConfig(builder -> {...})定义了代码生成的策略。在这里，我们指定了要生成的表名，以及对各种代码组件（如 Controller、Entity、Mapper、Service 等）的特定配置，如是否启用 Lombok、是否允许覆盖文件等。
- ☑ 模板引擎：.templateEngine(new FreemarkerTemplateEngine())设置代码生成使用的模板引擎。默认情况下，MyBatis-Plus 使用 Velocity 模板引擎，这里选择使用 Freemarker 模板引擎。

使用 MyBatis-Plus 代码生成器时，以下几个部分通常需要根据项目环境和特定需求进行调整。

（1）数据库连接信息：在 FastAutoGenerator.create(...)方法中，需要将数据库 URL、用户名和密码更改为你自己的数据库连接信息，例如：

```
FastAutoGenerator.create("jdbc:mysql://localhost:3306/mydb","root", "root")
```

（2）全局配置：在.globalConfig(builder -> {...})部分，可以更改生成代码的作者名称及代码输出的目录路径，例如：

```
builder.author("your_name").outputDir("your_output_directory_path")
```

（3）包配置：通过.packageConfig(builder -> {...})方法更改生成的代码的包结构和 mapper.xml 的输出路径，例如：

```
builder.parent("your_package_name").pathInfo(Collections.singletonMap
(OutputFile.xml, "your_mapper_xml_directory_path"))
```

（4）策略配置：在.strategyConfig(builder -> {...})部分，指定需要生成代码的数据库表名，例如：

```
builder.addInclude("your_table_name_1", "your_table_name_2")
```

运行代码生成器后，项目结构如图 3-5 所示。

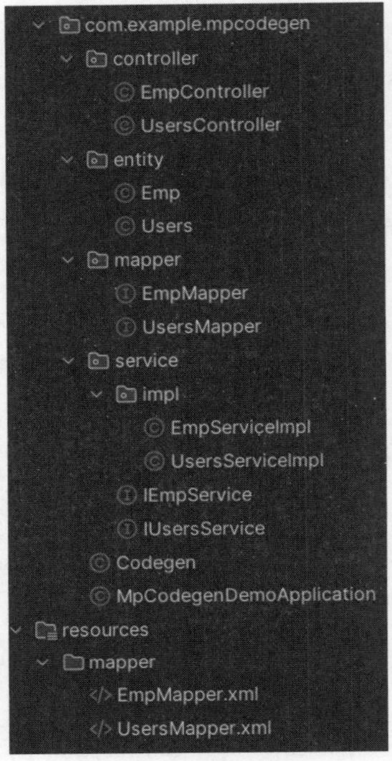

图 3-5　项目结构

- ☑ 在指定的输出目录下，会按照预设包结构生成代码，包括 controller、entity、mapper、service 包等。
- ☑ 对于每个数据库表（如 users 和 emp），会分别生成对应的实体类、控制器、服务接口、服务实现类和 Mapper 接口。
- ☑ 在指定的 mapper.xml 输出路径下，为每个数据库表生成一个相应的 mapper.xml 文件。

需要特别说明的是，当前的代码生成器产生的 entity 包与此前示例项目中使用的 model 包具有相同的功能。在许多简单的 CRUD 应用中，entity 和 model 这两个术语可以互换使用，因为它们的主要关注点都是数据的结构和表示。

- ☑ entity：通常指与数据库表直接对应的类，代表表中的一个记录。它主要关注数据的结构。
- ☑ model：表示一个更广泛的概念，不仅包含数据结构，还包含一些业务逻辑。它代表整个业务领域中的一个对象或实体。

在本书的上下文中，无论是 entity 还是 model，它们都指向相同的概念，即代表数据结构的 Java 类。

3.4　案例：在线零售管理系统

本节将逐步构建一个在线零售管理系统，以帮助读者深入理解如何在 Spring Boot 应用中结合 MyBatis Plus 进行复杂的数据库操作和有效的事务管理。

3.4.1　案例概述

本案例的目的是构建一个在线零售管理系统，主要处理产品的库存和客户订单，关键功能如下。

- ☑ 产品管理：实现产品信息的 CRUD 操作，包括产品名称、价格和库存量的管理。
- ☑ 订单处理：实现订单的创建、修改和状态更新，确保订单处理过程中库存信息的准确性。
- ☑ 事务管理：在 Spring Boot 中配置和使用事务，在处理订单时，使用事务确保库存和订单状态的一致性更新。

具体实施步骤如下。

（1）数据库设计：设计数据库表结构，创建对应的实体类。

（2）数据访问层实现：使用 MyBatis Plus 实现数据访问层，创建 Mapper 接口和 XML 映射文件。

（3）业务逻辑层实现：开发产品管理和订单处理的服务层逻辑，封装业务规则和数据库交互。

（4）API 设计：设计并实现 RESTful API 接口。

3.4.2　数据库设计

为实现在线零售管理系统，我们需要设计产品表和订单表，并基于这些表创建 MyBatis Plus 实体类 Product 和 Order。

产品表结构如表 3-5 所示。

表 3-5　产品表结构

字 段 名	含　义	数 据 类 型
id	产品编号	BIGINT
name	产品名称	VARCHAR(255)

续表

字 段 名	含 义	数 据 类 型
price	产品价格	DECIMAL(10, 2)
stock	库存数量	INT
description	产品描述	TEXT

订单表结构如表 3-6 所示。

表 3-6 订单表结构

字 段 名	含 义	数 据 类 型
id	订单编号	BIGINT
product_id	关联产品表的 ID	BIGINT
quantity	购买数量	INT
total_price	总价	DECIMAL(10, 2)
status	订单状态	VARCHAR(50)
order_date	订单日期	DATE

基于上述的数据库设计，以下是 MySQL 中对应的产品表建表语句。

```
CREATE TABLE products (
   id BIGINT AUTO_INCREMENT PRIMARY KEY,
   name VARCHAR(255) NOT NULL,
   price DECIMAL(10, 2) NOT NULL,
   stock INT NOT NULL,
   description TEXT
);
```

订单表建表语句如下。

```
CREATE TABLE orders (
   id BIGINT AUTO_INCREMENT PRIMARY KEY,
   product_id BIGINT NOT NULL,
   quantity INT NOT NULL,
   total_price DECIMAL(10, 2) NOT NULL,
   status VARCHAR(50) NOT NULL,
   order_date DATE NOT NULL,
   FOREIGN KEY (product_id) REFERENCES products(id)
);
```

这两张表的设计基于通用的电子商务应用模型，旨在支持基本的电子商务交易和库存管理，实际应用中可能需要根据具体的业务需求和逻辑进行表结构和字段的调整。

基于产品表和订单表结构创建相应的实体类，产品实体类代码如下。

```
@TableName("products")
public class Product {
    @TableId(type = IdType.AUTO)
    private Long id;
    private String name;
    private Double price;
    private Integer stock;
    private String description;

    // 省略构造函数、Getter 和 Setter 方法
}
```

订单实体类代码如下。

```
@TableName("orders")
public class Order {
    @TableId(type = IdType.AUTO)
    private Long id;
    private Long productId;
    private Integer quantity;
    private Double totalPrice;
    private String status;
    private Date orderDate;

    // 省略构造函数、Getter 和 Setter 方法
}
```

这些实体类直接映射到数据库的相应表，其中每个属性都对应表中的一个列。

3.4.3　数据访问层（DAO）

在在线零售管理系统中，数据访问层的创建是关键步骤，它直接与数据库表进行交互。利用 MyBatis Plus 提供的 BaseMapper，我们可以快速实现标准的 CRUD 操作，同时也保留了自定义查询和操作的能力。

ProductMapper 接口用于访问 products 表的数据，代码如下。

```
@Mapper
public interface ProductMapper extends BaseMapper<Product> {
    // MyBatis Plus 提供基础 CRUD 操作
    // 可以添加自定义查询或操作
}
```

类似地，OrderMapper 接口用于访问 orders 表的数据。

```
@Mapper
public interface OrderMapper extends BaseMapper<Order> {
    // MyBatis Plus 提供基础 CRUD 操作
    // 可以添加自定义查询或操作
}
```

这些 Mapper 接口为系统中的产品管理和订单处理提供数据访问支持，如果有特殊的数据访问需求或复杂查询，可以在这些接口中进一步定义自定义方法。

3.4.4 服务层开发

为了实现在线零售管理系统的服务层，需要开发 ProductService 类和 OrderService 类。这些服务将包含业务逻辑和事务管理。下面是这两个服务的基本实现。

1. ProductService

ProductService 负责处理与产品相关的业务逻辑，如添加、更新、删除和查询产品，同时依赖 ProductMapper 来执行数据库操作，代码如下。

```
@Service
public class ProductService {

    private final ProductMapper productMapper;

    public ProductService(ProductMapper productMapper) {
        this.productMapper = productMapper;
    }
    public void addProduct(Product product) {
        productMapper.insert(product);
    }
    public void updateProduct(Product product) {
        productMapper.updateById(product);
    }
    public void deleteProduct(Long productId) {
        productMapper.deleteById(productId);
    }
    public Product getProductById(Long productId) {
        return productMapper.selectById(productId);
    }
    public List<Product> getAllProducts() {
        return productMapper.selectList(null);
    }
}
```

上述代码中包含的业务方法如下。

☑ 添加产品（addProduct）：添加新产品到数据库。

☑ 更新产品（updateProduct）：更新数据库中的现有产品信息。

☑ 删除产品（deleteProduct）：根据产品 ID 删除数据库中的产品。

☑ 获取单个产品（getProductById）：根据产品 ID 查询并返回产品信息。

☑ 获取所有产品（getAllProducts）：查询并返回所有产品的列表。

2. OrderService

OrderService 负责处理与订单相关的业务逻辑，包括创建订单、更新订单状态，以及在创建订单时更新产品库存，代码如下。

```
@Service
public class OrderService {

    private final OrderMapper orderMapper;
    private final ProductMapper productMapper;

    public OrderService(OrderMapper orderMapper, ProductMapper productMapper) {
        this.orderMapper = orderMapper;
        this.productMapper = productMapper;
    }

    @Transactional
    public void createOrder(Order order) {
        // 检查产品库存，如果库存足够，则创建订单
        Product product = productMapper.selectById(order.getProductId());
        if (product != null && product.getStock() >= order.getQuantity()) {
            product.setStock(product.getStock() - order.getQuantity());
// 减少库存
            productMapper.updateById(product); // 更新产品信息
            orderMapper.insert(order); // 创建订单
        } else {
            // 处理库存不足的情况，如抛出异常
            throw new RuntimeException("Insufficient stock for product: " +
order.getProductId());
        }
    }

    @Transactional
    public void updateOrderStatus(Long orderId, String newStatus) {
        Order order = orderMapper.selectById(orderId);
        if (order != null) {
```

```
            order.setStatus(newStatus);
            orderMapper.updateById(order);
        } else {
            // 处理订单不存在的情况，如抛出异常
            throw new RuntimeException("Order not found: " + orderId);
        }
    }

}
```

上述代码中包含的业务方法如下。

- ☑ 创建订单（createOrder）：在创建订单之前，首先检查产品库存是否充足，如果库存充足，则减少相应的库存量，更新产品信息。然后创建新的订单，如果库存不足，则通过抛出异常来处理这一情况。
- ☑ 更新订单状态（updateOrderStatus）：根据订单 ID 更新订单的状态，如果订单存在，更新其状态；如果订单不存在，处理异常情况。
- ☑ 事务管理：使用@Transactional 注解以确保事务的完整性。在创建和更新订单过程中，所有数据库操作要么全部成功，要么在出现错误时全部回滚。

当操作涉及多个步骤或多个数据库写操作时，使用@Transactional 事务管理是关键。例如，如果更新产品库存时还需要更新其他相关表，则整个更新过程应当作为一个事务进行处理，在这种情况下，@Transactional 确保所有操作要么全部成功，要么在遇到错误时全部回滚，从而维护数据的一致性。

对于单一的 CRUD 操作，如单条数据的插入、更新、删除，事务管理通常不是必需的，因为每个这样的操作在数据库层面自身就是原子的，不必强制使用@Transactional。

例如，addProduct()、updateProduct()和 deleteProduct()方法中的每一个都只涉及单个数据库操作，因此，即使没有@Transactional 注解，每个操作在数据库层面也是安全的。

虽然过度使用@Transactional 可能会导致不必要的性能开销，但在现代数据库和框架中，对于简单操作的性能影响通常可以忽略不计。

3.4.5 控制器层实现

为了实现在线零售管理系统的控制器层，还需要创建 ProductController 和 OrderController，这些控制器将提供与前端交互所需的 RESTful API 接口。

1．ProductController

ProductController 负责处理与产品相关的 HTTP 请求，并提供 RESTful API 接口。它通

过 ProductService 来执行实际的业务逻辑，代码如下。

```
@RestController
@RequestMapping("/api/products")
public class ProductController {

    private final ProductService productService;

    @Autowired
    public ProductController(ProductService productService) {
        this.productService = productService;
    }
    @GetMapping
    public List<Product> getAllProducts() {
        return productService.getAllProducts();
    }
    @GetMapping("/{id}")
    public Product getProductById(@PathVariable Long id) {
        return productService.getProductById(id);
    }
    @PostMapping
    public void addProduct(@RequestBody Product product) {
        productService.addProduct(product);
    }
    @PutMapping("/{id}")
    public void updateProduct(@PathVariable Long id, @RequestBody Product
product) {
        product.setId(id);
        productService.updateProduct(product);
    }
    @DeleteMapping("/{id}")
    public void deleteProduct(@PathVariable Long id) {
        productService.deleteProduct(id);
    }
}
```

上述控制器的 API 如下。

☑ 获取所有产品：GET /api/products。
☑ 获取指定 ID 的产品：GET /api/products/{id}。
☑ 添加产品：POST /api/products。
☑ 更新指定产品：PUT /api/products/{id}。
☑ 删除指定产品：DELETE /api/products/{id}。

2．OrderController

OrderController 负责处理与订单相关的 HTTP 请求，并提供 RESTful API 接口。它通过 OrderService 来执行实际的业务逻辑，代码如下。

```
@RestController
@RequestMapping("/api/orders")
public class OrderController {

    private final OrderService orderService;

    @Autowired
    public OrderController(OrderService orderService) {
        this.orderService = orderService;
    }
    @PostMapping
    public void createOrder(@RequestBody Order order) {
        orderService.createOrder(order);
    }
    @PutMapping("/{id}")
    public void updateOrderStatus(@PathVariable Long id, @RequestParam
String status) {
        orderService.updateOrderStatus(id, status);
    }
}
```

至此，一个基本的在线零售管理系统初步完成。

第 4 章 Vue 入门

通过本章内容的学习，可以达到以下目标：

（1）了解 Vue 的核心概念。

（2）熟悉 ES6 的基本语法。

（3）掌握 Vue 的基础语法。

（4）理解 Vue 组件的基本概念。

本章将介绍 Vue.js 的基础知识，包括 Vue 的核心概念、ES6 的基本语法以及 Vue 的基础语法等。通过这些内容的学习，读者将能够使用 Vue 进行初步的前端开发。

4.1 Vue 3 概述

本节将重点介绍 Vue 3 的基本概念、开发环境的搭建，以及如何构建第一个 Vue 程序。

4.1.1 Vue.js 简介

Vue.js，通常简称为 Vue，是一个用于构建用户界面的渐进式 JavaScript 框架。由前 Google 工程师尤雨溪（Evan You）在 2014 年开发，此后 Vue 迅速在开发社区中流行起来。Vue 尤其擅长构建单页面应用（SPA）和动态交互式网页，它以具有轻量级、灵活性和易用性的特点而受到欢迎。

Vue 的渐进式特性是其核心设计理念之一，这意味着开发者可以根据项目需求逐步引入更多 Vue 功能或相关库。这种灵活的应用方式使 Vue 适用于各种规模的项目，从小型项目到大型、复杂的单页应用。

Vue 的核心特性如下。

☑ 虚拟 DOM：Vue 通过使用虚拟 DOM（document object model）提高了渲染效率和应用性能。

- ☑ 数据驱动视图：Vue 的响应式系统确保数据变化时 UI 会同步更新。
- ☑ 组件化：Vue 强调组件化的开发模式，提升代码的可维护性和项目的可扩展性。
- ☑ 易于上手：Vue 允许开发者利用他们已熟悉的 HTML、CSS 和 JavaScript 进行开发。
- ☑ 丰富的生态系统：Vue 拥有包括路由器、状态管理等在内的强大插件和工具生态系统。

与 React 和 Angular 等其他流行前端框架相比，Vue 在简洁性、灵活性、轻量级设计和渐进式特性方面具有独特优势。从小型个人网站到大型企业级应用，这些优势使 Vue 适合各种 Web 项目。

目前，Vue 主要有两个版本：Vue 2 和 Vue 3（截至笔者结稿）。考虑到 Vue 2 在 2023 年 12 月 31 日停止维护，本书主要使用 Vue 3 版本进行示例演示和讨论。Vue 3 不仅继承了 Vue 2 的核心优势，如易用性、灵活性和轻量级，还引入了许多新特性和改进，以提高性能、增强可维护性，并更好地支持现代化的 Web 应用开发。

Vue 3 是框架的重要发展里程碑，它在架构上进行了重大调整，引入了 Composition API，为开发者提供了一种更模块化和灵活的方式来构建和组织应用逻辑。Vue 3 的 TypeScript 支持也得到了大幅增强，使得开发大型应用时的代码管理和维护更高效。在性能方面，Vue 3 的响应式系统重构为基于 Proxy 的实现，提供了更快的响应速度和更高的优化潜力。

4.1.2 MVVM

在深入理解 Vue 的工作原理之前，首先需要了解 MVVM（Model-View-ViewModel）这一重要的软件架构模式。MVVM 是理解 Vue 及其在创建高效、可维护应用中起作用的关键。

MVVM 是一种设计模式，用于分离应用的逻辑层和界面层。它主要由以下三部分组成，如图 4-1 所示。

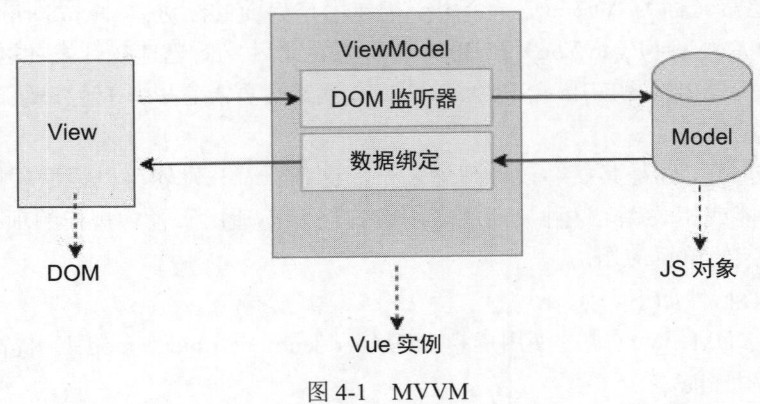

图 4-1 MVVM

- ☑ Model（模型）：应用的数据层。Model 存储数据并定义操作逻辑。在 Vue 应用中，Model 通常是纯 JavaScript 对象，负责存储应用状态。
- ☑ View（视图）：用户界面（UI）的展示层。Vue 使用 HTML 模板来声明式地描述 UI，其响应式系统确保 Model 改变时，View 会自动更新。
- ☑ ViewModel（视图模型）：连接 Model 和 View 的桥梁。在 Vue 中，Vue 实例担任这一角色。ViewModel 观察 Model 的变化，并通过指令（如 v-bind 和 v-model）将数据和行为绑定到 View。

Vue 被认为是一个遵循 MVVM 模式的框架，尽管 Vue 不严格实现 MVVM 模式的所有细节，但它的设计灵感显然来源于 MVVM 的核心概念。

- ☑ 数据绑定：Vue 提供了强大的数据绑定特性。例如，使用 v-model 可以实现输入元素和应用状态之间的双向绑定，这使得 ViewModel 层在 Vue 中变得非常强大。
- ☑ 组件系统：Vue 的组件系统允许开发者构建可复用的 ViewModel 实例。每个 Vue 组件本质上都是一个拥有预定义选项（如数据、方法、模板等）的 ViewModel。
- ☑ 响应式更新：Vue 的核心特性之一是其响应式系统。当 Model 改变时，View 会自动更新。这个过程是透明的，开发者无须手动操作 DOM。

通过采用 MVVM 模式，Vue 使开发者能够专注于业务逻辑而非 DOM 操作，从而提升开发效率和应用性能。在接下来的章节中，我们将深入探索 Vue 如何实现 MVVM 模式，并利用这种模式创建动态、响应式的 Web 应用。

4.1.3　开发环境

在了解了 Vue 的基本概念和 MVVM 模式之后，接下来学习搭建开发环境。本节介绍如何下载和安装 Visual Studio Code（简称 VS Code），这是一款流行且功能丰富的代码编辑器，非常适合前端开发。

1．下载和安装 VS Code

具体步骤如下。

（1）访问 VS Code 官网 https://code.visualstudio.com/。

（2）下载安装程序，根据操作系统（Windows、MacOS、Linux）选择相应的版本下载。

（3）下载完成后，运行安装程序并按提示完成安装过程。

（4）安装并启动 VS Code 后，会看到如图 4-2 所示的主界面效果。

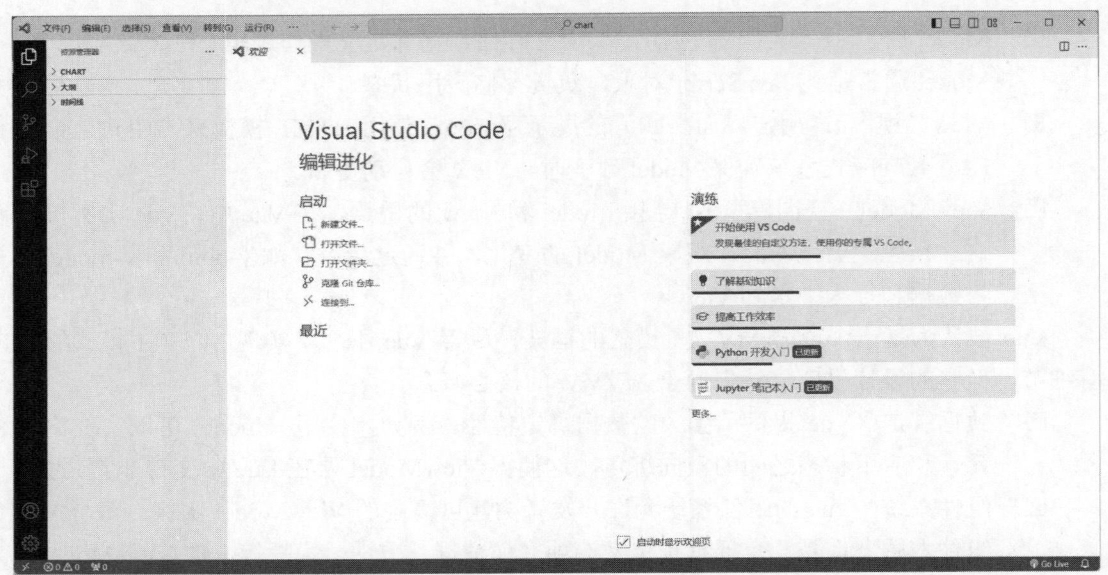

图 4-2　VS Code 界面

VS Code 主界面分为以下几个区域。

- ☑ 左侧边栏：提供快速访问资源管理器、搜索、Git、运行和调试、插件等功能。
- ☑ 右侧代码编辑区域：作为撰写和查看代码的主要区域，提供高级的代码编辑功能，如语法高亮、代码折叠、智能提示等。
- ☑ 底部状态栏：显示有关打开项目和文件的信息，快速查看错误和警告，以及调整编辑器设置的入口。

2. 安装插件

为了更好地支持 Vue 开发，建议安装以下插件。

- ☑ Volar：专为 Vue 3 设计的语言支持插件，提供 TypeScript 支持、模板分析、语法高亮等智能编辑功能。
- ☑ Open in Browser：允许快速在浏览器中打开当前编辑的 HTML 文件，对于前端页面的快速预览和调试非常有用。

4.1.4　第一个 Vue 程序

本节将介绍如何使用 Vue 3 的 Composition API（组合式 API）构建一个基础 Vue 应用。这个例子将帮助读者理解 Vue 的核心概念，如声明式渲染和响应式数据绑定。Composition

API 提供了一种更灵活的方式来组织代码，特别适合大型或复杂的应用。此外，将简要比较 Vue 中更传统的 Options API（选项式 API）的编写方法。

创建 index.html 文件，在 index.html 文件中编写基本的 HTML 结构，并从 CDN 引入 Vue。以下是示例代码。

```
<!DOCTYPE html>
<html lang="en">
<head>
   <meta charset="UTF-8">
   <meta name="viewport" content="width=device-width, initial-scale=1.0">
   <title>Vue App</title>
   <script src="https://unpkg.com/vue@3/dist/vue.global.js"></script>
</head>
<body>
   <div id="app">{{ message }}</div>
   <script>
      const { createApp, ref } = Vue;
      createApp({
        setup() {
          const message = ref('Hello Vue!');
          return { message };
        }
      }).mount('#app');
   </script>
</body>
</html>
```

在浏览器中打开 index.html 文件，应该可以看到页面上显示文本“Hello Vue!”，这表示 Vue 应用已经成功创建并渲染。

上述示例代码展示了如何从头开始构建一个简单的 Vue 3 应用，涵盖了从引入 Vue 到显示数据的整个过程，具体如下：

（1）在 HTML 文档的<head>部分，通过<script>标签从 CDN 获取 Vue 代码库，使 Vue 功能在页面上可用。

（2）定义应用容器：在<body>中的<div id="app">{{ message }}</div>定义了 Vue 应用的显示区域，{{ message }}是一个模板表达式，用于展示动态内容。

（3）初始化 Vue 应用：使用 const { createApp, ref } = Vue 从 Vue 全局对象解构出必要函数，再调用 createApp({...}).mount('#app')创建新的 Vue 应用，并与 ID 为 app 的元素关联。

（4）设置响应式数据：在 setup()函数内，使用 ref 创建名为 message 的响应式变量，初始值为“Hello Vue!”。此函数返回包含模板中使用的响应式属性的对象。

（5）渲染过程：当应用挂载并运行后，Vue 会自动监控 message 变量的变化。若 message 的值发生变化，Vue 将相应地更新页面内容。

（6）显示结果：应用初始化和挂载后，Vue 接管#app 元素，并根据 message 变量值渲染内容。因此，页面上显示“Hello Vue!”。

对于熟悉 Vue 2 的开发者，常用的是通过 data 选项来定义响应式数据。例如：

```
createApp({
    data() {
        return {
            message: 'Hello, Vue!'
        };
    }
}).mount('#app');
```

这种方法在 Vue 3 中仍有效，适合简单应用。

Vue 3 引入了 Composition API，提供新方式定义和管理响应式数据，特别适合构建复杂应用。开发者可使用 setup 函数，结合如 ref 和 reactive 等 API，灵活组织组件逻辑和状态。这不仅提高了代码的可维护性和可测试性，还支持更好的代码复用和分离。

由于现代浏览器已原生支持 ES 模块，可以直接在浏览器中使用它们，因此无须额外的工具或编译步骤。

以下示例展示了如何通过 CDN 使用原生 ES 模块来加载和使用 Vue。

```
<!DOCTYPE html>
<html lang="en">
<head>
    <meta charset="UTF-8">
    <meta name="viewport" content="width=device-width, initial-scale=1.0">
    <title>Vue with ES Module</title>
</head>
<body>
    <div id="app">{{ message }}</div>
    <script type="module">
        import { createApp, ref } from 'https://unpkg.com/vue@3/dist/vue.esm-browser.js';

        createApp({
          setup() {
            const message = ref('Hello Vue!');
            return { message };
          }
        }).mount('#app');
```

```
    </script>
</body>
</html>
```

关键点说明：

☑ <script type="module">：此行代码指示浏览器页面使用 ES 模块，在这种模式下，允许使用 import 语句加载其他 JavaScript 模块。

☑ Vue ES 模块版本：import 语句从 CDN 直接加载 Vue，URL 路径指向 Vue 的 ES 模块构建版本（vue.esm-browser.js），这对使用 ES 模块至关重要。

ES 模块提供了一种现代、高效的方式来组织和管理 JavaScript 代码，特别适合构建大型应用。

4.2　熟悉 ECMAScript6 语法

在探索 Vue 的过程中，你可能已经注意到了一些看起来不太熟悉的 JavaScript 语法。这些是 ECMAScript6（简称 ES6）的特性，它标志着 JavaScript 语言的一次重大进化。Vue 3 及许多现代 JavaScript 库和框架广泛利用了 ES6 的特性，从而实现更高效、现代化的代码编写。

ES6 引入了许多改进，如箭头函数、模板字符串、解构赋值、扩展运算符、Promise、模块导入/导出等，这些都极大地丰富了 JavaScript 的表达力和功能性。

为了充分利用 Vue 的潜力并编写现代化前端代码，掌握 ES6 特性至关重要。接下来将详细探讨 ES6 的关键特性，并展示如何在 Vue 中有效地应用它们。

4.2.1　let 和 const

ES6 引入了 let 和 const 两个新的关键字，解决了使用 var 声明变量时的一些限制，尤其是在作用域控制方面。

1．使用 let

在 ES6 之前，JavaScript 中使用 var 声明的变量具有函数级作用域。这意味着，无论 var 声明在函数中的哪个位置（如在循环或条件语句内），该变量在整个函数内都是可访问的。

这与 let 的块级作用域形成了对比，因为 let 声明的变量仅在其所在的代码块（如特定的循环或条件语句）内有效，例如：

```
function testVarLet() {
  if (true) {
    var varVariable = '我是 var 声明的';
    let letVariable = '我是 let 声明的';
  }
  console.log(varVariable);                    // 输出：'我是 var 声明的'
  console.log(letVariable);                    // 报错：letVariable 未定义
}
```

在这个例子中，varVariable 即使在 if 语句外部也能被访问，因为它具有函数级作用域。相反，letVariable 只能在 if 语句的块内被访问，因为 let 提供了块级作用域。

2．使用 const

const 关键字类似于 let，但用于声明不可改变的常量。一旦通过 const 声明了一个变量，它的值就不能被重新赋值，例如：

```
const greeting = 'Hello, Vue!';
greeting = 'Hello, JavaScript!';              // 报错：不能给常量重新赋值
```

在这个例子中，尝试更改 greeting 变量的值会导致错误，因为它是用 const 声明的。

在编写 JavaScript 代码时，合理地选择 let 和 const 声明变量对于保障代码的质量和可读性至关重要。以下是一些使用它们的指导原则。

- ☑ 使用 let：当预期一个变量的值在其生命周期中可能会改变时，应使用 let。
- ☑ 使用 const：当声明一个变量且其值不应在赋值后改变时，应使用 const。这是一个良好的编程习惯，因为它使得代码更安全、更易于理解。

4.2.2 箭头函数

ES6 引入了箭头函数（arrow functions），提供了一种使用=>符号定义函数的更简洁方法。箭头函数的主要优势在于减少代码量和优化 this 关键字的使用。

接下来比较传统函数和箭头函数的写法：

```
// 传统函数表达式
const traditionalFunction = function(message) {
   console.log(message);
};

// 箭头函数表达式
const arrowFunction = message => console.log(message);
```

箭头函数不单独绑定 this。在箭头函数中使用 this 时，它指向定义时所在的上下文环境，这与传统函数不同，例如：

```
function TraditionalFunction() {
   this.name = 'Traditional';
   setTimeout(function() {
      console.log(this.name);  // 输出 undefined 或全局对象，取决于运行环境
   }, 100);
}

function ArrowFunction() {
   this.name = 'Arrow';
   setTimeout(() => {
      console.log(this.name);  // 输出 Arrow
   }, 100);
}
```

在这个例子中，传统函数内的 setTimeout 中的 this 与外部 this 不同，而箭头函数内的 this 保持一致。

ES6 还引入了默认参数。这允许在函数定义时为参数设置默认值，如果调用时未提供这些参数，将使用默认值，例如：

```
function greet(name = 'World') {
   return `Hello, ${name}!`;
}

console.log(greet());            // 输出 Hello, World!
console.log(greet('Vue'));       // 输出 Hello, Vue!
```

使用默认参数可以简化函数调用，减少函数体内对参数缺失的检查，使函数调用更直接和清晰。

4.2.3　模板字符串

ES6 引入了模板字符串，它为 JavaScript 提供了创建复杂字符串的简洁方式。模板字符串能够轻松构建包含变量和表达式的字符串，避免了传统的、烦琐的字符串连接方式。

模板字符串使用反引号“`”来定义，而非传统的单引号或双引号。在模板字符串内，可以使用${...}语法嵌入变量或表达式，从而动态构建字符串，示例如下：

```
const name = 'Vue';
const message = `Hello, ${name}!`;
console.log(message);            // 输出：Hello, Vue!
```

这种方式使代码更加简洁，提升了可读性，尤其是在构建那些包含多个变量或需要复杂组合的字符串时。

模板字符串的另一大优点是原生支持多行文本。传统 JavaScript 中创建多行字符串时通常需要在每行末尾使用“\n”或连接多个字符串。模板字符串为此提供了优雅的解决方案，例如：

```
const multiLineText = `这是一个
多行的字符串
使用模板字符串`;
console.log(multiLineText);
// 输出:
// 这是一个
// 多行的字符串
// 使用模板字符串
```

模板字符串不仅可以嵌入变量，还可以嵌入任何有效的 JavaScript 表达式，如运算表达式或函数调用：

```
const price = 200;
const taxRate = 0.15;
const total = `总价: ${price * (1 + taxRate)}元`;
console.log(total);                    // 输出:总价: 230 元
```

4.2.4 解构赋值

ES6 引入的解构赋值可以从数组或对象中提取值并将其赋予新变量，从而避免使用索引和临时变量。解构在函数参数的处理中尤为实用。

（1）数组解构允许直接从数组中提取元素并赋值给变量，例如：

```
const numbers = [1, 2, 3];
const [one, two, three] = numbers;
console.log(one);                      // 输出: 1
console.log(two);                      // 输出: 2
console.log(three);                    // 输出: 3
```

（2）对象解构允许根据键名从对象中提取值，例如：

```
const person = {
  name: 'Vue',
  age: 3
};
const { name, age } = person;
```

```
console.log(name);                             // 输出：'Vue'
console.log(age);                              // 输出：3
```

对象解构特别适用于处理包含多个属性的对象，避免了反复访问对象属性和使用临时变量。

（3）解构也广泛用于函数参数，尤其是当参数为对象或数组时，例如：

```
function introduce({ name, age }) {
   console.log(`Hello, my name is ${name} and I am ${age} years old.`);
}
const person = {
   name: 'Vue',
   age: 3
};
introduce(person); // 输出：'Hello, my name is Vue and I am 3 years old.'
```

使用函数参数解构可以使函数定义更清晰，因为可以直接看到函数使用了哪些属性。

4.2.5 扩展运算符和剩余参数

ES6 引入了扩展运算符（spread operator）和剩余参数（rest parameter）两个实用概念，虽然它们都采用三个点（...）的语法，但它们在用途和应用场景上有所区别。

1. 扩展运算符

扩展运算符使用“...”符号，能够将数组或对象“展开”成单独的元素或属性。这在合并数组、对象或将数组作为参数传递给函数时特别有用。

合并数组：

```
const nums1 = [1, 2, 3];
const nums2 = [4, 5, 6];
const combined = [...nums1, ...nums2];
console.log(combined);                         // 输出：[1, 2, 3, 4, 5, 6]
```

在函数调用中展开数组：

```
function sum(a, b, c) {
   return a + b + c;
}
const numbers = [1, 2, 3];
console.log(sum(...numbers));                  // 输出：6
```

扩展运算符同样适用于对象，允许简单、直接地复制和组合对象属性：

```
const obj1 = { a: 1, b: 2 };
const obj2 = { b: 3, c: 4 };
```

```
const combinedObj = { ...obj1, ...obj2 };
console.log(combinedObj); // 输出: { a: 1, b: 3, c: 4 }
```

注意：

在合并对象时，相同的属性名会被后续对象的属性覆盖。

2. 剩余参数

剩余参数也使用“...”符号，它允许将不定数量的参数组合为一个数组，这在处理不确定数量参数的函数时非常有用。

```
function concatenate(separator, ...strings) {
   return strings.join(separator);
}
console.log(concatenate("-", "Vue", "React", "Angular")); // 输出：
'Vue-React-Angular'
```

这种方式让函数能够接收任意数量的参数，并将它们作为一个数组进行处理。

尽管扩展运算符和剩余参数都使用“...”语法，但它们的应用是不同的，扩展运算符主要用于“展开”数组或对象，而剩余参数用于在函数中“组合”参数数组。

4.2.6 Promises 和异步编程

在 JavaScript 中，异步编程是处理长时间运行的任务（例如，从服务器获取数据）的一种方法，它允许代码在不阻塞主线程的情况下执行。

在 ES6 中，Promise 被引入作为处理异步操作的主要方式。相较于传统的回调函数，Promise 提供了一种更清晰、更可靠的方法来处理异步操作。它有效地避免了所谓的“回调地狱”，即复杂的嵌套回调代码，使异步代码更易于理解和维护。

一个 Promise 代表了一个异步操作的最终完成或失败的对象。它具有以下三种状态。

☑ pending（进行中）：异步操作尚未完成。

☑ fulfilled（已成功）：异步操作已成功完成。

☑ rejected（已失败）：异步操作失败。

当创建一个 Promise 时，需要提供一个执行函数(executor)，该函数接收 resolve 和 reject 两个回调函数作为参数。

☑ resolve 函数：异步操作成功时调用，将 Promise 状态从 pending 更改为 fulfilled。

☑ reject 函数：异步操作失败时调用，将 Promise 状态从 pending 更改为 rejected。

创建 Promise 示例代码如下。

```
const myPromise = new Promise((resolve, reject) => {
    // 异步操作
    const success = true;                  // 假设这是根据异步操作结果得出的值
    if (success) {
        resolve('操作成功');
    } else {
        reject('操作失败');
    }
});
```

一旦 Promise 状态变为 fulfilled 或 rejected，可以使用.then()和.catch()方法来处理结果。

- ☑ .then()方法：在 Promise 被解决后执行，接收解决的值作为参数。
- ☑ .catch()方法：在 Promise 被拒绝后执行，接收拒绝的原因作为参数。

示例代码如下。

```
myPromise
    .then(value => {
        console.log(value);                // 如果成功，输出：'操作成功'
    })
    .catch(error => {
        console.log(error);                // 如果失败，输出：'操作失败'
    });
```

ES6 之后的版本引入了 async/await 语法，这进一步简化了在异步函数中使用 Promise 的方式。通过这种语法，可以以更贴近同步编程的方式来编写异步代码。

- ☑ async 关键字用于声明一个异步函数。在异步函数内部，可以使用 await 关键字等待 Promise 的解决（fulfilled）或拒绝（rejected）。异步函数自动返回一个 Promise。
- ☑ await 关键字用于等待一个 Promise 解决或拒绝。它只能在异步函数内部使用。当 await 等待一个 Promise，它会暂停异步函数的执行，直到 Promise 被解决或拒绝。如果 Promise 被解决，则 await 返回解决的值。如果 Promise 被拒绝，则 await 会抛出错误，可以用 try...catch 结构来捕获这个错误。

示例代码如下。

```
async function asyncFunction() {
    try {
        const result = await myPromise; // 等待 myPromise 解决
        console.log(result);             // 如果 myPromise 被解决，执行此行
    } catch (error) {
        console.log(error);              // 如果 myPromise 被拒绝，执行此行
    }
}
```

在此示例中，asyncFunction 是一个异步函数，它内部使用 await 等待 myPromise 的结果。如果 myPromise 成功解决，将打印解决的值。如果 myPromise 失败，则错误会被捕获并打印。

4.2.7 模块导入与导出

ES6 通过引入模块化编程的概念，为 JavaScript 带来了代码组织和维护的革新。模块化允许将大型程序分解为小的、可重用的部分（称为模块），通过 import 和 export 语句实现模块间的相互引用。

在 ES6 模块化编程中，理解文件和模块之间的关系非常重要。

（1）每个文件是一个模块：在 ES6 中，每个 JavaScript 文件被视作一个独立的模块。文件内定义的变量、函数或类等，默认情况下只在该文件内可见，除非它们被显式导出。

（2）模块的隔离性：在一个模块中定义的变量或函数不会自动地在其他文件（即其他模块）中可见。这种隔离性有助于避免命名冲突。

（3）通过导入和导出建立联系：模块之间的关联是通过 import（导入）和 export（导出）语句建立的。若需在一个模块中使用另一模块定义的内容，可通过 import 导入。要在其他模块中可用，需在原始模块中使用 export 导出。

（4）模块的重用性：模块化促进了代码的重用性，可以在多个项目中共享和重用相同的模块，避免重复编写代码。

1．导出

使用 export 关键字可以从 JavaScript 文件导出函数、类、对象或原始值，使它们在其他文件中可用。

例如，在 message.js 文件中导出：

```
// message.js
export const message = "Hello from module";
export function sayHello(name) {
   return `Hello, ${name}!`;
}
```

可以在一个文件中导出多个项目。此外，还可以使用 export default 来设置模块的默认导出：

```
// defaultGreeting.js
export default "Hello, World!";
```

注意：

每个模块只能有一个 default 导出，但可以有多个普通导出。

2. 导入

使用 import 关键字可以导入其他文件（模块）导出的内容：

```
// main.js
import { message, sayHello } from './message.js';
import defaultGreeting from './defaultGreeting.js';

console.log(message);                // 输出："Hello from module"
console.log(sayHello('Vue'));        // 输出："Hello, Vue!"
console.log(defaultGreeting);        // 输出："Hello, World!"
```

导入 default 导出的模块时，可以指定任意名称，并且不需要使用大括号。

4.3 Vue 基础语法

本节将深入探讨 Vue 的核心语法，包括模板语法、计算属性、条件与列表渲染、事件处理等内容。

4.3.1 模板语法

Vue 使用基于 HTML 的模板语法，允许以声明式方式将数据绑定到 DOM。下面是 Vue 支持的一些主要特性。

（1）文本插值：通过 Mustache 语法（即{{ }}）可以将普通文本绑定到 DOM。

```
<span>Message: {{ msg }}</span>
```

此处的{{ msg }}将显示对应的数据，并在数据更新时自动同步。

（2）原始 HTML 内容：默认情况下，双大括号将数据解释为纯文本。若要输出真正的 HTML，使用 v-html 指令。

```
<p>文本插值：{{ rawHtml }}</p>
<p>使用 v-html 指令：<span v-html="rawHtml"></span></p>
```

安全提示：因为动态渲染任意 HTML 可能导致 XSS 攻击，所以只在内容可信时使用 v-html 指令，并避免使用用户提供的 HTML 内容。

（3）属性绑定：在 HTML 属性中不能使用双大括号。要响应式地绑定属性，使用 v-bind 指令。

```
<div v-bind:id="dynamicId"></div>
```

v-bind 保持元素的 id 属性与 dynamicId 变量同步。如果绑定的值是 null 或 undefined，属性将被移除。简写形式为：

```
<div :id="dynamicId"></div>
```

（4）使用 JavaScript 表达式：Vue 在所有数据绑定中支持完整的 JavaScript 表达式，包括算术运算、条件运算、函数调用等。这些表达式可以使用在双大括号及任何 Vue 指令（以 v-开头的特殊属性）中。

```
{{ number + 1 }}
{{ ok ? 'YES' : 'NO' }}
{{ message.split('').reverse().join('') }}
<div :id="`list-${id}`"></div>
```

以下示例展示了如何在 HTML 文件中使用 Vue 3 模板语法，需要提前在代码目录中创建 image 文件夹，并放入测试图片。

```
<!DOCTYPE html>
<html lang="zh-CN">
<head>
    <meta charset="UTF-8">
    <meta name="viewport" content="width=device-width, initial-scale=1.0">
    <title>Vue 3 模板语法</title>
    <script src="https://unpkg.com/vue@3/dist/vue.global.js"></script>
</head>
<body>
    <div id="app">
        <h1>Vue 3 组合式 API 演示</h1>

        <!-- 文本插值 -->
        <p>消息：{{ message }}</p>

        <!-- 原始 HTML -->
        <p v-html="rawHtml"></p>

        <!-- 属性绑定 -->
        <div :id="dynamicId">这个 div 具有动态 ID。</div>

        <!-- 图片属性绑定 -->
        <img :src="imageUrl" alt="风景图" width="300">
```

```
        <!-- 使用 JavaScript 表达式 -->
        <p>消息大写形式：{{ message.toUpperCase() }}</p>
    </div>

    <script>
        const { createApp, ref, computed } = Vue;

        createApp({
            setup() {
                const message = ref('你好，Vue 3！');
                const rawHtml = ref('<strong>这是加粗的文本</strong>');
                const dynamicId = ref('uniqueId123');
                const imageUrl = ref('./image/test.png');

                return { message, rawHtml, dynamicId, imageUrl };
            }
        }).mount('#app');
    </script>
</body>
</html>
```

在这个示例中：

- ☑ 文本插值：使用{{ message }}展示 message 变量的内容。
- ☑ 原始 HTML：通过 v-html 指令，rawHtml 变量中的 HTML 内容被渲染到页面上。
- ☑ 属性绑定：使用:id="dynamicId"将 dynamicId 变量的值绑定到 div 元素的 id 属性上。
- ☑ 图片属性绑定：使用:src="imageUrl"将 imageUrl 变量绑定到 img 元素的 src 属性上以展示图片。
- ☑ JavaScript 表达式：通过{{ message.toUpperCase() }}在模板中直接使用 JavaScript 表达式。这里使用 toUpperCase()方法将消息转换为大写形式。

在浏览器中运行上述示例代码后，效果如图 4-3 所示。

图 4-3　Vue 模板语法

上述示例中使用的以“v-”开头的特殊属性，在 Vue 中被称为指令，Vue 提供了许多内置指令，包括上述示例中所介绍的 v-bind 和 v-html。

指令的值预期是一个 JavaScript 表达式（某些特殊情况除外，如 v-for、v-on 和 v-slot）。指令的主要任务是在其表达式的值发生变化时，响应式地更新 DOM。例如，v-if 指令：

```
<p v-if="seen">现在你看到我了</p>
```

在这里，v-if 指令根据表达式 seen 的值的真假来插入或移除<p>元素。

一些指令可以接收参数，如 v-bind:href="url"，这里的 href 是一个参数，指明了 v-bind 应该绑定到哪个属性，例如：

```
<a v-bind:href="url">链接</a>
```

类似的还有 v-on 指令，用于监听 DOM 事件，例如：

```
<a v-on:click="doSomething">单击我</a>
```

v-on 可以简写为@：

```
<a @click="doSomething">单击我</a>
```

这里的参数是要监听的事件名称：click。在后续章节中，我们将更详细地探讨事件处理，包括如何使用 v-on 指令来监听和处理用户交互。

4.3.2 理解响应式

Vue 3 引入的响应式系统是其核心特性之一，其为开发者提供了一个高效、直观的方式来管理应用状态和 UI 的更新。这一系统的基础是 JavaScript 的 Proxy 机制。

JavaScript 的 Proxy 是一个高级功能，允许开发者自定义对象的操作（如属性访问或赋值）。Vue 3 利用这一机制，创建每个组件的响应式状态。当这些状态变化时，Vue 会自动重新渲染相关的组件。

当一个数据对象被传递给 Vue 实例，Vue 会遍历其所有属性，并利用 Proxy 将它们转换为响应式。这样，任何对这些属性的读取或修改操作都会被 Vue 追踪，以确保依赖这些数据的组件能及时响应更新。

本节将深入探讨 Vue 3 中的响应式函数、setup 函数和<script setup>语法的使用。

1. 响应式函数

ref()用于创建响应式引用，特别适用于单一或基本数据类型。通过 ref()包装的值成为响应式，Vue 会追踪其变化并在更新时触发组件重渲染，示例代码如下：

```
const count = ref(0);
console.log(count);            // 输出:{ value: 0 }
console.log(count.value);      // 输出:0
```

```
count.value++;                    // count 的值增加 1
console.log(count.value);         // 输出:1
```

在这个例子中，count 通过 ref()成为响应式引用。通过 count.value 可以访问和修改其值，Vue 会自动检测到这一变化，并更新依赖于 count 的组件。

除了 ref()，Vue 3 还引入了 reactive()函数，reactive()函数用于将整个对象转换为响应式，适用于复杂或多属性对象。与 ref()不同，reactive()返回对象的响应式副本，而非包含.value 属性的对象，示例代码如下：

```
const state = reactive({ counter: 0 });
// 直接访问和修改 state 的属性
console.log(state.counter);       // 初始值：0
state.counter++;                  // 修改值
console.log(state.counter);       // 更新后的值：1
```

在使用 reactive()的情况下，操作的是一个普通对象，而 Vue 3 在内部处理了响应式逻辑，使其属性变化能够触发视图更新。对于管理复杂结构或多个相关数据的情况，reactive()往往是更合适的选择。

2．setup()函数

setup()函数是 Vue 3 组件的核心，它作为组件初始化时的入口点，用于定义响应式数据和组件逻辑。在 setup()中声明的数据和函数可直接用于组件的模板中。此外，setup()是定义组件内函数的理想场所。

以下是 setup()函数的基本用法示例。

```
setup() {
   const count = ref(0);
   // 定义一个函数来更新 count
   const increment = () => {
      count.value++;
   };
   // 返回响应式数据和函数
   return { count, increment };
}
```

在组件模板中，声明的响应式数据和函数可以直接被使用。

```
<button @click="increment">增加</button>
<p>计数：{{ count }}</p>
```

在此示例中，定义了响应式变量 count 和一个函数 increment。当单击按钮时，increment 函数会被调用，使 count 的值增加。

值得注意的是，当在模板中使用 ref 时，不需要添加.value 来访问它的值。Vue 会自动处理这种解包。

```
<div>{{ count }}</div>
```

然而，在 JavaScript 代码中操作 ref 对象时，则需要使用.value 属性。

```
function increment() {
    count.value++; // 在 JavaScript 中访问和修改 ref 的值
}
```

3. <script setup>语法

<script setup>是 Vue 3 引入的一种新的语法糖，专为简化单文件组件（SFCs）的编写而设计。这种语法允许开发者在<script>标签内直接编写组件逻辑，无须显式定义 setup()函数。下面是使用<script setup>的一个示例。

```
<template>
  <button @click="increment">单击增加</button>
  <p>计数：{{ count }}</p>
</template>

<script setup>
import { ref } from 'vue';

const count = ref(0);
const increment = () => {
    count.value++;
};
</script>
```

在这个示例中，通过<script setup>定义了响应式数据 count 和方法 increment。这种方式使得定义的数据和方法可以直接在模板中被引用，实现了代码的简洁表达。

需要注意的是，<script setup>是 Vue 3 中的一个新特性，旨在为单文件组件的编写提供便利，它有效地简化了代码结构，但这种语法仅适用于 Vue 的单文件组件，而不适用于传统的 HTML 文件。这是因为它依赖 Vue 的构建系统和处理流程。

在使用<script setup>的单文件组件中，不需要像传统的<script>标签那样显式定义一个导出组件对象。对于需要在普通 HTML 文件中使用 Vue 3 功能的开发者，仍需遵循传统的 Vue 实例创建和挂载方法。对于 Vue 组件、构建系统及其在更复杂项目中的应用，将在后续章节进行深入探讨。

4.3.3　计算属性

在 Vue 应用开发中，处理基于响应式数据的复杂逻辑是常见的需求。虽然可以在模板中直接使用表达式来实现这些逻辑，但这会导致模板变得复杂且难以维护。为此，Vue 提供了计算属性（computed properties），这是处理复杂逻辑更优雅的方法。

考虑以下用户对象的例子。

```
const user = reactive ({
             name: 'Alice',
             loginCount: 5
            });
```

例如，想要在模板中显示用户是否活跃，常见的做法是在模板中直接使用表达式：

```
<p>用户状态：</p>
<span>{{ user.loginCount > 0 ? '活跃' : '不活跃' }}</span>
```

尽管这种方法有效，但如果需要在多个地方使用类似的逻辑，就会使模板变得冗长且难以维护。一个更好的方法是使用计算属性来简化模板逻辑：

```
<!DOCTYPE html>
<html lang="zh-CN">
<head>
   <meta charset="UTF-8">
   <meta name="viewport" content="width=device-width, initial-scale=1.0">
   <title>Vue 3 计算属性</title>
   <script src="https://unpkg.com/vue@3/dist/vue.global.js"></script>
</head>

<body>
   <div id="app">
      <p>用户状态：</p>
      <span>{{ userStatusMessage }}</span>
   </div>
   <script>
      const { createApp, reactive, computed } = Vue;

      createApp({
         setup() {
            const user = reactive({
               name: 'Alice',
               loginCount: 5
```

```
            });

            const userStatusMessage = computed(() => {
                return user.loginCount > 0 ? '活跃' : '不活跃';
            });

            return { userStatusMessage };
        }
    }).mount('#app');
  </script>
</body>
</html>
```

在这个示例中，定义了一个名为 userStatusMessage 的计算属性，它基于 user.loginCount 来确定用户的状态。

computed 是 Vue 提供的一个全局函数，用于创建计算属性。它接收一个函数（在此示例中是箭头函数）作为参数，并返回一个响应式引用。当 user 对象中的 loginCount 属性发生变化时，userStatusMessage 作为计算属性，会自动重新计算其值。Vue 的内部机制确保只有在依赖的响应式数据发生变化时，计算属性才会重新计算。

实际上，上述示例使用普通方法也可以处理同样的逻辑，以下示例展示了这两种方法的使用：

```
<!DOCTYPE html>
<html lang="zh-CN">
<head>
  <meta charset="UTF-8">
  <meta name="viewport" content="width=device-width, initial-scale=1.0">
  <title>Vue 3 计算属性</title>
  <script src="https://unpkg.com/vue@3/dist/vue.global.js"></script>
</head>
<body>
  <div id="app">
    <!-- 使用计算属性 -->
    <p>用户状态（计算属性）: {{ userStatusMessage }}</p>

    <!-- 使用方法 -->
    <p>用户状态（方法）: {{ calculateUserStatus() }}</p>
  </div>
  <script>
    const { createApp, reactive, computed } = Vue;
    createApp({
        setup() {
```

```
            const user = reactive({ loginCount: 5 });
            // 计算属性
            const userStatusMessage = computed(() => {
                return user.loginCount > 0 ? '活跃' : '不活跃';
            });
            // 普通方法
            function calculateUserStatus() {
                return user.loginCount > 0 ? '活跃' : '不活跃';
            }
            return { userStatusMessage, calculateUserStatus };
        }
    }).mount('#app');
  </script>
</body>
</html>
```

在上述示例中，计算属性 userStatusMessage 和普通方法 calculateUserStatus 都用于处理模板中的逻辑。然而，它们在性能和响应式依赖处理方面有显著的区别。

- ☑ 计算属性（userStatusMessage）：计算属性基于其响应式依赖进行缓存。在此示例中，userStatusMessage 只在 user.loginCount 变化时重新计算。这意味着，只要 loginCount 不变，无论访问 userStatusMessage 多少次，计算逻辑都不会重复执行。
- ☑ 普通方法（calculateUserStatus）：与计算属性不同，普通方法会在每次组件重新渲染时被调用。这意味着，即使 loginCount 没有变化，每次渲染时方法也会重新执行，这可能导致不必要的计算开销。

使用计算属性能够提高性能，尤其是当处理的逻辑涉及响应式数据且计算成本较高时，因为计算属性减少了不必要的重复计算。相反，如果逻辑不涉及响应式数据，或者需要在每次渲染时都执行，那么使用普通方法也是合适的选择。

4.3.4　类与样式绑定

在 Vue 开发中，动态地控制元素的 CSS 类（class）和内联样式（style）是一个常见需求。Vue 通过 v-bind 指令对 class 和 style 属性的绑定提供了特殊的增强，支持将对象或数组绑定到这些属性上，从而简化了复杂绑定的处理。

1．绑定 class

使用:class（v-bind:class 的简写形式）绑定，Vue 提供了多种灵活的方法，根据数据变化动态添加或删除 CSS 类。

（1）绑定对象：通过:class 绑定对象时，可以根据数据属性的布尔值动态切换 CSS 类的应用。这个对象可以直接在模板中定义，也可以通过响应式对象来实现。

```
<div :class="{ active: isActive }"></div>
```

（2）多类操作：:class 可以与常规的 class 属性共存，使得同时应用静态和动态类变得简单。这种方式在保留静态类的同时，根据组件状态添加或移除其他类。

```
<div class="static" :class="{ active: isActive, error: hasError }"></div>
```

（3）绑定计算属性：对于更复杂的类名逻辑，可以绑定一个计算属性来动态计算所需的类名。这在类名的逻辑依赖多个状态时尤为有用。

```
<div :class="computedClass"></div>
```

在 setup()函数中，可以这样定义相关的响应式数据和计算属性：

```
setup() {
   const isActive = ref(false);
   const hasError = ref(true);
   const computedClass = computed(() => ({
     active: isActive.value && !hasError.value,
     error: hasError.value
   }));
   return { isActive, hasError, computedClass };
}
```

以下示例展示了如何在 Vue 应用中使用动态类绑定来控制元素的样式。

```
<!DOCTYPE html>
<html lang="zh-CN">
<head>
   <meta charset="UTF-8">
   <meta name="viewport" content="width=device-width, initial-scale=1.0">
   <title>Vue 3 动态 Class 绑定</title>
   <script src="https://unpkg.com/vue@3/dist/vue.global.js"></script>
   <style>
      .active { color: green; }
      .error { color: red; }
      .text-danger { font-weight: bold; }
      .static { background-color: lightgray; }
   </style>
</head>
<body>
   <div id="app">
      <!-- 使用对象语法绑定类 -->
      <div :class="{ active: isActive, error: hasError }">Object Syntax
```

```
</div>

        <!-- 使用计算属性绑定类 -->
        <div :class="classObject">Computed Property</div>

        <!-- 使用静态类和动态类结合 -->
        <div class="static" :class="{ active: isActive }">Static and Dynamic
Classes</div>
    </div>
    <script>
        const { createApp, ref, computed } = Vue;
        createApp({
            setup() {
                // 响应式数据
                const isActive = ref(false);
                const hasError = ref(false);
                // 在模板中直接定义的对象
                const classObject = computed(() => ({
                    active: isActive.value && !hasError.value,
                    'text-danger': hasError.value
                }));
                // 切换类的方法
                function toggleClass() {
                    isActive.value = !isActive.value;
                    hasError.value = !hasError.value;
                }
                // 每隔一秒切换类状态
                setInterval(toggleClass, 1000);
                return { isActive, hasError, classObject };
            }
        }).mount('#app');
    </script>
</body>
</html>
```

在这个示例中，首先 CSS 样式被定义在<style>标签内，用于明显地显示不同类的视觉效果。

☑ .active 类设置文本颜色为绿色。

☑ .error 类设置文本颜色为红色。

☑ .text-danger 类加粗字体。

☑ .static 类为元素添加浅灰色背景。

然后在模板中，使用了三个<div>元素来演示三种不同的动态绑定方法。

（1）第一个<div>元素展示了如何使用对象语法绑定类。:class 属性接收一个对象，对象的键是类名，值是布尔表达式。当 isActive 为 true 时，active 类被应用；当 hasError 为 true 时，error 类被应用。

（2）第二个<div>元素展示了如何使用计算属性确定要应用的类。classObject 是一个计算属性，基于响应式数据 isActive 和 hasError 的值来计算最终应用的类。

（3）第三个<div>元素演示了如何将静态类与动态类结合使用。这个元素同时使用了静态类 static 和基于条件的动态类 active。

最后通过 setInterval 定义了一个定时器，每隔一秒钟切换 isActive 和 hasError 的值，以动态展示类的变化效果。

打开浏览器后，可以观察到这些<div>元素的类和样式会根据 isActive 和 hasError 的值的变化而动态更新，效果如图 4-4 和图 4-5 所示。

Object Syntax
Computed Property
Static and Dynamic Classes

图 4-4　默认状态

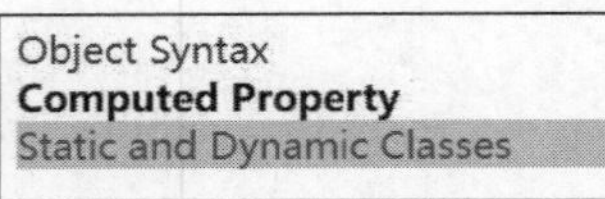

图 4-5　激活状态

2. 绑定 style

在 Vue 中，:style 指令提供了一种声明式的方式来根据组件的状态或数据动态地调整元素的样式。这种方式简化了样式变化的处理。

（1）:style 可以绑定到一个响应式对象，其中每个属性都映射到一个具体的样式。

```
<div :style="{ color: textColor, fontSize: fontSize + 'px' }"></div>
```

在这个示例中，定义了如下响应式数据。

```
setup() {
   const textColor = ref('red');
   const fontSize = ref(16);
   return { textColor, fontSize };
 }
```

其中：

☑　textColor 用于动态设置元素的文本颜色。

☑　fontSize 会被转换为带单位的字符串，用于设置元素的字体大小。

（2）当需要将多个样式对象应用到同一个元素上时，:style 也支持数组语法，允许合并多个样式源。

```
<div :style="[baseStyles, overrideStyles]"></div>
```

在这里，定义了以下响应式数据。

```
setup() {
    const baseStyles = ref({
      color: 'blue',
      margin: '10px'
    });
    const overrideStyles = ref({
      fontSize: '20px',
      margin: '15px'
    });
    return { baseStyles, overrideStyles };
  }
```

baseStyles 定义了一组基本样式，而 overrideStyles 提供了额外的样式。这两个样式对象将被合并应用到同一个<div>元素上。

4.3.5　条件渲染与列表渲染

本节主要介绍 Vue 中常用的条件渲染和列表渲染模板操作。

1．条件渲染

Vue 中的条件渲染是一种基于特定条件展示或隐藏界面元素的技术。通过使用特殊的指令如 v-if、v-else、v-else-if 和 v-show，可以根据应用的状态或用户行为决定是否渲染某部分内容，使界面互动和响应更灵活。

v-if 指令根据表达式的真值来决定一个元素是否被渲染。例如：

```
<div v-if="isDisplayed">如果'isDisplayed'为真，这段文字将显示。</div>
```

响应式数据定义如下。

```
setup() {
    const isDisplayed = ref(true);
    // 可以添加逻辑来改变 isDisplayed 的值
    return { isDisplayed };
  }
```

在这个示例中，当 isDisplayed 为 true 时，对应的<div>元素将被渲染到 DOM 中。

v-else-if 和 v-else 通常与 v-if 一起使用，以创建更复杂的条件逻辑。

```
<div v-if="type === 'A'">类型 A</div>
<div v-else-if="type === 'B'">类型 B</div>
<div v-else>既不是类型 A 也不是类型 B</div>
```

响应式数据定义如下。

```
setup() {
   const type = ref('A');
   // 根据需要修改 type 值
   return { type };
 }
```

在这个示例中，根据 type 的值，将显示不同的文本。

Vue 提供的 v-show 指令是控制元素显示状态的另一种方法，与 v-if 指令相比，它有着不同的使用场景和优势。

v-show 指令仅切换元素的 display 属性，但不会从 DOM 中移除元素。这使得 v-show 非常适用于频繁切换显示状态的场景。

```
<div v-show="isVisible">如果'isVisible'为真，这段文字将显示。</div>
```

相关的响应式数据定义如下。

```
setup() {
   const isVisible = ref(true);
   // 可以添加逻辑来改变 isVisible 的值
   return { isVisible };
 }
```

在这个示例中，isVisible 的值控制着<div>元素的显示状态。当 isVisible 为 true 时，元素被显示；当 isVisible 为 false 时，元素被隐藏但仍保留在 DOM 中。

v-if 与 v-show 的区别如下。

- ☑ v-if 是真正的条件渲染指令，它确保在初始渲染时条件为 false 时，元素不会被渲染到 DOM 中。当条件变为 true 时，元素才会被渲染。
- ☑ v-show 的优势在于性能。由于元素始终保留在 DOM 中，因此切换显示状态不需要重复进行 DOM 元素的添加和移除。这在频繁变更显示状态的场景下是一个显著的优势。

2. 列表渲染

Vue 中的列表渲染功能专注于如何根据数据数组生成一系列元素。v-for 指令使得遍历数组或对象并为每个项目创建新的 DOM 元素变得非常简单，这对于展示如用户评论列表、商品目录或其他集合类型的动态数据集合非常有用。

当需要遍历数组并为数组中的每一项生成元素时，可以直接使用 v-for。

```
<ul>
  <li v-for="item in items" :key="item.id">{{ item.name }}</li>
</ul>
```

这种方法适用大多数场景，特别是当不需要知道当前项在数组中的位置时。

如果需要知道当前项的索引（如展示项目的序号），可以将索引作为 v-for 的第二个参数。

```
<ul>
  <li v-for="(item, index) in items" :key="item.id">
    {{ index + 1 }}. {{ item.name }}
  </li>
</ul>
```

在这种情况下，索引 index 可以帮助用户了解操作项在数组中的位置。

为了更加生动地展示列表渲染，以下是一个星座列表的示例。

```
<!DOCTYPE html>
<html lang="zh-CN">
<head>
    <meta charset="UTF-8">
    <meta name="viewport" content="width=device-width, initial-scale=1.0">
    <title>Vue 3 列表渲染</title>
    <script src="https://unpkg.com/vue@3/dist/vue.global.js"></script>
</head>
<body>
    <div id="app">
        <ul>
            <li v-for="(constellation, index) in constellations" :key=
"constellation.id">
              {{ index + 1 }} - {{ constellation.name }}
            </li>
        </ul>
    </div>
    <script>
        const { createApp, ref } = Vue;
        createApp({
            setup() {
                const constellations = ref([
                    { id: 1, name: '狮子座' },
                    { id: 2, name: '双子座' },
                    { id: 3, name: '天秤座' }
                ]);
                return { constellations };
            }
        }).mount('#app');
    </script>
</body>
</html>
```

在这个示例中，使用 v-for 为每个星座创建了一个列表项，并使用索引来显示它们在列表中的位置，效果如图 4-6 所示。

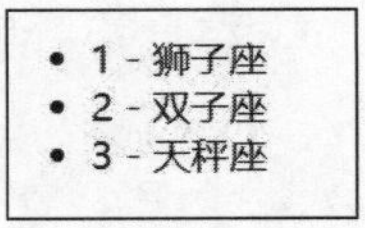

- 1 - 狮子座
- 2 - 双子座
- 3 - 天秤座

图 4-6　列表渲染

在 Vue 中，列表渲染不仅可以用于静态显示，还可以用于动态地修改数组。Vue 提供了对数组修改的响应式支持，能够侦听数组的变更方法，并在这些方法被调用时触发相关的更新。这些变更方法如下。

- ☑ push()：向数组的末尾添加一个或多个元素，如 items.push(newItem)。
- ☑ pop()：移除数组的最后一个元素，并返回这个元素，如 const lastItem = items.pop()。
- ☑ shift()：移除数组的第一个元素，并返回这个元素，如 const firstItem = items.shift()。
- ☑ unshift()：向数组的开头添加一个或多个元素，如 items.unshift(newItem)。
- ☑ splice()：通过删除现有元素或添加新元素来改变一个数组的内容，如 items.splice(2, 0, newItem)，在索引 2 的位置添加一个新元素。
- ☑ sort()：对数组的元素进行排序，如 items.sort((a, b) => a.value - b.value)，基于值进行排序。
- ☑ reverse()：颠倒数组中元素的顺序，如 items.reverse()。

例如，向星座列表中动态添加新元素。

```
constellations.value.push({ id: 4, name: '射手座' });
```

此操作会导致 Vue 重新渲染列表，包含新添加的星座。

注意：

在使用 v-for 进行列表渲染时，提供一个唯一的 key 属性对保持列表的稳定性和性能至关重要，主要体现在以下两方面。

- ☑ 身份追踪：key 帮助 Vue 追踪每个元素的身份，尤其当列表发生变化时，如项目的添加、删除或顺序更改。
- ☑ 性能优化：有 key 的情况下，Vue 可以更智能地重用和重新排序现有元素，从而减少不必要的 DOM 操作，提高渲染性能。

key 应该是唯一且稳定的。在许多情况下，使用数据项的唯一标识符（如 ID）作为 key 是一个好选择。

```
<li v-for="item in items" :key="item.id">{{ item.name }}</li>
```

在此示例中，使用星座的 id 作为每个<li>元素的 key。

4.3.6　事件处理

事件处理是 Web 应用与用户交互的重要组成部分。在 Vue 中，可以使用 v-on 指令或其简写形式@来监听 DOM 事件，并在事件发生时执行 JavaScript 代码。

1．常用事件

以下是一些常用的 DOM 事件及其在 Vue 中的应用方法。

（1）click 事件是最常见的事件类型，用于响应鼠标单击动作。

```
<button @click="handleClick">单击我</button>
```

（2）submit 事件用于表单提交。

```
<form @submit.prevent="handleSubmit">
  <button type="submit">提交</button>
</form>
```

上述代码中的.prevent 是一个事件修饰符，它用于阻止事件的默认行为。在 Vue 中使用.prevent 修饰符时，Vue 会自动调用 event.preventDefault()方法。

通常情况下，当单击表单内的“提交”按钮时，会触发表单的默认提交行为，即向服务器发送数据并重新加载页面。但是，在很多应用中，开发者可能希望自定义表单提交逻辑（如通过 Ajax 请求处理），而不是执行浏览器的默认提交行为，导致页面重新加载。

（3）input 事件在输入字段的值发生变化时触发，常用于处理实时用户输入。

```
<input @input="handleInput" />
```

（4）mouseover 和 mouseout 事件在鼠标指针悬停或移出元素时触发。

```
<div @mouseover="handleMouseOver" @mouseout="handleMouseOut">悬停区域</div>
```

（5）keydown、keypress、keyup 用于处理键盘事件。

```
<input @keydown="handleKeyDown" />
```

2．事件处理函数

在 Vue 应用中，可以通过绑定事件处理函数来响应用户操作。以下是一个处理单击事件的示例。

```
<!DOCTYPE html>
<html lang="zh-CN">
<head>
    <meta charset="UTF-8">
    <meta name="viewport" content="width=device-width, initial-scale=1.0">
    <title>Vue 3 事件处理</title>
    <script src="https://unpkg.com/vue@3/dist/vue.global.js"></script>
</head>
```

```
<body>
    <div id="app">
        <button @click="handleClick">单击我</button>
        <p>单击次数：{{ count }}</p>
    </div>
    <script>
        const { createApp, ref } = Vue;
        createApp({
            setup() {
                const count = ref(0);
                function handleClick() {
                    count.value++;
                }
                return { handleClick, count };
            }
        }).mount('#app');
    </script>
</body>
</html>
```

在这个示例中，每当用户单击按钮时，handleClick 函数就会被调用，从而增加 count 的值。模板中的<p>元素会显示 count 的当前值，可以看到单击次数的实时更新。

3. 事件对象

在处理事件时，Vue 会自动将原生事件对象作为事件处理函数的第一个参数传递。这允许在事件处理函数中直接访问并操作事件对象。

对于基本的单击事件处理，模板不需要特别修改。

```
<button @click="handleClick">单击我</button>
```

事件处理函数可以直接接收事件对象。

```
function handleClick(event) {
    console.log(event.target);          // 访问事件的目标元素
}
```

此处，event 是原生 DOM 事件对象，可用于访问事件的相关信息，如事件的目标元素。

事件处理函数也可以接收自定义参数。例如，向 handleClick()函数传递一个字符串参数。

```
<button @click="handleClick('Hello, Vue!')">单击我</button>
```

修改后的事件处理函数将接收自定义信息。

```
function handleClick(message) {
    console.log(message);               // 输出自定义信息
}
```

此示例中，当按钮被单击，handleClick()函数接收到的是传递的字符串参数“Hello, Vue!”。

如果需要同时访问事件对象和自定义参数时，可以使用箭头函数。

```
<button @click="event => handleClick(event, 'Hello, Vue!')">单击我</button>
```

事件处理函数的逻辑如下。

```
function handleClick(event, message) {
   console.log(event.target);  // 访问事件的目标元素
   console.log(message);       // 输出自定义信息
}
```

也可以使用 Vue 中特殊的$event 变量来显式地传递原生事件对象。

```
<button @click="handleClick($event, '自定义信息')">单击我</button>
```

示例中，handleClick 方法同时接收原生事件对象和自定义参数。按钮被单击时，$event 代表触发事件的原生 DOM 对象，“自定义信息”是传递的额外参数。

4．事件修饰符

Vue 提供了事件修饰符来简化常见的事件处理模式。事件修饰符是添加在指令后的以点（.）开头的后缀，用于执行特定的操作。以下是一些常用的事件修饰符。

（1）.stop：用于调用 event.stopPropagation()，阻止事件继续传播。

```
<button @click.stop="handleClick">单击我</button>
```

（2）.prevent：用于调用 event.preventDefault()，阻止事件的默认行为。

```
<form @submit.prevent="handleSubmit">提交</form>
```

（3）.once：事件只触发一次。

```
<button @click.once="handleClick">单击我</button>
```

（4）.enter、.tab、.delete、.esc 等，用于键盘事件。

```
<input @keyup.enter="onEnter">
```

（5）. passive：改善滚动性能的事件处理，特别是在移动端。

```
<div @scroll.passive="handleScroll">…</div>
```

当在浏览器中滚动页面时，浏览器需要判断滚动事件的监听器是否会调用 event.preventDefault()。如果监听器中确实调用了 event.preventDefault()，则浏览器需要阻止滚动的默认行为。这就意味着浏览器在执行滚动操作之前，必须等待所有的滚动事件监听器运行完毕，这有可能导致滚动的延迟，特别是当这些监听器执行复杂操作时。

.passive 修饰符告诉浏览器，事件监听器内部不会调用 event.preventDefault()，允许浏览器立即执行滚动，而不用等待监听器运行完成。这样做可以显著提高滚动性能，尤其是在移动端设备上，因为它减少了因等待事件处理而造成的延迟，使页面滑动操作感觉更加流畅和响应迅速。

4.3.7 双向绑定

Vue 3 中的双向绑定是一种极为实用的特性，尤其是在处理表单输入时。它创建了数据属性和表单输入之间的互动连接，简化了数据的获取和更新过程，同时使状态管理更加直观。

在 Vue 3 中，双向绑定通常通过 v-model 指令实现。这个指令在后台自动处理用户输入事件和数据属性的更新，避免了手动监听输入事件并更新数据的需求。

以下是双向绑定的基本用法示例。

```
<!DOCTYPE html>
<html lang="zh-CN">
<head>
    <meta charset="UTF-8">
    <meta name="viewport" content="width=device-width, initial-scale=1.0">
    <title>Vue 3 双向绑定</title>
    <script src="https://unpkg.com/vue@3/dist/vue.global.js"></script>
</head>
<body>
    <div id="app">
        <input v-model="message" placeholder="输入一些文本">
        <p>消息: {{ message }}</p>
    </div>
    <script>
        const { createApp, ref } = Vue;
        createApp({
            setup() {
                const message = ref('');
                return { message };
            }
        }).mount('#app');
    </script>
</body>
</html>
```

在这个示例中，<input>元素和 message 数据属性之间建立了双向绑定。这意味着当输入框的值发生变化时，message 也会相应更新，反之亦然。

Vue 的 v-model 指令不仅适用于单一类型的输入元素，而且可以应用于多种不同类型的 HTML 元素。以下是 v-model 在常见类型元素中的应用及其特性。

（1）文本输入：对于<input>（文本类型）和<textarea>元素，v-model 绑定到元素的 value 属性，并侦听 input 事件。

```
<input v-model="textValue" type="text">
<textarea v-model="textAreaValue"></textarea>
```

（2）对于<input type="checkbox">和 input type="radio">，v-model 绑定到 checked 属性，并侦听 change 事件。

```
<input v-model="checkedValue" type="checkbox">
<input v-model="radioValue" type="radio">
```

（3）下拉选择：对于<select>元素，v-model 同样绑定到 value 属性，并侦听 change 事件。

```
<select v-model="selectedOption">
  <option value="option1">选项 1</option>
  <option value="option2">选项 2</option>
</select>
```

以下是一个包含不同类型输入的用户注册表单示例，代码如下。

```
<!DOCTYPE html>
<html lang="zh-CN">
<head>
   <meta charset="UTF-8">
   <meta name="viewport" content="width=device-width, initial-scale=1.0">
   <title>用户注册</title>
   <script src="https://unpkg.com/vue@3/dist/vue.global.js"></script>
</head>
<body>
   <div id="app">
       <form @submit.prevent="submitForm" class="registration-form">
           <div class="form-item">
               <label for="username">用户名:</label>
               <input id="username" v-model="user.username" type="text"
class="input-field">
           </div>
           <div class="form-item">
               <label for="email">邮箱:</label>
```

```
            <input id="email" v-model="user.email" type="email" class=
"input-field">
          </div>
          <div class="form-item">
            <label for="password">密码:</label>
            <input id="password" v-model="user.password" type="password"
class="input-field">
          </div>
          <div class="form-item">
            <label>性别:</label>
            <div>
            <input type="radio" id="male" value="male" v-model="user.
gender">
            <label for="male">男</label>
            <input type="radio" id="female" value="female" v-model="user.
gender">
            <label for="female">女</label>
            </div>
          </div>
          <div class="form-item">
            <label>兴趣爱好:</label>
            <div class="checkbox-group">
              <label><input type="checkbox" value="阅读" v-model="user.
hobbies"> 阅读</label>
              <label><input type="checkbox" value="旅行" v-model="user.
hobbies"> 旅行</label>
              <!-- 其他爱好选项 -->
            </div>
            </div>
          <div class="form-item">
            <label for="country">国家:</label>
            <select id="country" v-model="user.country" class="input-
field">
            <option disabled value="">请选择国家</option>
            <option>中国</option>
            <option>美国</option>
            <option>日本</option>
            </select>
          </div>
          <button type="submit" class="submit-button">注册</button>
        </form>
    </div>
    <script>
        const { createApp, ref } = Vue;
```

```
        createApp({
            setup() {
                const user = ref({
                    username: '',
                    email: '',
                    password: '',
                    gender: '',
                    hobbies: [],
                    country: ''
                    });
                    function submitForm() {
                        console.log('提交的用户信息:', user.value);
                        // 这里可以添加表单提交的逻辑
                    }
                    return { user, submitForm };
            }
        }).mount('#app');
    </script>
</body>
</html>
```

用户注册表单中包含用户名、邮箱、密码、性别（单选按钮）、兴趣爱好（复选框）和国家（下拉选择框）等字段，这些字段通过 v-model 实现双向绑定，在浏览器中打开后，运行效果如图 4-7 所示。

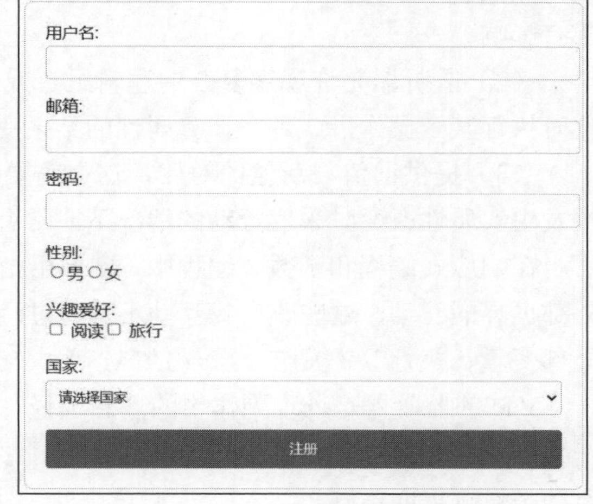

图 4-7　用户注册案例

在 Vue 应用中使用 v-model 进行表单绑定时，需要特别注意一些细节。v-model 在处理表单元素（如<input>、<select>和<textarea>）时，会忽略元素上的初始 value、checked 或 selected 属性，将绑定的 JavaScript 数据作为数据源。

因此，所有表单元素的初始值应该通过 Vue 的响应式数据系统来控制，而不是在 HTML 标签的属性中直接设置。例如，在以下用户注册表单中。

```
const user = ref({
    username: '',          // 用户名的初始值设为空字符串
    email: '',             // 邮箱的初始值设为空字符串
    password: '',          // 密码的初始值设为空字符串
    gender: '',            // 性别的初始值未设置
```

```
    hobbies: [],          // 兴趣爱好的初始值设为空数组
    country: ''           // 国家选择的初始值为空
});
```

在这个示例中，每个表单元素的初始状态都是从 user 对象中获取的，而不是从 HTML 标签的 value、checked 或 selected 属性中获取的。

对于复选框，v-model 与用户对象中的 hobbies 数组绑定。用户可以选择一个或多个爱好，所选内容将被添加到 hobbies 数组中。这样的绑定方法简化了复选框数据的收集和处理。

4.3.8 监听器

在 Vue 应用中，监听器（Watchers）是用来观察和响应 Vue 实例上数据变化的函数。当需要在某个数据变化时执行特定操作时，监听器非常有用。虽然 Vue 的响应式系统能够自动跟踪依赖关系并在数据变化时更新 DOM，但监听器在 Vue 应用中仍扮演着重要角色，主要有以下几个原因。

（1）监听器可以在数据变化时执行非渲染相关的副作用，如发起 API 请求、更新本地存储或会话存储等。这些操作通常不涉及直接的 DOM 更新，但对应用状态或外部资源都有影响。

（2）监听器允许观察复杂的逻辑组合或计算属性。例如，可以在多个数据源发生变化时执行某个操作，或者在计算属性的结果变化时做出反应。

（3）提供旧值与新值的对比，这在需要在数据变化前后执行特定的操作，或仅在数据发生实质性改变时采取行动的情况下非常有用。

在响应式编程和函数式编程中，副作用指的是程序执行过程中对外部状态的改变或与外部世界的互动，这些改变或互动不是通过函数返回值来实现的。常见的副作用包括修改外部变量、执行 I/O 操作、修改 DOM 等。

Vue 的监听器是处理副作用的理想选择。它们允许对响应式数据的变化做出反应，并在数据变化时执行副作用操作。例如，在组件的状态改变时发起 API 请求，或根据应用状态动态设置页面标题。

在 Vue 3 中，监听器通过 watch()函数实现。watch()函数接收两个参数：要观察的响应式引用和当观察的数据变化时调用的回调函数。

以下是如何使用 Vue 3 的 watch()函数来监听文本输入的变化，并在每次变化时打印新值的示例。

```
<!DOCTYPE html>
<html lang="zh-CN">
```

```
<head>
  <meta charset="UTF-8">
  <title>Vue 3 应用</title>
  <script src="https://unpkg.com/vue@next"></script>
</head>
<body>
  <div id="app">
    <input v-model="inputText" />
  </div>
  <script>
    const { createApp, ref, watch } = Vue;
    createApp({
      setup() {
        // 定义一个响应式引用
        const inputText = ref('');

        // 设置一个监听器
        watch(inputText, (newValue, oldValue) => {
          console.log(`新输入的文本是：${newValue}`);
        });
        // 返回模板中需要的数据
        return { inputText };
      }
    }).mount('#app');
  </script>
</body>
</html>
```

在这个示例中，使用 watch 函数来监听 inputText 的变化。每当 inputText 变化时，就会执行传递给 watch 的回调函数，这里是在控制台打印新的输入值。

4.4 组件基础

本节将介绍 Vue 中组件的基本概念、使用方法及单文件组件的概念。

4.4.1 组件概念

在 Vue 开发中，组件化是一个关键的概念。想象一下，可以把复杂的网页或应用界面切割成许多小块，每一块都是一个完整的单元，这个单元就可以称为“组件”。这些组件就像积木一样，每一个都有自己的功能和外观，可以独立工作，又可以与其他组件组合在一起。

这样做的好处如下。

- ☑ 模块化：将大的项目分解成小的部分，使得整个开发过程更加有序，每个部分都更容易处理和理解。
- ☑ 提高维护性和复用性：因为每个组件都是独立的，所以更容易维护和更新。同时，这些组件可以在不同的页面，甚至不同的项目中重复使用，从而提高开发效率。

Vue 中的组件允许开发者将 UI 和业务逻辑封装成可重用的代码块，以下是 Vue 组件的关键特点。

- ☑ 封装性：Vue 组件封装了自己的模板（HTML）、样式（CSS）和逻辑（JavaScript），形成独立的单元，便于重用且不会相互干扰。
- ☑ 灵活性：组件可以灵活地定义大小和功能，从完整的页面布局到简单的按钮或输入框都可以是一个组件。
- ☑ 通信机制：组件之间通过属性（props）和事件（events）进行交互和协作。子组件可以接收来自父组件的数据，并通过事件向父组件传递信息，形成有效的信息流。

在 Vue 的世界里，应用通常由一个组件树构成，根组件作为应用的核心，每个分支代表不同的子组件。这些子组件可以嵌套自己的子组件，共同构建起应用的多层结构。

以一个典型的博客应用为例，如图 4-8 所示，它由以下多个核心组件构成。

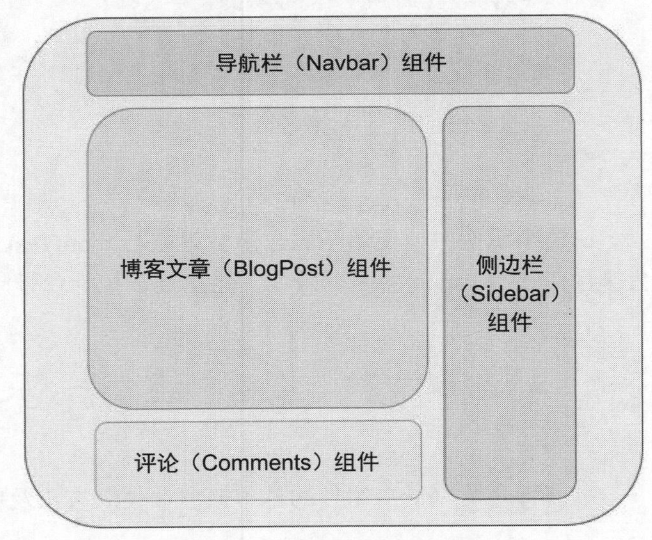

图 4-8　博客应用组件图

（1）导航栏（Navbar）组件：提供用户导航功能。

（2）博客文章（BlogPost）组件：展示博客的主要内容，如文字、图片等。

（3）评论（Comments）组件：为读者提供评论和交流的平台。

（4）侧边栏（Sidebar）组件：展示额外信息或链接，如最新文章、热门话题等。

这些组件共同协作，形成了一个统一且功能齐全的用户界面。

4.4.2　组件使用

Vue 中的组件需要经过定义、注册后，才能像标签一样使用。

1．定义组件模板

在 Vue 中，所有组件的定义都从确定其模板即 HTML 结构开始。下面是一个简单组件定义的示例。

```
const HelloWorld = {
    template: `<p>Hello, Vue 3!</p>`
};
```

这里定义了一个名为 HelloWorld 的组件，其模板是一个包含文本“Hello, Vue 3!”的<p>标签。

2．组件注册

定义好组件之后，需要在 Vue 应用中注册该组件，使 Vue 能够识别并使用它。以下是组件注册过程的代码示例。

```
createApp({
    components: {
        'hello-world': HelloWorld
    }
}).mount('#app');
```

在这段代码中，使用 createApp()方法初始化了一个新的 Vue 应用，并通过 components 选项注册了 HelloWorld 组件。这使得可以在 Vue 实例的任何地方使用<hello-world>标签。

3．使用组件

组件一旦注册，就可以在 HTML 中像使用普通 HTML 标签一样使用。

```
<div id="app">
  <hello-world></hello-world>
</div>
```

在这个示例中，<hello-world>组件被嵌入到应用的 DOM 结构中。这样，Vue 实例在处理这个模板时会渲染 HelloWorld 组件的内容。

下面是一个组件的完整示例程序。

```
<!DOCTYPE html>
```

```
<html lang="zh-CN">
<head>
   <!-- 省略的头部信息 -->
</head>
<body>
   <div id="app">
      <hello-world></hello-world>
   </div>
   <script>
      const { createApp } = Vue;
      const HelloWorld = {
         template: `<p>Hello, Vue 3!</p>`
      };
      createApp({
         components: {
            'hello-world': HelloWorld
         }
      }).mount('#app');
   </script>
</body>
</html>
```

在浏览器中渲染后，将看到<div id="app">下面展示了文本“Hello, Vue 3!”。这是因为Vue 将<hello-world>标签转换成了相应的 HTML 结构。

4．组件内部的数据和逻辑

组件内部可以有自己的数据和逻辑，一个常见的方式是使用 Vue 3 的 setup()函数。以下是对 HelloWorld 组件的扩展。

```
const HelloWorld = {
   template: `<p>Hello, {{ message }}</p>`,
   setup() {
      const message = ref('Vue 3 with setup function!');
      return { message };
   }
};
```

在这个扩展中，HelloWorld 组件使用了 setup()函数，在此函数内创建了一个响应式的数据 message，并在组件的模板中使用了它。

虽然在 HTML 文件中直接使用 setup()函数是可行的，但它不是最常见或推荐的 Vue 3 用法。在实际开发中，setup()函数更多的被用于单文件组件，这使得项目更加模块化和易于维护。

4.4.3 单文件组件

单文件组件（single-file component，简称 SFC）是 Vue 开发中的一个高级特性，它允许将 Vue 组件的模板、JavaScript 逻辑和 CSS 样式封装在单个.vue 文件中。每个.vue 文件代表一个完整的组件，这种方式提供了更好的代码组织和模块化，特别适用于构建大型应用。

一个典型的单文件组件包含以下三个部分。

```
<template>
  <div class="hello-world">
    <h1>{{ message }}</h1>
  </div>
</template>
<script>
import { ref } from 'vue';

export default {
  setup() {
    const message = ref('Hello, Vue 3!');
    return { message };
  }
}
</script>
<style scoped>
.hello-world {
  color: blue;
}
</style>
```

代码解释如下。

☑ <template>标签定义了组件的 HTML 结构。

☑ <script>标签处理组件的逻辑，如这里的 setup()函数创建了响应式数据 message。

☑ <style scoped>定义组件的样式，并且通过 scoped 属性确保这些样式只会应用于当前组件的元素。当使用 scoped 时，Vue 会自动为组件的每个元素和样式添加一个独特的属性，使得样式不会泄露到组件之外。

在使用如 VS Code 等编辑器编辑.vue 文件时，可能需要额外的插件支持，如 Volar，以获得语法高亮、自动补全和错误检测等功能。

单文件组件的主要优势在于它们的模块化和清晰的组织结构。将所有相关代码放在一个文件中，提高了代码的可读性和可维护性。样式的局部化还减少了全局样式冲突的风险。

需要注意的是，由于浏览器无法直接解析.vue 文件，因此需要使用构建工具如 Webpack 或 Vite 将这些文件编译成浏览器可以理解的 JavaScript、HTML 和 CSS。这些工具不仅解决了兼容性问题，还提供了模块热替换（HMR）、代码分割和资源管理等额外好处。

4.5 案例：待办事项管理应用

本节将通过构建一个待办事项管理应用来综合运用 ES6 和 Vue 3 的基础语法。

4.5.1 案例概述

这个待办事项管理应用将包括以下核心功能。

- ☑ 添加新待办事项：用户可以通过输入界面添加新的待办事项。
- ☑ 显示待办事项列表：应用将展示所有已添加的待办事项。
- ☑ 标记完成状态：用户可以将待办事项标记为“完成”或“未完成”。
- ☑ 删除待办事项：用户可以删除已添加的待办事项。
- ☑ 过滤待办事项：用户可以根据状态（所有、已完成、未完成）过滤待办事项。

在开发这个应用的过程中，将专注以下几个技术方面。

- ☑ 使用 Vue 3 的 setup()函数来组织和管理组件的逻辑。
- ☑ 利用 Vue 3 的响应式系统实现用户界面的实时更新，保证用户界面与应用状态同步。
- ☑ 运用 ES6 语法，如箭头函数、模板字符串等，编写更加清晰、简洁和现代化的 JavaScript 代码。

案例运行效果如图 4-9 所示。

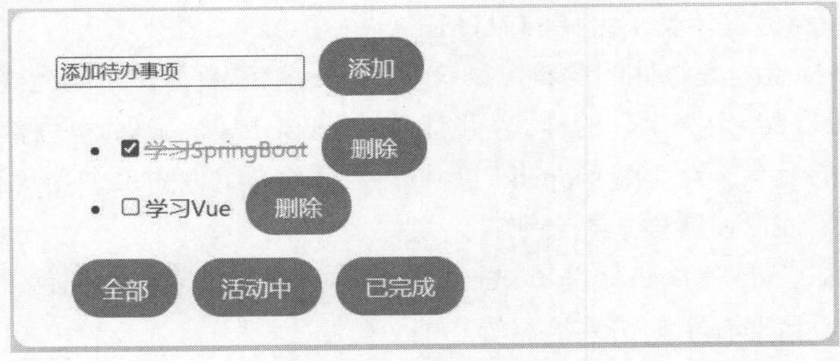

图 4-9 待办事项显示效果

4.5.2　构建用户界面

为了构建用户界面，我们需要创建一个输入区域用于添加待办事项、一个待办事项列表显示区域，以及过滤按钮。这些都将在 HTML 中实现，并使用 Vue 指令来实现动态交互。以下是具体的实现代码。

```
<div id="app">
      <!-- 添加待办事项的输入框和按钮 -->
      <input v-model="newTodo" placeholder="添加待办事项">
      <button @click="addTodo(newTodo)">添加</button>
      <!-- 待办事项列表显示 -->
      <ul>
         <li v-for="todo in filteredTodos" :key="todo.id">
            <input type="checkbox" v-model="todo.completed">
            <span :class="{ 'completed': todo.completed }">
{{ todo.text }}</span>
            <button @click="removeTodo(todo.id)">删除</button>
         </li>
      </ul>
      <!-- 过滤待办事项的按钮 -->
      <button @click="filter = 'all'">全部</button>
      <button @click="filter = 'active'">活动中</button>
      <button @click="filter = 'completed'">已完成</button>
   </div>
<style>
  /*
  省略样式代码
   */
</style>
```

代码解释如下。

在输入区域，包含一个输入框和一个添加按钮。

- ☑ 输入框：使用 v-model 绑定到名为 newTodo 的响应式变量，用于收集用户输入的待办事项内容。
- ☑ 添加按钮：单击时调用 addTodo()方法，将 newTodo 的值作为新待办事项添加到列表中。

在待办事项列表区域，使用 v-for 指令遍历 filteredTodos 数组，显示每个待办事项，每个待办事项包括以下内容。

- ☑ 复选框：使用 v-model 绑定到待办事项的 completed 属性，用于标记完成状态。

- ☑ 待办文本：显示待办事项的内容，如果事项已完成，则使用类 completed 来应用不同的样式。
- ☑ 删除按钮：单击时调用 removeTodo 方法，移除当前待办事项。

页面底部提供三个按钮（全部、活动中、已完成）来设置当前的过滤选项，单击这些按钮会更改 filter 变量的值，从而根据不同的值过滤待办事项列表。

4.5.3 核心功能开发

本节我们将在 Vue 3 的 setup()函数中使用 ref 来定义待办事项数组和过滤选项，并实现添加、删除和标记待办事项的方法。下面是具体的代码示例。

```
<script>
      const { createApp, ref, watch,computed} = Vue;
      createApp({
          setup() {
              // 从本地存储加载待办事项
              const savedTodos = localStorage.getItem('todos');
              const todos = ref(savedTodos ? JSON.parse(savedTodos) : []);
              // 新待办事项的文本
              const newTodo = ref('');
              const filter = ref('all');
              // 添加待办事项
              const addTodo = () => {
                  if (newTodo.value.trim()) {
                      todos.value.push({
                          id: Date.now(),
                          text: newTodo.value.trim(),
                          completed: false
                      });
                      newTodo.value = ''; // 清空输入框
                  }
              };
              // 删除待办事项
              const removeTodo = (todoId) => {
                  todos.value = todos.value.filter(todo=>todo.id !== todoId);
              };
              // 计算属性，根据过滤条件返回过滤后的待办事项列表
              const filteredTodos = computed(() => {
                  switch(filter.value) {
                      case 'active':
                          return todos.value.filter(todo => !todo.completed);
                      case 'completed':
```

```
                    return todos.value.filter(todo => todo.completed);
                default:
                    return todos.value;
            }
        });
        // 监听 todos 的变化并保存到本地存储
        watch(todos, (newTodos) => {
            localStorage.setItem('todos',
JSON.stringify(newTodos));
        }, { deep: true });
        return { todos, newTodo,filter, addTodo, removeTodo,
filteredTodos};
    }
}).mount('#app');
</script>
```

代码解释如下。

首先，初始化待办事项数组和过滤选项。

☑　待办事项数组（todos）：使用 ref 创建一个响应式的待办事项数组。从本地存储加载已有的待办事项数据，如果没有，则初始化为空数组。

☑　新待办事项文本（newTodo）：定义一个响应式引用，用于存储新待办事项的文本输入。

☑　过滤选项（filter）：定义一个响应式引用，用于存储当前的过滤条件（全部、活动中、已完成）。

然后，实现添加和删除待办事项的方法。

☑　添加待办事项（addTodo 方法）：当输入框中有文本时，将新的待办事项添加到 todos 数组中。每个待办事项包括唯一的 id、文本内容和完成状态。待办事项添加后清空输入框。

☑　删除待办事项（removeTodo 方法）：根据待办事项的 id，从 todos 数组中移除该待办事项。

最后，实现计算属性和监听器。

☑　过滤后的待办事项列表（filteredTodos 计算属性）：根据 filter 的值（全部、活动中、已完成），返回过滤后的待办事项列表。

☑　监听待办事项变化：使用 watch 监听 todos 的变化。当待办事项列表发生变化时，将新的数据保存到本地存储。监听器采用 deep: true 选项，以便在待办事项数组中的对象发生变化时也能触发更新。

第 5 章 Vue 应用规模化

通过本章内容的学习，可以达到以下目标。

（1）了解前端工程化的基本概念。

（2）掌握 Vue 组件化开发的高级技巧。

（3）掌握路由 Vue Router 的使用。

（4）掌握状态管理 Pinia 的使用。

本章将详细介绍 Vue 进阶开发的关键技术点，涵盖前端工程化的理论与实践、组件化开发的深入理解、第三方组件库的有效利用、Vue Router 与 Pinia 的高效应用。结合理论与实战案例，读者将能够构建高性能、可维护的大规模 Vue 应用。

5.1 前端工程化

本节将介绍前端工程化的基本概念及 Vite 构建工具的使用方法。

5.1.1 前端工程化与构建工具

在现代 Web 开发中，前端工程化已经成为一个不可或缺的部分。它指的是将软件工程的原则和实践应用于前端开发过程中，从而提高代码质量、优化开发流程，并增强项目的可维护性和可扩展性。

为什么前端工程化如此重要？

☑ 模块化和组件化：随着 Web 应用变得越来越复杂，模块化和组件化帮助开发者将大型项目分解为更小、更易管理的部分，提高了代码的重用性和可维护性。

☑ 自动化工具：自动化工具（如构建系统、测试框架等）提高了开发效率，减少了重复性工作，可以帮助自动完成诸如代码编译、打包、测试等任务。

- ☑ 性能优化：前端工程化涉及性能优化策略，如代码拆分、懒加载、资源压缩等，以确保应用的高效加载和运行。
- ☑ 代码质量：通过代码规范、代码审查和自动化测试等实践维护代码质量，从而减少错误和缺陷。

在 Vue 项目中，前端工程化体现在以下几个方面。

- ☑ 组件化开发：Vue 鼓励使用组件化的方式来构建界面，每个组件都是独立且可重用的。
- ☑ 构建工具的使用：Vue 项目通常使用如 Webpack 或 Vite 等构建工具，这些工具为开发者处理资源、优化性能，并提供热模块替换等开发便利。
- ☑ 状态管理和路由：使用 Pinia 进行状态管理和使用 Vue Router 进行页面路由管理，是大型应用中的工程化实践。
- ☑ 测试和质量保证：Vue 项目也支持使用单元测试、端到端测试等方法来确保代码质量。

构建工具在 Vue 项目中的作用如下。

- ☑ 代码编译：将 Vue 单文件组件、ES6 代码等编译成标准的 JavaScript。
- ☑ 模块打包：将代码、样式、图片等资源打包成最终的静态文件。
- ☑ 性能优化：通过代码分割、压缩等手段提升应用性能。
- ☑ 开发便利性：提供热模块替换（HMR）、源代码映射（sourcemap）等开发辅助功能。

5.1.2　构建工具与环境设置

安装 Node.js 是设置前端开发环境的第一步，因为用于前端开发的各类构建工具，如 Webpack 或 Vite，都依赖于 Node.js 环境。

Node.js 是一个开源、跨平台的 JavaScript 运行时环境，它允许 JavaScript 代码在服务器端运行。在前端开发中，Node.js 主要用于运行各种构建工具和开发服务器。

1. 下载和安装 Node.js

本书使用的 Node.js 版本为 18.18.2，以下是在 Windows 平台安装 Node.js 的步骤。

（1）下载 Node.js：访问 Node.js 官方网站 https://nodejs.org/en/about/previous-releases，下载 18.18.2 版本的 Windows 安装包（node-v18.18.2-x64.msi）。

（2）启动安装程序：运行下载的.msi 文件，根据安装向导完成安装。通常保留所有默认设置即可。

（3）环境变量配置：安装完成后，系统会自动将 Node.js 添加到环境变量中。

（4）验证安装：打开命令提示符或 PowerShell，输入 node -v 命令检查 Node.js 版本，输入 npm -v 命令检查 NPM 版本，以确认安装成功。

Node.js 不仅提供了运行前端构建工具所需的环境，同时也提供了 NPM（node package manager）依赖管理工具。NPM 不仅可以完成前端项目依赖包的安装和管理，还提供了庞大的生态系统，方便全球开发者分享和使用各种代码资源。

NPM 的核心功能如下。

☑ 依赖管理：NPM 允许在项目中声明和管理依赖。通过 package.json 文件，开发者可以指定项目所需的包及其版本。

☑ 包安装：NPM 提供命令行界面，用于安装和卸载包。例如，使用 npm install <package-name>命令安装新包。

☑ 脚本运行：NPM 可以运行定义在 package.json 中的脚本，辅助自动化常见任务，如测试、构建等。

2．package.json 文件

在深入探究 NPM 的操作之前，我们需要先理解 package.json 文件的作用。这是文件项目依赖配置的核心，它定义了项目的元数据、依赖、脚本等，一个典型的 package.json 文件示例如下。

```
{
  "name": "my-project",
  "version": "1.0.0",
  "description": "A sample project",
  "main": "index.js",
  "scripts": {
    "start": "node index.js",
    "test": "echo \"Error: no test specified\" && exit 1"
  },
  "author": "Your Name",
  "license": "ISC",
  "dependencies": {
    "express": "^4.17.1"
  },
  "devDependencies": {
    "nodemon": "^2.0.7"
  }
}
```

文件中主要包括以下内容。

- ☑ 项目信息：如名称（name）、版本（version）、描述（description）。
- ☑ 脚本（scripts）：定义了可以通过 NPM 运行的脚本命令。常见脚本包括 start（启动应用）、test（运行测试）、build（构建项目）等。
- ☑ 依赖（dependencies、devDependencies）：项目运行必需的包。

dependencies 和 devDependencies 的区别主要在于它们在不同环境下的应用，前者用于生产环境；而后者则用于开发环境，如测试框架、构建工具等，不会在生产环境中加载。

3．NPM 常用命令

package.json 通常与 NPM 命令配合使用，如表 5-1 所示，这些命令是管理项目依赖的基础。

表 5-1　NPM 常用命令

命　令	描　述
npm init	初始化一个新的 Node.js 项目。通过一系列问题创建 package.json 文件
npm install	安装 package.json 中列出的所有依赖。通常用于已有 package.json 的项目
npm install <package-name>	安装指定的包。将包添加到 node_modules 目录和 package.json 文件的 dependencies 中
npm install <package-name> --save-dev	安装仅在开发过程中需要的包。添加到 devDependencies 部分
npm update	更新所有依赖到最新版本。可以通过指定包名来只更新特定包
npm uninstall <package-name>	移除不再需要的包。从 node_modules 和 package.json 中移除指定的包
npm run <script-name>	执行 package.json 的 scripts 部分定义的脚本。例如，npm run start 运行 start 脚本
npm list	查看当前项目安装的所有 npm 包及其版本。例如，npm list -g 查看全局安装的包

npm install 命令可以分为无参数和有参数两种情况。

- ☑ 无参数：在项目根目录运行 npm install 命令且不带参数，会自动安装 package.json 文件中的所有依赖（包括 dependencies 和 devDependencies）。适用于项目初次设置或复制后首次安装依赖。
- ☑ 有参数：主要用于安装指定的包及其依赖，并添加到项目的 node_modules 目录中，以及用于添加新的包到项目中或更新项目中的特定包。

无论是项目初始化还是添加新包，所有的 NPM 包都会被安装在项目根目录下的 node_modules 文件夹中。这个文件夹是项目所有依赖的集合地，NPM 自动处理它们之间的关系和版本控制。

5.1.3 Vite 构建工具

Vite 是一款新一代前端构建工具，由 Vue.js 的作者尤雨溪开发，旨在提供更快的开发构建速度和简化的配置体验。在 Vue 社区中，Vite 已成为热门选择，特别适用于 Vue 项目，其主要特点如下。

- ☑ 快速的服务器启动：利用现代浏览器支持的 ES 模块导入，Vite 实现了快速的冷启动，尤其在大型项目中效果显著。
- ☑ 即时热模块更新：提供极快的模块热替换（HMR），增强开发体验。
- ☑ 静态资源处理：支持图片、字体等静态资源的简单导入，无须额外配置。
- ☑ 丰富的插件生态：支持 Rollup 插件，使得开发者可以利用已有的丰富插件资源。
- ☑ 优化的生产构建：尽管开发过程中无须打包，但在生产环境下，Vite 会使用 Rollup 进行高效的构建。

对于 Vue 开发者而言，Vite 提供了与 Vue 紧密集成的开发体验。它的设计理念与 Vue 的响应式和组件化理念相契合，使得 Vue 开发更为高效。Vite 的简洁配置和快速反馈循环让开发者可以更专注于构建应用本身，而不是花费大量时间在配置和构建过程上。

接下来，详细介绍使用 Vite 创建 Vue 项目的具体步骤。

（1）初始化项目：在终端或命令行界面中，运行以下命令。

```
npm create vue@latest
```

此命令会启动 Vite 交互式命令行界面（见图 5-1），引导完成项目创建过程。

（2）配置项目选项：按照 Vite 的提示设置项目名称，以及是否使用如 TypeScript、JSX、Vue Router、Pinia、Vitest、ESLint 等高级功能，因为目前还不需要使用这些功能，可以选择默认的“否”选项。

（3）进入项目目录：项目创建完成后，通过以下命令进入该目录，其中 vue-project 是创建项目时指定的项目名称。

```
cd vue-project
```

（4）安装依赖：在项目目录中，运行以下命令安装 package.json 文件中列出的所有依赖。

```
npm install
```

（5）启动开发服务器：使用以下命令启动 Vite 开发服务器。

```
npm run dev
```

此命令会启动一个本地服务器，并在终端显示服务器的地址。例如，服务器可能运行在 http://localhost:5173/上。

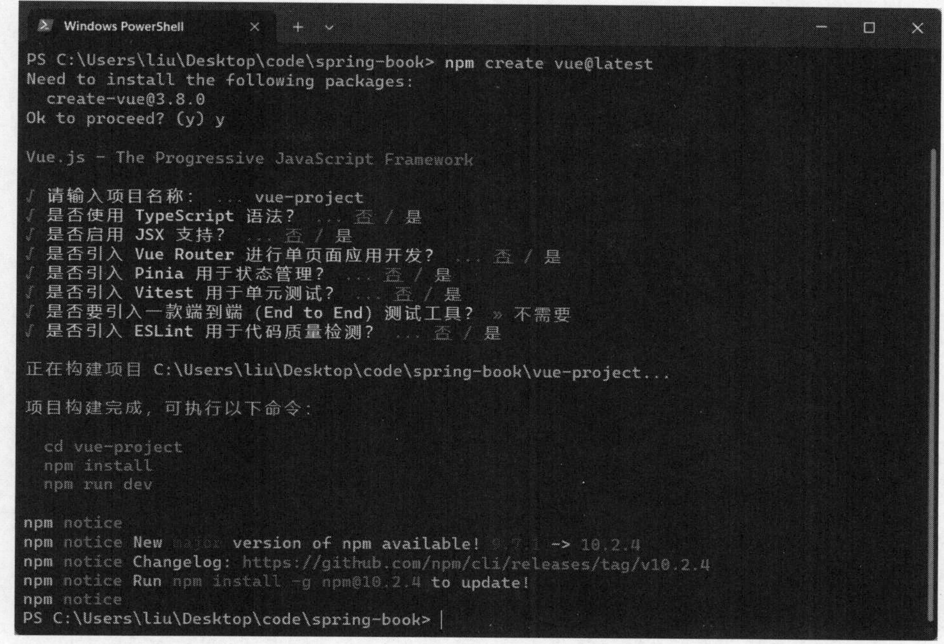

图 5-1　Vite 界面

（6）在 Web 浏览器中输入服务器地址，访问新创建的 Vue 应用。

在浏览器中，可以看到 Vite 提供的 Vue 项目模板的默认界面，其展示了 Vue 应用的基础结构和样式，如图 5-2 所示。

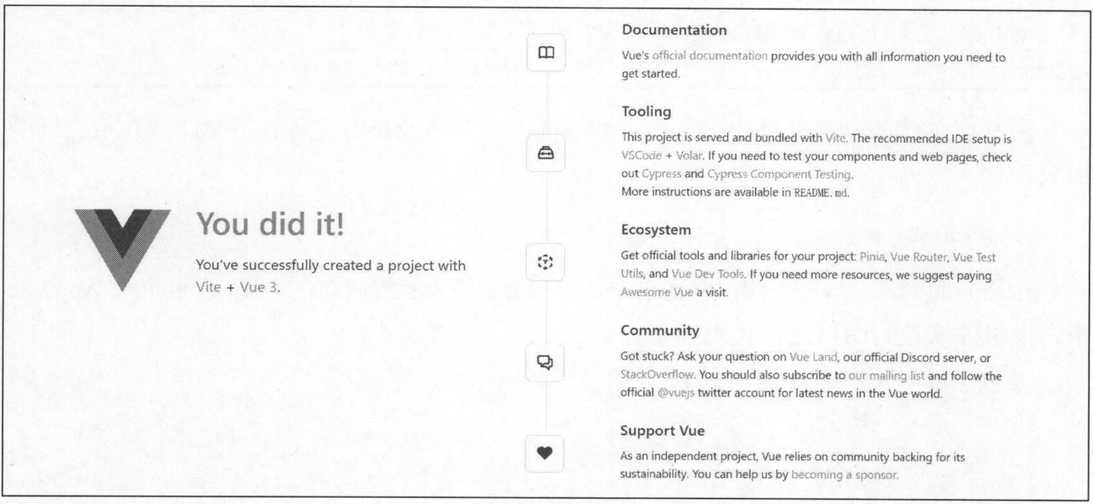

图 5-2　Vue 项目模板默认界面

需要注意的是，如果关闭了运行 npm run dev 的终端，项目将无法访问。因此，保持终端开启是必要的。

如果使用 VS Code 作为开发工具，可以直接在 VS Code 中打开项目目录，VS Code 提供内置终端，可在其中执行所有的必要命令，包括启动开发服务器。

5.1.4 Vite 项目结构

使用 Vite 在创建项目时会自动配置 Vue 项目的基本结构，包括 package.json 文件、示例 vue 组件等，表 5-2 展示了一个标准的 Vite Vue 项目的结构。

表 5-2 Vue 项目结构

文件/目录	描 述
根目录	项目的顶级目录，包含项目配置文件、源代码目录（src）等
package.json	定义项目元数据、依赖、脚本等的 Node.js 标准配置文件
node_modules 目录	包含项目依赖的所有 NPM 包的目录
src 目录	放置 Vue 应用源代码的地方，包括组件、视图、样式等
main.js/ts	应用的入口文件，此文件的后缀名取决于是否使用 TypeScript，用于创建 Vue 实例并挂载到 DOM
App.vue	应用的根 Vue 组件，通常是其他所有组件的父组件
components 目录	存放 Vue 组件的目录，这些组件可被 App.vue 等引用
assets 目录	存放静态资源，如图片、样式文件等的目录
public 目录	包含不被 Vite 处理的静态资源，如 index.html
vite.config.js	Vite 的配置文件，定义构建和开发服务器的配置
.gitignore	Git 版本控制忽略文件，指定不应提交到 Git 仓库的文件和目录

在 Vite 创建的项目文件中，main.js 和 App.vue 是两个核心文件，下面详细介绍它们的构成。

1. main.js

main.js 负责启动 Vue 应用。它通过 Vue 的 createApp 函数创建一个新实例，并将 App.vue 作为根组件挂载到网页上，代码如下。

```
// 引入全局样式
import './assets/main.css'
// 从 vue 库中导入 createApp 函数
import { createApp } from 'vue'
// 引入 App.vue 根组件
```

```
import App from './App.vue'
// 创建 Vue 实例并挂载到 id 为 app 的 DOM 元素上
createApp(App).mount('#app')
```

上述代码主要完成了以下三部分工作。

- ☑ 引入全局样式：通过 import './assets/main.css'应用统一的样式设置。
- ☑ 初始化 Vue 实例：createApp(App)创建 Vue 实例，它是整个应用的核心，所有的组件、插件和路由器都将围绕这个实例展开。
- ☑ 挂载应用：使用.mount('#app')将 Vue 实例绑定到网页的特定元素上（此例中是 id 为 app 的元素），这是 Vue 应用与网页接口的连接点。

main.js 也是定义全局配置的地方。例如，可以在这里安装 Vue 插件、设置全局指令或混入等。例如，如果要使用 Vue Router 或 Vuex，它们通常在 main.js 中被引入并配置。

main.js 最终会被引入到项目的 index.html 文件中。这个过程是通过构建工具（如 Vite 或 Webpack）自动完成的，确保了 Vue 应用能够正确启动并运行。

2．App.vue

App.vue 是整个 Vue 应用的主组件，它充当其他子组件的容器，定义了应用的整体布局，通常 App.vue 包括应用的主要部分，如头部、主体，并包含全局样式定义。示例代码如下。

```
<script setup>
import HelloWorld from './components/HelloWorld.vue'
import TheWelcome from './components/TheWelcome.vue'
</script>
<template>
  <header>
    <img alt="Vue logo" class="logo" src="./assets/logo.svg" width="125" height="125" />
    <div class="wrapper">
      <HelloWorld msg="You did it!" />
    </div>
  </header>
  <main>
    <TheWelcome />
  </main>
</template>
<style scoped>
  /*
    省略样式代码
```

```
    */
</style>
```

在此示例中，App.vue 定义了头部和主体的布局，并通过引入 HelloWorld.vue 和 TheWelcome.vue 组件来展示具体内容。使用<script setup>标签引入子组件，<style scoped>标签内定义的样式是组件特有的，其中的 scoped 属性确保这些样式仅应用于 App.vue 本身。

HelloWorld.vue 是一个示例子组件，主要用于展示如何从父组件接收数据。下面是对 HelloWorld.vue 的详细介绍，代码如下。

```
<script setup>
defineProps({
  msg: {
    type: String,
    required: true
  }
})
</script>
<template>
  <div class="greetings">
    <h1 class="green">{{ msg }}</h1>
    <h3>
      You've successfully created a project with
      <a href="https://vitejs.dev/" target="_blank" rel="noopener">Vite
</a> +
      <a href="https://vuejs.org/" target="_blank" rel="noopener">Vue 3</a>.
    </h3>
  </div>
</template>
<style scoped>
   /*
     省略样式代码
    */
</style>
```

HelloWorld.vue 通过 defineProps 接收外部传入的 msg 属性，并在其模板中显示这些信息。这种数据传递方式是 Vue 组件间通信的基础，将在后续章节中详细介绍。

在项目初期，main.js 和 App.vue 之外的自动生成的组件可能不完全符合项目需求。在这种情况下，可以根据需要自由删除或替换这些组件。

例如，自动生成的 HelloWorld.vue 或其他模板组件，如果与项目需求不一致，可以直接删除。重要的是，在删除或修改自动生成的组件之后，应确保 main.js 和 App.vue 之间的一致性，以避免运行时出现错误。

5.2　组件化开发

本节将深入探讨组件化开发的核心概念，涉及组件的注册、数据传递和事件处理等多个方面。

5.2.1　组件注册

Vue 提供了两种组件注册方式：全局注册和局部注册，下面分别介绍它们的使用方法及应用场景。

1．全局注册

全局注册的组件可以在任何 Vue 模板中使用，无须在每个使用它们的组件中单独引入，以下是具体使用方法。

（1）在 src/components 目录中创建一个新的.vue 文件。例如，创建 UserInfo.vue 以展示用户信息。

（2）在新创建的.vue 文件中编写组件代码。组件通常包含三个部分：模板（<template>）、脚本（<script>）、样式（<style>），例如：

```
<!-- UserInfo.vue -->
<template>
    <div class="user-info">
      <!-- 组件模板内容 -->
      <h3>用户信息</h3>
      <p>姓名：张三</p>
      <p>地址：上海</p>
    </div>
  </template>
  <script>
  export default {
    // 组件逻辑
  }
  </script>
  <style scoped>
  /* 组件样式省略 */
  </style>
```

（3）在 main.js 中导入要全局注册的组件，使用 component()方法对组件进行全局注册，并指定组件的名称。这个名称会在模板中作为 HTML 标签使用。例如：

```
import './assets/main.css'
import { createApp } from 'vue'
import App from './App.vue'
import UserInfo from './components/UserInfo.vue'
const app = createApp(App)
app.component('UserInfo', UserInfo)
app.mount('#app')
```

（4）一旦 UserInfo 组件在 main.js 中被注册为全局组件，它就可以在任何其他组件的模板中以<UserInfo />标签直接使用。例如，在 App.vue 中可以这样使用：

```
<template>
  <div id="app">
    <UserInfo />
  </div>
</template>
```

在这个例子中，UserInfo 组件被放置在 App.vue 的模板中，展示用户信息。组件的命名应遵循驼峰命名法（PascalCase），即所有单词首字母大写，其余字母小写，无空格，这是 Vue 官方推荐的命名方式。例如，UserInfo 就是正确的命名方式。

（5）component()方法支持链式调用，允许一次性注册多个组件。

```
app
  .component('ComponentA', ComponentA)
  .component('ComponentB', ComponentB)
  .component('ComponentC', ComponentC)
```

全局注册的组件可以在其他组件内部相互使用，这意味着 ComponentA、ComponentB 和 ComponentC 都可以在彼此的模板中使用。

全局注册适用于频繁使用的组件，如自定义按钮、模态框或工具栏。这样可以避免在每个需要这些组件的文件中重复导入它们，有助于减少代码冗余。

需要注意的是：

- ☑ 全局注册的组件在所有根实例及其所有子组件中都可用，这可能会增加应用的大小，因为即使某些页面不使用这些组件，它们仍然会被包含在最终的构建中。
- ☑ 应谨慎使用全局注册，以避免潜在的命名冲突和维护困难。

2. 局部注册

局部注册的组件仅在声明它们的组件内部可用，可以使组件之间的依赖关系更加明确，下面是如何创建并局部注册一个名为 UserDetails.vue 的组件的步骤。

（1）创建 UserDetails.vue 文件，编写组件模板和样式，代码如下。

```
<!-- UserDetails.vue -->
<template>
  <div class="user-details">
    <h3>用户详情</h3>
    <p>此组件展示了用户的详细信息。</p>
  </div>
</template>
```

（2）在 App.vue 中导入 UserDetails 组件，使用 components 属性进行局部注册，代码如下。

```
<!-- App.vue -->
<template>
  <div id="app">
    <UserInfo />
    <UserDetails />
  </div>
</template>
<script>
import UserDetails from './components/UserDetails.vue';
export default {
  components: {
    UserDetails
  }
}
</script>
```

上述代码中 components 属性接收一个对象，其中的键是要在模板中使用的组件名（在本例中为 UserDetails），而值则是对应的组件对象，在这里使用了 ES6 属性名缩写语法。当对象的属性名和变量名相同时，可以省略属性值，等同于：

```
export default {
  components: {
    UserDetails: UserDetails
  }
}
```

在<template>标签中，可以直接使用<UserDetails />标签使用该组件。由于是局部注册的方式，所以此组件只能在 App.vue 的模板中使用。

在 Vue 3 中，可以使用<script setup>语法进一步简化局部注册的过程。通过这种方式，不需要显式声明 export default 或在 components 选项中注册组件。

例如，在 App.vue 中使用<script setup>标签：

```
<!-- App.vue -->
<template>
  <div id="app">
    <UserDetails />
  </div>
</template>
<script setup>
import UserDetails from './components/UserDetails.vue';
</script>
```

使用<script setup>标签后，只需要通过 import 导入 UserDetails.vue，无须额外的注册步骤，即可直接使用。

当组件只在某个特定的场景或页面中使用时，局部注册是更好的选择。例如，一个特定页面的布局组件或特定功能的子组件。

相对于全局注册，局部注册的优势如下。

☑ 局部注册的组件不会影响全局命名空间，避免了命名冲突。

☑ 只有在使用这些组件的地方才会导入它们，有助于减少应用的大小，提高加载速度。

☑ 易于追踪组件的使用情况，有助于维护和重构。

5.2.2 数据传递

在 Vue 的组件化架构中，组件间的数据传递是至关重要的。props（属性）是一种从父组件向子组件传递数据的方式，它构成了组件通信的基础。

接下来以 UserDetails 组件为例，考虑如何从父组件传递用户的 name 和 age 属性，演示在 Vue 中如何定义和使用 props。

1. 定义 props

props 的定义可以通过两种方式实现，分别为传统方式和使用<script setup>方式。

（1）在传统的 Vue 组件中，props 是通过组件的 export default 对象定义的，示例代码如下。

```
<!-- UserDetails.vue -->
<template>
  <div>
    <p>Name: {{ name }}</p>
```

```
    <p>Age: {{ age }}</p>
  </div>
</template>
<script>
export default {
  props: {
    name: String,
    age: Number
  }
};
</script>
```

在这个示例中，通过 props 属性定义了 name 和 age 两个属性。同时，为属性指定了类型（如 String、Number），提供基本的类型验证。

（2）Vue 3 的<script setup>语法提供了一种更简洁的方式定义 props。

```
<!-- UserDetails.vue -->
<template>
  <div>
    <p>Name: {{ props.name }}</p>
    <p>Age: {{ props.age }}</p>
  </div>
</template>

<script setup>
import { defineProps } from 'vue';
const props = defineProps({
  name: String,
  age: Number
});
</script>
```

这里使用 defineProps()方法在<script setup>标签内直接定义 props。在模板中，可以通过 props.name 和 props.age 访问传入的属性值。

2．使用 props

在 Vue 组件中定义了 props 之后，父组件能够通过属性的形式向子组件传递数据。这是实现组件间通信的基本方式，它使得数据能够从父组件流向子组件。以下是在父组件 App.vue 中使用 props 向 UserDetails 组件传递数据的示例。

```
<!-- App.vue -->
<template>
  <div id="app">
```

```
    <UserDetails :name="userName" :age="userAge" />
  </div>
</template>

<script setup>
import { ref } from 'vue';
import UserDetails from './components/UserDetails.vue';
const userName = ref('Alice');
const userAge = ref(30);
</script>
```

在 App.vue 中，通过:name 和:age 属性将 userName 和 userAge 的值传递给 UserDetails 组件。

3. 单向数据流

在 Vue 中，每个组件实例都有自己的作用域。为了使组件能够复用并封装，不建议直接在子组件内部修改父组件传递的数据。这就是 Vue 推崇的单向数据流（父组件数据的变化可以传递给子组件，但子组件不应直接修改这些数据），单向数据流确保了数据的一致性和可预测性，有助于维护大型应用的复杂状态。

在 Vue 组件中，props 是从父组件传递到子组件的响应式数据。当父组件的状态变化时，这些变化会自动传递给子组件。子组件可以通过定义 props 来接收这些数据，并在其模板或计算属性中使用它们。

直接修改从父组件接收的 props 是不被允许的。如果尝试这样做，Vue 会在控制台显示警告。这是因为直接修改 props 会打破单向数据流的原则，可能导致父子组件间的数据不一致，例如：

```
const props = defineProps(['age'])
props.age = 22                                   // Vue 将会警告
```

如果需要基于 props 的初始值定义组件内的响应式状态，应该创建一个本地响应式变量，并以 props 作为其初始值：

```
const props = defineProps(['initialCounter'])
const counter = ref(props.initialCounter)  // 使用 props 作为初始值
```

如果需要对 props 进行转换或计算，最好使用计算属性。这样，当 props 更新时，计算属性也会相应更新：

```
const props = defineProps(['size'])
const normalizedSize = computed(() => props.size.trim().toLowerCase())
```

5.2.3 事件

在 Vue 中，除了 props，自定义事件也是一种重要的组件间通信方式。它允许子组件向父组件发送信息，通常用于通知父组件某些动作已发生或数据已变化。

1. 事件定义和触发

子组件可以使用$emit 方法来触发自定义事件，而父组件可以监听这些事件并执行相应的处理逻辑。这种方式允许子组件在保持封装和独立性的同时，与父组件有效地通信。

在传统的 Vue 组件（非<script setup>）中，自定义事件是通过组件定义的 emits 选项声明的。这个选项是一个数组或对象，列出了组件可以触发的所有事件名。

例如，在 UserDetails 组件中定义和触发自定义事件：

```
<!-- UserDetails.vue -->
<template>
  <button @click="notifyParent">Click Me</button>
</template>
<script>
export default {
  // 定义该组件可以发出的事件
  emits: ['custom-event'],
  // setup 函数接收两个参数：props 和上下文（ctx）
  setup(props, ctx) {
    // 定义一个方法来触发事件
    function notifyParent() {
      //使用 ctx.emit 来触发自定义事件'custom-event' 并传递数据
      ctx.emit('custom-event', { message: 'Button clicked!' });
    }
    // 返回模板中要使用的方法
    return { notifyParent };
  }
};
</script>
```

在这个例子中：

- ☑ emits 数组定义了组件可以发出的事件类型，这里定义了 custom-event。
- ☑ setup 函数接收 props 和 ctx（上下文对象），props 包含了父组件传递给子组件的所有 prop；而 ctx 提供了一个包含组件的各种属性和方法的上下文，其中包括用于发出事件的 emit()方法。

☑ 可以使用 ctx.emit()方法来发出一个或多个自定义事件。

2．使用<script setup>语法简化事件定义

Vue 3 的<script setup>语法提供了一种更简洁的方式来定义和使用组件。在这种方式中，可以使用 defineEmits 函数来声明可触发的事件，示例代码如下。

```
<!-- UserDetails.vue -->
<template>
  <button @click="notifyParent">单击</button>
</template>
<script setup>
import { defineEmits } from 'vue';
const emit = defineEmits(['custom-event']);
function notifyParent() {
  emit('custom-event', { message: '按钮被单击了' });
}
</script>
```

代码解释如下。

☑ defineEmits()函数用于声明可触发的事件，这里声明了 custom-event。

☑ notifyParent()函数通过 emit 触发 custom-event 事件，并传递消息数据。

事件定义后，在父组件中可以使用 v-on 指令（或其简写@）来监听子组件触发的事件。当事件被触发时，父组件可以执行以下相应的处理函数。

```
<!-- App.vue -->
<template>
  <div id="app">
    <UserDetails @custom-event="handleCustomEvent" />
  </div>
</template>
<script setup>
import UserDetails from './components/UserDetails.vue';
function handleCustomEvent(eventData) {
  console.log('Event received:', eventData.message);
}
</script>
```

代码解释如下。

☑ App.vue 中定义了 handleCustomEvent()方法来处理接收到的 custom-event 事件。

☑ 当 UserDetails 中的按钮被单击时，触发 custom-event 事件，并将事件数据传递给 handleCustomEvent()方法。

5.2.4　插槽

插槽（Slots）是 Vue 中一种重要的内容分发机制，提供了在组件模板中定义可替换内容区域的能力，从而增加了组件的内容布局灵活性。

想象一个按钮组件，默认情况下，它可能只显示一些文本。如果我们希望在某些情况下在按钮内可以添加图标或其他元素，这时插槽就派上用场了。

通过插槽可以在组件内定义一个或多个可替换的内容区域，父组件可以决定在这些区域中放置什么内容。

一个典型的使用场景是创建一个可复用的列表组件。我们可以定义一个具有默认插槽的简单列表组件，这样父组件就可以决定列表每一项的内容。

在 Vue 中，许多第三方组件库广泛使用插槽机制，以提供更高的灵活性和可定制性。插槽使得第三方组件能够定义一个可定制的内容框架，开发者可以根据自己的需求填充这些框架。

Vue 提供了几种不同类型的插槽，适用于不同的场景。

- ☑ 默认插槽：最基本的插槽类型，用于定义一个通用的内容区域。
- ☑ 具名插槽：允许定义多个插槽，每个插槽都有一个独特的名字，适用于创建复杂布局。
- ☑ 作用域插槽：使得子组件能够将数据传回给父组件用于渲染插槽内容，适用于创建动态的组件，如根据数据渲染的列表。

1. 默认插槽

默认插槽是最基础的插槽类型，它允许父组件向子组件传递内容，这些内容会被渲染在子组件的默认插槽位置上。

假设有子组件 ChildComponent.vue，代码如下。

```
<!-- ChildComponent.vue -->
<template>
  <div class="child-component">
    <slot></slot> <!-- 默认插槽 -->
  </div>
</template>
```

父组件在使用子组件 ChildComponent 时，可以向其默认插槽中传递内容，代码如下。

```
<!-- 父组件 -->
<template>
```

```
  <ChildComponent>
    <p>这是一些默认插槽的内容。</p>
  </ChildComponent>
</template>
```

父组件提供的段落将在 ChildComponent 的<slot></slot>处进行渲染，最终的 HTML 渲染结果是父组件向子组件传递的内容在子组件的相应位置被渲染。具体来说，渲染结果会是这样的：

```
<div class="child-component">
  <p>这是一些默认插槽的内容。</p>
</div>
```

代码解释如下。

☑ <div class="child-component">是 ChildComponent 的根元素。

☑ <p>这是一些默认插槽的内容。</p>是父组件提供给子组件的插槽内容。

可以看到，通过插槽机制，父组件能够影响子组件内部的内容布局。

2. 具名插槽

具名插槽在 Vue 中提供了一种定义多个不同内容区域的方式，每个插槽都有一个独特的名字，非常适用于创建复杂的布局。

以下代码在 ChildComponent.vue 中定义了三个插槽：一个默认插槽和两个具名插槽（header 和 footer）。

```
<!-- ChildComponent.vue -->
<template>
  <div class="child-component">
    <header>
      <slot name="header"></slot> <!-- 具名插槽：header -->
    </header>
    <main>
      <slot></slot> <!-- 默认插槽 -->
    </main>
    <footer>
      <slot name="footer"></slot> <!-- 具名插槽：footer -->
    </footer>
  </div>
</template>
```

父组件通过 v-slot:header 和 v-slot:footer 向子组件的具名插槽传递内容。

```
<!-- 父组件 -->
<template>
```

```
  <ChildComponent>
    <template v-slot:header>
      <h1>页头内容</h1>
    </template>
    <p>主要内容</p>
    <template v-slot:footer>
      <p>页脚内容</p>
    </template>
  </ChildComponent>
</template>
```

父组件中的<template>标签用于定义组件的结构或模板。它不是一个真实的 DOM 元素，而是一个用于包裹实际要渲染的 HTML 结构的容器。在 Vue 的渲染过程中，<template>标签本身不会被渲染到最终的 HTML 中，只有其内部的内容会被渲染，这个标签在实现插槽时尤为重要。

在以上示例中最终的 HTML 渲染结果如下。

```
<div class="child-component">
  <header>
    <h1>页头内容</h1> <!-- 来自父组件的 header 插槽内容 -->
  </header>
  <main>
    <p>主要内容</p> <!-- 来自父组件的默认插槽内容 -->
  </main>
  <footer>
    <p>页脚内容</p> <!-- 来自父组件的 footer 插槽内容 -->
  </footer>
</div>
```

在这个结果中，<div class="child-component">是 ChildComponent 的根元素。<header>、<main>和<footer>分别是子组件中定义的部分，它们包裹着父组件提供给对应插槽的内容。

☑　header 元素中显示的是 v-slot:header 中定义的<h1>页头内容</h1>。

☑　main 元素中显示的是默认插槽中定义的<p>主要内容</p>。

☑　footer 元素中显示的是 v-slot:footer 中定义的<p>页脚内容</p>。

3. 作用域插槽

作用域插槽是 Vue 中一种高级的插槽类型，它允许子组件将数据传递回父组件，以便父组件可以使用这些数据来渲染插槽内容。这种类型的插槽在创建动态列表或数据驱动的组件时特别有用。

例如，在 ChildComponent.vue 中定义了一个作用域插槽，遍历 items 数组，并将每个

item 对象作为插槽的属性传递，代码如下。

```
<!-- ChildComponent.vue -->
<template>
  <ul>
    <li v-for="item in items" :key="item.id">
      <slot :item="item"></slot> <!-- 作用域插槽 -->
    </li>
  </ul>
</template>
<script setup>
import { defineProps } from 'vue';
const props = defineProps({
  items: Array
});
</script>
```

父组件通过<ChildComponent>传递 itemsList 作为 items 属性，并通过作用域插槽接收子组件传递的每个 item，代码如下。

```
<!-- 父组件 -->
<template>
  <ChildComponent :items="itemsList">
    <template v-slot="{ item }">
      <span>{{ item.name }}</span>
    </template>
  </ChildComponent>
</template>
<script setup>
import { ref } from 'vue';
const itemsList = ref([{ id: 1, name: 'Item 1' }, { id: 2, name: 'Item 2' }]);
</script>
```

最终的 HTML 渲染结果如下。

```
<ul>
  <li>
    <span>Item 1</span> <!-- 来自 itemsList 第一个元素的 name 属性 -->
  </li>
  <li>
    <span>Item 2</span> <!-- 来自 itemsList 第二个元素的 name 属性 -->
  </li>
</ul>
```

在这个结果中，每个<li>中的元素都包含一个<span>，显示了父组件中 itemsList 数组里对应 item 的 name 属性。

5.2.5　生命周期

在 Vue 中，组件的生命周期涉及从组件的创建到销毁的整个过程。在这一过程中，Vue 为开发者提供了一系列称为“生命周期钩子”的函数，使得开发者有机会在组件的关键阶段执行自己的代码。

生命周期钩子可以被视作组件在其生存周期内遇到的不同阶段或“里程碑”。从实例化到挂载到 DOM，再到数据更新和最终销毁，每个阶段都有相应的钩子函数来响应。正确地利用这些钩子能够帮助我们有效地管理资源、控制数据流。

例如，我们可以在组件挂载之前或之后进行数据获取，在数据更新之前保存状态，在组件销毁前清理事件监听器或定时器。

在 Vue 3 中，这些生命周期钩子通常以 on 开头，用于执行特定时间点的操作。下面是主要的生命周期钩子及其用途的描述。

- ☑ onBeforeMount：在组件被挂载到 DOM 之前调用。这个阶段是在模板和数据被渲染成 HTML 之前，可以用来执行如数据预处理的操作。
- ☑ onMounted：在组件挂载完成后调用。这个阶段 DOM 已经形成，可以执行 DOM 操作或发送异步请求。
- ☑ onBeforeUpdate：在响应式数据发生变化，且组件重新渲染之前调用。可以用来获取更新前的 DOM 状态。
- ☑ onUpdated：在组件的虚拟 DOM 重新渲染并应用更新后调用。此时可以执行依赖于 DOM 的操作，如操作滚动位置或执行动画。
- ☑ onBeforeUnmount：在组件销毁之前调用。用于执行清理操作，如移除事件监听器或取消定时器。
- ☑ onUnmounted：在组件完全销毁后调用。这时，所有的子组件和事件监听器都已被清理，可以确保不会造成内存泄漏。

一个典型的应用场景是在组件挂载时从服务器获取数据。例如，我们可以在 mounted 钩子中发送一个 API 请求来获取数据，然后渲染到组件中。

下面是一个简单的示例，展示如何在组件的生命周期钩子中执行任务。

```
<template>
  <div>{{ message }}</div>
</template>
<script setup>
import { onMounted, ref } from 'vue';
const message = ref('');
```

```
onMounted(async () => {
  const response = await fetch('https://api.example.com/data');
  message.value = await response.json();
});
</script>
```

上述示例中，在 onMounted 钩子中处理组件挂载后的逻辑，进行 API 调用并更新了组件数据。

5.3 第三方组件

本节主要介绍第三方组件的概念及 Element Plus 第三方组件的配置与使用。

5.3.1 常用的第三方组件

在构建 Vue 应用时，经常会遇到一些常见的 UI 需求，如日期选择器、滑动条或复杂的表格等。尽管我们可以自己从头开始构建这些组件，但这样做既耗时又容易出错。幸运的是，Vue 的活跃社区开发了许多高质量的第三方组件库，我们可以利用这些预构建的组件来快速实现复杂的功能，同时可以保持页面风格的一致性。

第三方组件是由社区成员或团队开发的，可在多个 Vue 项目中重用的组件。这些组件经过精心设计，可以轻松集成到任何 Vue 应用中。使用第三方组件有以下几个明显的优势。

- ☑ 效率提升：使用预制的、经过测试的组件可以加快开发过程，减少重复工作。
- ☑ 功能丰富：第三方组件通常包括广泛的功能和灵活的配置选项，可以满足各种应用场景的需求。
- ☑ 易于维护：随着项目的发展，自己维护一套完整的组件库可能变得困难。依赖社区维护的组件库可以减轻这种负担。

以下是一些兼容 Vue 3 的流行第三方组件库，这些库提供了广泛的组件和工具，以帮助开发者快速构建高效和美观的应用界面。

1. Element Plus

Element Plus 是 Element UI 的 Vue 3 版本，它是一套为开发者、设计师和产品经理准备的基于 Vue 3.0 的桌面端组件库，主要特点如下。

- ☑ 提供了一套基础的 UI 元素和丰富的组件。
- ☑ 易于使用和自定义。

☑ 良好的文档和社区支持。

2．iView

iView 是基于 Vue 3 的一套 UI 组件库，主要用于企业级后台系统，它提供了超过 80 个常用底层组件（如 Button、Input、DatePicker 等）及业务组件（如 City、Auth、Login 等），其主要特点如下。

☑ 丰富的组件和功能，满足绝大部分网站场景。

☑ 提供开箱即用的 Admin 系统和快速增删改查表格的组件，极大程度节省开发成本。

☑ 友好的 API，自由灵活地使用空间。

当选择第三方组件库时，应考虑其长期维护性、文档质量、社区活跃度和更新频率，以综合评估所有因素，有助于为 Vue 项目选择最合适的第三方组件库。

5.3.2　Element Plus 安装与使用

在 Vue 中使用 Element Plus 组件库包括几个基本步骤：安装组件、引入组件及使用组件。

1．安装组件

首先，确保项目已经安装了 Vue 3。然后，在项目的根目录下打开命令行或终端，运行以下命令来安装 Element Plus 的最新版本。

```
npm install element-plus --save
```

此命令将 Element Plus 添加到项目依赖，并下载到 node_modules 目录。

2．引入组件

在项目中引入 Element Plus 有多种方式，可以全局引入所有组件，或按需引入以减少最终打包的体积。

这里以全局引入为例。在项目入口文件，即 main.js 中添加以下代码。

```
import { createApp } from 'vue';
import App from './App.vue';
import ElementPlus from 'element-plus';
import 'element-plus/dist/index.css';
const app = createApp(App);
app.use(ElementPlus);
app.mount('#app');
```

这段代码会导入 Element Plus 库及其 CSS 样式，并通过 app.use(ElementPlus)在 Vue 应

用中全局注册 Element Plus 的组件。

3．使用组件

安装和配置 Element Plus 后，就可以在 Vue 应用中使用其各种组件了。Element Plus 组件的命名和使用有一定的规范，以下是如何使用一些常见组件的具体指南。

- ☑ 命名规范：Element Plus 组件通常以“el-”作为前缀，例如：el-button、el-table、el-dialog。
- ☑ 组件属性：每个组件都有自己的属性，用于控制其行为和外观。例如：el-button 的 type、size、disabled 属性。
- ☑ 方法和事件：组件可能提供方法或在特定操作时触发事件。例如：el-dialog 组件的打开和关闭事件。

一旦完成上述步骤，就可以在任何 Vue 组件中直接使用 Element Plus 提供的组件了。例如，在 Vue 组件中使用 Element Plus 的按钮组件。

```
<template>
  <el-button type="primary">单击我</el-button>
</template>
```

这样，应用中将展示一个带有 Element Plus 样式的按钮，效果如图 5-3 所示。

图 5-3　Element Plus 按钮

5.3.3　Element Plus 的常用组件

本节以项目中常用的表单、表格、弹出框组件为例，介绍 Element Plus 组件的使用。

1．表单组件（el-form）

Element Plus 提供了强大的表单组件（el-form），可以用于创建各种输入控件，以下是一个典型的表单示例，包含了文本输入和提交按钮，同时提供了内置的表单验证功能，可以保证表单提交之前所有字段都符合特定的验证规则，代码如下。

```
<template>
  <el-form ref="formRef" :model="form" :rules="rules" label-width="100px">
    <el-form-item label="用户名" prop="username">
      <el-input v-model="form.username"></el-input>
    </el-form-item>
    <el-form-item label="密码" prop="password">
      <el-input type="password" v-model="form.password"></el-input>
    </el-form-item>
```

```
    <el-form-item>
      <el-button type="primary" @click="onSubmit">提交</el-button>
    </el-form-item>
  </el-form>
</template>
<script setup>
import { ref } from 'vue';

const form = ref({
  username: '',
  password: ''
});
const rules = ref({
  username: [
    { required: true, message: '请输入用户名', trigger: 'blur' },
    { min: 3, max: 15, message: '用户名长度在 3 到 15 个字符', trigger: 'blur' }
  ],
  password: [
    { required: true, message: '请输入密码', trigger: 'blur' },
    { min: 6, message: '密码长度不能小于 6 个字符', trigger: 'blur' }
  ]
});
const formRef = ref(null);
const onSubmit = () => {
  formRef.value.validate((valid) => {
    if (valid) {
      alert('提交成功！');
    } else {
      console.log('表单验证失败');
      return false;
    }
  });
};
</script>
```

上述代码创建了一个具有数据验证功能的登录表单，代码分为模板部分和脚本部分。

在模板部分，使用<el-form>组件来创建整个表单的结构。这个组件包含多个<el-form-item>子组件，每个子组件代表表单中的一个字段。每个字段都通过<el-input>组件接收用户输入，组件的属性解释如下。

- ☑ <el-form>组件：使用 ref 属性创建一个引用，用于在脚本中访问此表单组件，:model 用于绑定表单数据对象，:rules 属性用于表单验证规则。
- ☑ <el-form-item>组件：使用 label 属性指定每个表单项的标签，通过 prop 属性与表单数据对象中的字段匹配，用于应用验证规则。

在脚本部分，使用 const form = ref({...})创建表单数据对象；使用 const rules = ref({...})定义字段的验证规则，如必填、长度限制等。

其中 rules 对象定义了每个字段的验证规则，每个规则包含以下验证条件。

- ☑ required:true 表示必填项。
- ☑ message 属性表示验证不通过时的提示信息。
- ☑ trigger 属性定义了触发验证的时机，如 blur 表示当输入框失去焦点时触发验证。

const formRef = ref(null)用于初始化一个表单引用，在模板的<el-form>元素上使用 ref="formRef"将这个响应式引用与表单元素关联起来（通过变量名称进行绑定）。

这样，一旦组件渲染完成，formRef 就会指向<el-form>元素的实例，就可以通过 formRef.value 访问这个实例，进行如表单验证的操作。

这种方法的好处是不需要直接操作 DOM 来获取元素，Vue 会自动进行处理，并且保持响应式。这也是 Vue 3 的一个重要特性，允许以声明式的方式处理模板中的元素和组件，如使用 formRef.value.validate()方法，可以在不直接操作 DOM 的情况下执行表单验证。

表单验证的逻辑如下。

（1）当用户单击“提交”按钮时，onSubmit 函数被触发。

（2）函数内部使用 formRef.value.validate 方法校验整个表单。

（3）如果所有表单项均满足 rules 中定义的验证规则，则弹出成功消息；如果有表单项不满足验证规则，则显示错误信息，并停止提交操作。

表单运行效果如图 5-4 所示。

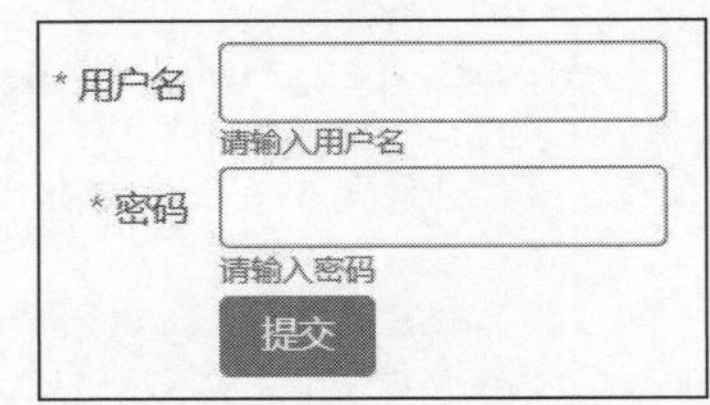

图 5-4　Element Plus 表单

2．表格组件（el-table）

Element Plus 的表格组件可以展示和处理大量结构化的数据，它支持多种功能，如分页、筛选和排序，适用于数据密集型的应用场景，示例代码如下。

```
<template>
  <el-table :data="tableData" style="width: 100%">
    <el-table-column prop="date" label="日期" width="180"></el-table-column>
    <el-table-column prop="name" label="姓名" width="180"></el-table-column>
    <el-table-column prop="address" label="地址"></el-table-column>
  </el-table>
</template>
<script setup>
  import { ref } from 'vue';
```

```
  const tableData = ref([
    {
      date: '2023-09-12',
      name: '张三',
      address: '上海市普陀区金沙江路 1518 弄'
    },
    {
      date: '2023-09-10',
      name: '李四',
      address: '上海市普陀区金沙江路 1516 弄'
    },
  ]);
</script>
```

代码解释如下。

☑ :data="tableData"：属性用于绑定表格数据，其中 tableData 是包含表格数据的响应式引用。

<el-table-column>是表格列组件，用于定义表格的每一列，其中：

☑ prop 属性：指定列数据对应的字段名。例如，prop="date"表示展示 tableData 中每个对象的 date 属性。

☑ label 属性：设置列的标题，如 label="日期"。

☑ width：可选属性，用于设置列的宽度。例如，width="180"，设置列宽为 180 像素。

在代码的脚本部分：

☑ 使用 const tableData = ref([...])创建表格数据的响应式引用。

☑ tableData 是一个数组，其中每个元素是一个对象，包含 date、name 和 address 等字段，这些字段应与<el-table-column>组件中的 prop 属性相匹配。

代码运行效果如图 5-5 所示。

日期	姓名	地址
2023-09-12	张三	上海市普陀区金沙江路 1518 弄
2023-09-10	李四	上海市普陀区金沙江路 1516 弄

图 5-5 Element Plus 表格

3．弹出框组件

弹出框组件 dialog 用于显示对话框，包括提示、确认、自定义内容等，示例代码如下。

```
<template>
  <el-button type="text" @click="dialogVisible = true">单击打开 Dialog
```

```
</el-button>
    <el-dialog title="提示" v-model="dialogVisible" width="30%">
        <span>这是一段信息</span>
        <template #footer>
            <span class="dialog-footer">
                <el-button @click="dialogVisible = false">取 消</el-button>
                <el-button type="primary" @click="dialogVisible = false">确
定</el-button>
            </span>
        </template>
    </el-dialog>
</template>
<script setup>
import { ref } from 'vue';
const dialogVisible = ref(false);
</script>
```

这段代码展示了如何使用 Element Plus 的弹出框组件来创建一个可交互的弹出对话框，代码中的 el-button 用于触发对话框的显示。当用户单击这个按钮时，dialogVisible 变量的值被设置为 true，从而打开对话框。

<el-dialog>用于显示弹出窗口，它的一些主要属性如下。

- ☑ title：对话框的标题，这里设置为“提示”。
- ☑ v-model="dialogVisible"：用于双向绑定对话框的可见状态。当 dialogVisible 为 true 时，对话框显示；为 false 时，对话框隐藏。
- ☑ width：对话框的宽度，这里设置为占页面宽度的 30%。

<template #footer>是一个具名插槽，用于定义对话框底部的内容。在这个插槽中，放置了两个按钮，一个用于取消操作（关闭对话框），另一个用于确认操作（也关闭对话框）。

在代码的脚本部分，使用 const dialogVisible = ref(false)创建一个名为 dialogVisible 的响应式引用，用于控制对话框的显示状态，初始值为 false，表示对话框默认不显示。

弹出框的运行效果如图 5-6 所示。

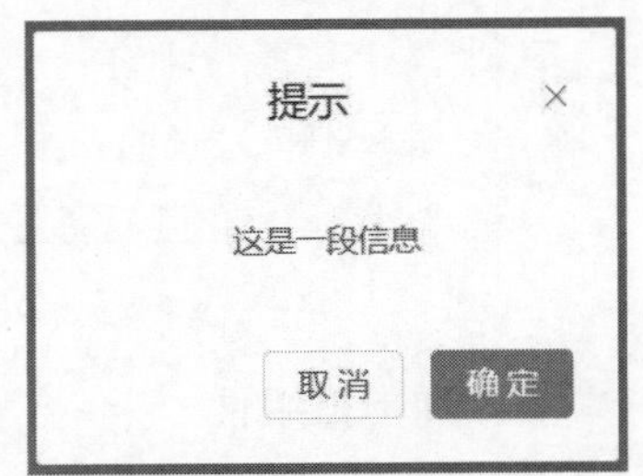

图 5-6　Element Plus 弹出框

截至目前，我们已经介绍了 Element Plus 中的按钮、表单、表格和对话框等组件。这些组件的示例仅展示了 Element Plus 的一小部分内容。如果需要使用它的更多组件功能，可以浏览其官方文档，官方文档详细介绍了每个组件的用法、API、属性、事件和插槽，包含丰富的示例和使用方法介绍。

5.4　路由 Vue Router

本节主要介绍 Vue Router 的核心概念，包括如何在 Vue 应用中配置和使用路由，以及探索 Vue Router 提供的高级功能，如动态路由匹配、嵌套路由、导航和守卫等。

5.4.1　前端路由的概念

路由在 Web 应用中扮演着至关重要的角色，无论是传统的多页应用，还是现代的单页应用。

单页应用是一种特别的 Web 应用形式，它在浏览器加载初期只加载单个页面。随后的内容变更和页面跳转都是通过 JavaScript 动态更新页面内容实现的，而不是按传统方式重新加载整个页面。单页应用方式提供了更流畅的用户体验，类似于桌面应用。

传统的服务端路由和现代的前端路由有着本质的区别，两者共同构成了 Web 应用的完整路由体系。

- ☑ 服务端路由：在多页应用中，路由主要由服务器端控制。每次用户请求一个新页面，如单击一个链接或者输入一个 URL，请求都会被发送到服务器，然后服务器返回对应的完整页面。这种机制导致了每次页面跳转都需要从服务器重新加载整个页面，而使用户体验中断和增加性能开销。
- ☑ 前端路由：在单页应用中，前端路由机制变得更为重要。它使得应用能够在不重新加载页面的情况下，根据 URL 的变化动态加载或替换内容，实现流畅的用户体验。

前端路由主要依靠以下两种机制来实现。

- ☑ HTML5 History API：这种机制是利用浏览器的历史 API（如 window.history.pushState）来监听和修改 URL，同时不会触发页面重新加载。这种机制提供了更现代、干净的 URL 结构，但需要服务器配置的支持，以确保在直接访问 URL 时能够正确地加载页面。
- ☑ 哈希（Hash）模式：在这种机制中，路由的变化通过 URL 的哈希部分（即#后面的内容）来控制。当 URL 的哈希部分改变时，页面不会重新加载，但 JavaScript 可以监听这些变化并相应地更新页面内容。这种机制的优势在于它的兼容性好，不需要特殊的服务器配置，但 URL 中会包含额外的#符号。

选择哪种机制取决于应用的需求、目标环境的支持情况以及开发者对 URL 结构的偏好。前端路由提供了类似桌面应用的流畅用户体验，而服务端路由则更适合传统的多页应用，其每个页面都是独立加载的。在实际应用中，可能会根据具体需求和场景选择合适的路由机制，或者两者结合使用，以达到最佳的用户体验和应用性能。

5.4.2 Vue Router 基本使用

Vue Router 是专为 Vue.js 设计的官方路由管理器，它与 Vue.js 的核心紧密集成，提供了基于 URL 的内容导航功能，无须重新加载页面。

Vue Router 的主要特点如下。

- ☑ 嵌套路由映射：支持嵌套路由配置，允许将组件映射到路由上，实现复杂的页面布局。
- ☑ 动态路由匹配：提供灵活的路由匹配规则，支持动态路径参数，满足各种复杂的路由需求。
- ☑ 基于组件的路由配置：路由配置与 Vue 组件紧密结合，为每个路由页面或视图提供模块化和可重用的结构。
- ☑ 路由参数、查询和通配符：支持使用路由参数和查询字符串，以及使用通配符定义路由规则，以增强路由的灵活性和功能。
- ☑ 过渡效果：利用 Vue 的过渡系统，为路由切换提供平滑的动画效果，以提升用户体验。
- ☑ 细致的导航控制：通过编程式的路由导航和链接，提供对路由跳转的精细控制。
- ☑ 自动激活的 CSS 链接类：自动为路由链接添加激活状态的 CSS 类，方便样式定制。
- ☑ HTML5 history 模式或 hash 模式：支持两种 URL 模式，可根据需求和环境选择使用。

在 Vue 3 项目中安装和配置 Vue Router 非常简单，以下是从安装到配置路由器的步骤。

（1）安装 Vue Router：在项目的根目录下，运行以下命令安装与 Vue 3 兼容的 Vue Router 最新版本。

```
npm install vue-router@4
```

（2）创建路由配置：创建 router.js 文件或在 router 目录下创建 index.js 文件来配置路由，代码如下。

```
// router/index.js
import { createRouter, createWebHashHistory } from 'vue-router';
```

```
// 引入组件
import Home from '../views/Home.vue';
import About from '../views/About.vue';
const routes = [
  { path: '/', component: Home },
  { path: '/about', component: About },
];
const router = createRouter({
  history: createWebHashHistory(),
  routes,
});
export default router;
```

上述代码中，首先导入了必要的方法和组件：

- ☑ 从 vue-router 包中导入 createRouter 和 createWebHashHistory 方法，createRouter 用于创建路由器实例，createWebHashHistory 提供了基于哈希的路由历史管理。
- ☑ 引入 Home.vue 和 About.vue 作为路由页面组件，这些组件用于不同路由的页面内容。

然后，定义路由数组配置映射：

- ☑ 定义名为 routes 的数组，表示应用的路由结构，其中每个对象包含 path 和 component 属性，path 定义 URL 路径，component 指定对应的 Vue 组件。
- ☑ 当访问根路径"/"时，渲染 Home 组件；访问"/about"时，渲染 About 组件。

最后，创建和导出路由器实例：

- ☑ 使用 createRouter 创建路由器，配置为哈希模式（createWebHashHistory）。在 URL 中，路由变化将通过#标识表示。
- ☑ 使用 export default router 导出创建的路由器实例，允许在应用的其他部分，如 main.js，引入和使用这个路由器。

（3）引入路由到主文件：在 main.js 文件中引入并使用路由器。

```
// main.js
import { createApp } from 'vue';
import App from './App.vue';
import router from './router';
createApp(App).use(router).mount('#app');
```

（4）创建示例组件：为了演示路由的工作，需要创建至少两个组件来表示不同的页面。例如，创建 Home.vue，代码如下。

```
<!-- views/Home.vue -->
<template>
  <div>
```

```
    <h1>主页面</h1>
    <p>欢迎访问主页面.</p>
  </div>
</template>
```

About.vue 代码如下。

```
<!-- views/About.vue -->
<template>
  <div>
    <h1>关于页面</h1>
    <p>欢迎访问关于页面.</p>
  </div>
</template>
```

（5）添加路由视图和链接：在 App.vue 或其他根组件中，使用<router-view>和<router-link>。

```
<!-- App.vue -->
<template>
  <div>
    <nav>
      <router-link to="/">Home</router-link> |
      <router-link to="/about">About</router-link>
    </nav>
    <router-view></router-view>
  </div>
</template>
```

上述代码中使用了 Vue Router 的两个核心组件：<router-link>和<router-view>。以下是它们的详细解释。

- ☑ <router-link>用于创建导航链接，to 属性定义了链接的目标路由。例如，to="/"表示链接到根路径（即主页）；to="/about"表示链接到/about 路径（即关于页面）。
- ☑ <router-view>是实现单页应用的关键，用于定义内容区域，显示当前路由对应的组件内容，它可以根据 URL 变化，渲染与路由匹配的组件。

最终运行效果如图 5-7 所示。

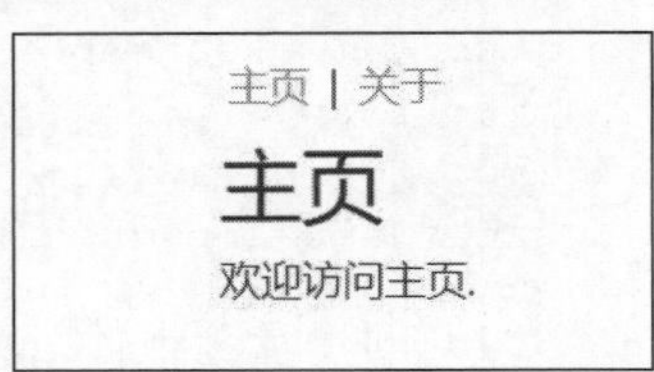

图 5-7　路由效果

5.4.3　路由参数和查询字符串

在 Vue Router 中，路由参数和查询字符串用于在路由组件间传递信息。路由参数主要用于创建灵活的 URL 路径以动态展示内容，而查询字符串则用于在 URL 中传递额外的数据。

下面介绍它们如何在 Vue Router 中工作，以及它们的实际应用场景。

1. 路由参数

路由参数是创建动态路由的有效工具。动态路由允许通过变化的 URL 部分匹配多个路由，这对于需要根据特定数据（如 ID）显示不同内容的页面非常有用。

假设有一个博客应用，需要为每篇博客文章创建一个详情页面，这里不需要为每篇文章创建独立路由，可以使用一个动态路由来处理所有文章的详情显示，路由配置如下。

```
// router/index.js
import { createRouter, createWebHashHistory } from 'vue-router';
import BlogPost from '../views/BlogPost.vue';
const routes = [
  // 动态路径参数以冒号":"开头
  { path: '/post/:id', component: BlogPost },
];
const router = createRouter({
 history: createWebHashHistory(),
 routes,
});
export default router;
```

在上面的例子中，:id 作为动态路径参数，匹配任何传入的值，当访问如/post/1 或/post/2 等路径时，都会渲染 BlogPost 组件。

通过使用动态路由，可以为每篇博客文章生成一个唯一的 URL，同时只需一个组件来展示所有文章的内容。这种方法大大简化了路由的配置。

当使用动态路由时，路由参数（如上例中的 id）将会被传递到组件中，可以通过 useRoute 函数来访问。

例如，在 BlogPost 组件中使用 useRoute 函数从路由参数中提取 id：

```
<template>
  <div>
    <h1>博客 ID: {{ postId }}</h1>
  </div>
</template>
<script setup>
import { useRoute } from 'vue-router';
const route = useRoute();
// 获取路由参数 id
const postId = route.params.id;
</script>
```

在上述代码中，useRoute 是 Vue Router 的组合式 API，它提供了对当前路由对象的访问。从这个路由对象中，可以直接访问 params 属性以获取动态路由参数，如 id，然后可以使用这个 id 来获取或处理相应的文章数据。

2. 查询字符串

查询字符串是 URL 的一部分，用于传递非层级数据。它们通常位于 URL 的“?”后面，以键-值对的形式出现。

如/search?keyword=vue，在这个 URL 中，keyword=vue 是查询字符串，它表示搜索关键词是 vue。

与路由参数类似，你可以通过 useRoute 来访问查询字符串的值：

```
<script setup>
import { useRoute } from 'vue-router';
const route = useRoute();
const searchKeyword = computed(() => route.query.keyword);
</script>
```

在上述代码中，route.query.keyword 用于获取 URL 中 keyword 的值，并将其封装到计算属性中，当查询字符串变化时可以实时获取。

查询字符串和路由参数在 Vue Router 中被用于在不同的情境中传递信息。

路由参数通常用于以下情况。

（1）参数化的页面或视图：显示基于特定标识符（如 ID）的数据，如用户资料或文章详情（/user/123，/article/456）。

（2）路径层级的数据传递：路由参数是路径的一部分，适合用于表示层级或结构化的数据，如/books/12/chapters/3，这里的 12 和 3 可以是书籍 ID 和章节编号。

查询字符串适用于以下场景。

（1）非层级数据的传递：当需要传递额外的信息，但这些信息不适合放在 URL 路径中时，如搜索查询、筛选选项或分页信息（/search?keyword=vue&page=2），这些数据是可选的，且不影响页面的结构。

（2）临时状态的保留：用于暂时保存表单输入等数据，即页面刷新后，这些数据仍可通过 URL 获取。

总的来说，路由参数适用于定义页面主要内容的数据，通常是必需的，并且是 URL 路径的一部分。查询字符串则用于传递辅助性质的、可选的信息，不会改变页面的基本结构或内容。

5.4.4　嵌套路由

Vue Router 的嵌套路由功能允许在单个路由下创建子路由结构，这对于构建具有多层次页面结构的应用尤其有用。例如，一个有多个子页面或子部分的页面。

在嵌套路由中，每个路由可以有自己的子路由，子路由可以进一步包含自己的子路由，形成一个层次结构。这样做的好处是可以保持应用的 UI 和 URL 结构的一致性，同时保持各个组件的独立性和可复用性。

假设一个博客应用，主页有多个部分，如博客列表和关于页面，可以设置一个根路由/对应主页组件，Home 组件包含子路由，如/about 和/blog。

首先创建子组件文件 About.vue 和 BlogList.vue，然后在路由配置中设置嵌套路由，路由配置如下。

```
// router/index.js
import { createRouter, createWebHashHistory } from 'vue-router';
import Home from '../views/Home.vue';
import About from '../views/About.vue';
import BlogList from '../views/BlogList.vue';
const routes = [
  {
    path: '/',
    component: Home,
    children: [
      {
        path: 'about',
        component: About
      },
      {
        path: 'blog',
        component: BlogList
      }
    ]
  }
];
const router = createRouter({
  history: createWebHashHistory(),
  routes,
});
export default router;
```

在这个配置中，Home 组件是根路由的组件，它有两个子路由：about 和 blog。这意味着当用户访问/about 或/blog 时，Home 组件将被加载，并且根据 URL 的不同，相应的子组件（About 或 BlogList）也会在 Home 组件内部的<router-view>中被渲染。

在根路由的配置中，使用 children 数组定义了嵌套路由。这意味着在 Home 组件内部，可以用自己的视图区域来显示不同的子组件。具体的子路由如下。

1．About 页面的路由

（1）path: 'about'：代表嵌套在根路径下的/about 路径。完整的 URL 将是 http://example.com/#/about。

（2）component: About：指定当路由匹配到/about 时，应渲染 About 组件。

2．BlogList 页面的路由

（1）path: 'blog'：代表另一个嵌套在根路径下的/blog 路径。完整的 URL 将是 http://example.com/#/blog。

（2）component: BlogList：指定当路由匹配到/blog 时，应渲染 BlogList 组件。

在这个配置中，Home 组件扮演着“布局”或“框架”角色，它会一直显示，而 About 和 BlogList 组件将根据当前路由动态显示在 Home 组件内部的<router-view>中。这就是嵌套路由的核心概念，即允许在父路由组件中嵌套显示子路由组件。

在 Home.vue 组件中，需要添加一个<router-view>元素作为子组件的挂载点：

```
<template>
  <div>
    <h1>主页</h1>
    <router-view></router-view> <!-- 子路由将在这里渲染 -->
  </div>
</template>
```

当访问/about 时，Home.vue 组件将被加载，并且 About.vue 将在 Home.vue 中的<router-view>中被渲染。同样，当访问/blog 时，BlogList.vue 组件将被加载到同一个位置。

5.4.5 编程式导航

Vue Router 的编程式导航是一种使用代码控制路由跳转的方法，相较于声明式导航（如使用<router-link>），它提供了更灵活的方式来处理应用的导航行为。

编程式导航允许开发者在 Vue 应用中通过 JavaScript 代码动态地导航到不同的路由，这种方式通常用于处理用户交互、表单提交后的跳转或其他条件逻辑中的路由变化。

编程式导航常用于以下场景。

☑ 用户交互：如用户提交表单或完成任务后跳转到新页面。

☑　条件导航：通过基于应用逻辑的条件判断来决定路由跳转。

☑　附加逻辑：在跳转前后执行额外的逻辑，如数据加载或校验。

Vue Router 中的编程式导航主要通过 router.push()和 router.replace()方法来实现。

1．router.push()方法

router.push()方法用于在历史记录中添加一个新的记录，类似于单击一个<router-link>，当调用 router.push()方法时，会将新路由添加到历史堆栈中，用户可以使用浏览器的后退按钮返回之前的路由。

router.push()方法接收一个字符串或路由描述对象。例如：

```
// 使用字符串
router.push('/about');
// 使用路由描述对象
router.push({ path: '/about' });
// 传递查询参数和哈希
router.push({ path: '/about', query: { ref: '123' }, hash: '#section' });
```

2．router.replace()方法

router.replace()方法与 router.push()类似，但它不会向历史记录栈中添加新记录。这意味着用户无法使用浏览器的后退按钮返回之前的页面。这在某些情景下非常有用，如在登录后将用户重定向到另一个页面，而不希望用户返回到登录页。代码如下。

```
router.replace('/home');
```

5.4.6　路由守卫和导航保护

路由守卫是 Vue Router 提供的一种机制，用于在路由发生变化时执行一些操作，如验证用户权限、记录页面访问日志、改变页面状态等，典型的应用场景如下。

☑　验证用户权限：检查用户是否有权访问特定路由。

☑　数据加载和清理：在路由跳转前后进行。

☑　防止用户离开未保存更改的页面：如表单编辑页面。

Vue Router 提供了以下三种类型的路由守卫来控制导航行为。

☑　全局守卫：对所有路由有效地守卫。

☑　路由独享守卫：仅对某个特定路由有效。

☑　组件级守卫：仅在特定组件中使用。

1. 全局守卫

全局守卫是对所有路由生效的守卫，Vue Router 提供了用于在不同阶段控制路由行为的方法，这些方法可以再创建 Vue Router 实例后直接调用，其中：

☑ beforeEach()：在路由进入之前全局调用。

☑ beforeResolve()：在路由解析（包括组件加载）之后，进入守卫之前调用。

☑ afterEach()：在路由进入后调用，不会接收 next 函数，也不会更改导航本身。

在三个方法中，beforeEach()方法应用的最为广泛，它会在路由跳转发生之前被调用。这是设置权限和认证逻辑的理想地点，示例用法如下。

```
// 创建 router 实例
const router = createRouter({ ... })

router.beforeEach((to, from, next) => {
  // 检查路由是否需要用户认证
  if (to.meta.requiresAuth && !isUserLoggedIn()) {
    // 如果用户未登录，则重定向到登录页面
    next({ path: '/login' });
  } else {
    // 如果认证通过或路由不需要认证，则正常跳转
    next();
  }
});
```

上述代码中的 beforeEach()方法接收一个函数作为参数，该函数又接收三个参数：to、from 和 next，以下是这三个参数的解释。

☑ to：这是一个路由对象，代表即将进入的目标路由。通过 to 可以访问即将导航到的路由的信息，如路由的路径、查询参数等。

☑ from：这是另一个路由对象，代表当前正离开的路由。它提供了当前路由的类似信息，可以用于比较即将进入的路由和当前路由之间的差异，或者是执行离开路由的特定逻辑。

☑ next：这是一个必须调用的函数，调用 next 会将控制权交给路由守卫链中的下一个守卫。这就像是在一个接力赛中传递接力棒，只有当每个守卫都运行了 next，整个路由跳转过程才会继续进行，如果在路由守卫中没有调用 next，当前的路由跳转将被中断，URL 将保持不变。这提供了在路由跳转发生之前进行检查和条件判断的能力。

给 next 函数传递不同的参数会产生不同的效果，其中：

☑ 调用 next()：进行正常的路由跳转。

☑ 调用 next(false)：取消当前的导航，URL 会重置到 from 路由对应的地址。

☑ 调用 next(路由地址)：重定向到一个不同的地址。

在这段代码中，beforeEach 守卫首先检查目标路由（to）是否具有 meta.requiresAuth 属性，该属性用来标识访问该路由是否需要用户认证。如果用户未登录（!isUserLoggedIn()返回 true），则通过 next({ path: '/login' })将用户重定向到登录页面。如果用户已经登录，或者目标路由不需要认证，则通过调用 next()进行正常的路由跳转。

2．路由独享守卫

路由独享守卫是针对特定路由配置的守卫，只在定义它们的路由上生效，并可以通过 beforeEnter 钩子函数来实现，示例如下。

```
const routes = [
  {
    path: '/secure',
    component: SecureComponent,
    beforeEnter: (to, from, next) => {
      if (!isUserAuthorized()) {
        next('/login');
      } else {
        next();
      }
    }
  }
];
```

上述示例中，在访问'/secure'路由之前，beforeEnter 守卫会被调用，可以用于执行权限验证等操作。

3．组件内守卫

组件内守卫直接在 Vue 组件内部定义，用于处理与组件本身相关的路由生命周期事件。这些守卫适用于处理组件创建、更新或销毁时的逻辑，可以通过 onBeforeRouteEnter、onBeforeRouteUpdate 和 onBeforeRouteLeave 这些组合式 API 钩子来定义这些守卫。

以下是使用组件内守卫的示例。

（1）onBeforeRouteEnter：在路由导航被确认之前，且在组件实例被创建之前调用。

```
<script setup>
import { onBeforeRouteEnter } from 'vue-router';
onBeforeRouteEnter((to, from, next) => {
  if (!isUserAuthorized()) {
    next('/login');
```

```
  } else {
    next();
  }
});
</script>
```

（2）onBeforeRouteUpdate：在当前路由改变，但是该组件被复用时调用。

```
<script setup>
import { onBeforeRouteUpdate } from 'vue-router';
onBeforeRouteUpdate((to, from, next) => {
  // 可以在这里处理路由参数或查询的改变
  next();
});
</script>
```

（3）onBeforeRouteLeave：在导航离开该组件的对应路由时调用。

```
<script setup>
import { onBeforeRouteLeave } from 'vue-router';
onBeforeRouteLeave((to, from, next) => {
  const answer = window.confirm('确定要离开吗?');
  if (!answer) {
    next(false);
  } else {
    next();
  }
});
</script>
```

这些守卫允许在组件级别处理路由变化，非常适合管理组件内部状态或在用户离开页面前确认保存更改等场景。

5.5 状态管理和 Pinia 库

本节将详细介绍状态管理相关的概念及 Pinia 库的使用。

5.5.1 状态管理简介

在开发 Vue 应用时，组件间通信常常依赖于 props 和事件。这种方式在小型或中等规模的应用中工作得很好，但随着应用规模的增长和复杂度的提升，仅依靠 props 和事件进行状态管理可能会遇到一些挑战，具体如下。

☑ 深层次的 prop 传递：当多个组件需要共享相同的状态时，可能需要将状态作为 props 从一个组件传递到另一个组件。这种做法在多层嵌套的组件结构中会导致代码难以维护和理解。

☑ 跨组件通信：当非父子组件需要共享状态时，使用 props 和事件进行通信变得更加困难。这通常需要将状态提升到它们共同的祖先组件中，但这又增加了组件间的耦合。

☑ 状态同步的复杂性：在没有集中管理的情况下，保持应用中多个部分的状态同步是一个挑战。开发者需要确保每次状态变化时，所有依赖于该状态的组件都被正确更新。

这些挑战说明了为什么大型和复杂的应用需要更加结构化和集中化的方式来管理状态，这就是状态管理的概念诞生的背景，状态管理通过在应用的中心位置集中管理所有组件的状态，来解决上述的问题。它提供了一种在应用中统一处理数据和逻辑的方法，以确保应用的可维护性和扩展性。

在 Web 应用中，状态指的是应用在特定时间点的数据和界面的状况。这包括用户界面状态（如按钮是否被禁用）、数据状态（如用户信息），以及应用的其他状态（如登录状态）。

状态管理是一个组织和管理这些状态的系统，特别是在数据需要跨多个组件或整个应用共享时。

假设正在开发一个在线商店应用，在这个应用中，用户可以浏览商品、添加商品到购物车、查看购物车中的商品。在这个过程中，应用需要管理以下状态。

☑ 商品列表：应用需要展示可购买的商品列表。

☑ 购物车：用户添加到购物车中的商品需要被记录。

☑ 用户信息：用户的登录状态和个人信息。

在这种情况下，购物车的内容需要在多个组件中共享和访问。例如，在商品列表页显示“添加到购物车”的按钮，在购物车页面显示所选商品，以及在结账页面处理购买。如果没有一个统一的系统来管理这些状态，数据的同步和更新将变得复杂和混乱。

状态管理提供了一种机制，使我们可以在应用的不同部分之间高效地共享和管理状态，而不是将状态散布在多个组件或页面中。

5.5.2　Pinia 基本使用

Pinia 作为 Vue 3 的官方推荐状态管理库，提供了与 Vue 3 的组合式 API 完美兼容的简洁和灵活的状态管理方式。它的设计重点在于简化状态管理、优化 TypeScript 支持，并提供更灵活的模块化方式。以下是 Pinia 的优势和特点。

- ☑ 简化的状态管理：Pinia 采用扁平化的存储结构，每个状态存储被定义为独立的 store。
- ☑ 更好的 TypeScript 支持：从一开始就考虑与 TypeScript 的兼容性，提供了更强大的类型推断和代码自动完成功能。
- ☑ 与 Vue 3 组合式 API 的兼容性：设计上完全兼容 Vue 3 的组合式 API，允许在 setup 函数中直接使用状态。

接下来，详细介绍如何在 Vue 3 项目中安装和配置 Pinia，以及如何通过它实现状态管理。

（1）使用 npm 安装 Pinia，在项目的根目录下打开终端，执行以下命令。

```
npm install pinia
```

（2）创建 Pinia store 实例，在 main.js 中创建并配置 Pinia 实例。

```
import { createApp } from 'vue';
import App from './App.vue';
import { createPinia } from 'pinia';
const app = createApp(App);
// 创建 Pinia 实例
const pinia = createPinia();
app.use(pinia);
app.mount('#app');
```

在这里，createPinia()用于创建一个新的 Pinia 实例，然后使用 app.use(pinia)将其添加到 Vue 应用实例中。

一旦 Pinia 配置完成，就可以开始创建和使用 store 了。每个 store 都是一个独立的模块，负责管理应用的一部分状态。

（3）在项目中创建一个专门的目录，如 stores，用于组织和管理应用的各种状态。在这个目录下，为每个独立的状态管理创建单独的文件。例如，创建 user.js 来管理用户信息的状态。

```
// src/stores/user.js
import { defineStore } from 'pinia';
export const useUserStore = defineStore('user', {
  state: () => {
    return {
      name: 'John Doe',
      age: 30
    };
```

```
  },
  actions: {
    updateName(newName) {
      this.name = newName;
    }
  }
});
```

在这个文件中，defineStore()方法用于定义一个名为 user 的 store。state()方法返回 store 的状态，这里是 name 和 age。同时定义了 updateName 这个 action，用于更新用户的名称。

（4）在 Vue 组件中使用 store 非常简单。首先导入 store，然后就可以访问和修改其中的状态了。示例代码如下。

```
<script setup>
import { useUserStore } from '@/stores/user';

const userStore = useUserStore();
console.log(userStore.name); // 输出 'John Doe'

// 更新状态
userStore.updateName('Alice');
console.log(userStore.name); // 输出 'Alice'
</script>
```

在组件中，通过调用 useUserStore 来实例化和使用 userstore。可以直接访问 store 中的状态，或者通过调用定义的 actions 来修改状态。

5.5.3　创建和使用 store

在 Pinia 中，store 可以看作是管理应用状态的容器，它主要由状态（state）、变更方法（actions）和获取方法（getters）组成。

1．状态（state）

状态是 store 的核心，它包含了应用中需要管理的数据，这些数据可以是用户的信息、应用的配置、UI 状态等，例如：

```
state: () => ({
  username: 'John Doe',
  age: 30,
  isLoggedIn: false
})
```

在这个示例中，状态包括用户名、年龄和登录状态。这些数据可以在组件中访问和更新。

2．变更方法（actions）

actions 是定义如何改变状态的方法，可以包含任意异步或同步代码，并且可以调用其他 actions 或直接改变 state，例如：

```
actions: {
  login() {
    this.isLoggedIn = true;
  },
  logout() {
    this.isLoggedIn = false;
  },
  updateUsername(newUsername) {
    this.username = newUsername;
  }
}
```

在此示例中，login 和 logout 用于更改用户的登录状态，而 updateUsername 用于更新用户名。

3．获取方法（getters）

getters 类似于计算属性，用于基于 state 派生出新状态。它是响应式的，当依赖的 state 变化时会自动更新，例如：

```
getters: {
  info: (state) => {
    return `${state.username} ${state.age}`;
  }
}
```

在此示例中，info 是一个 getter，它可以根据用户的 username 和 age 拼接用户完整的信息。

一个完整的 store 代码如下。

```
import { defineStore } from 'pinia';
export const useUserStore = defineStore('user', {
    state: () => {
        return {
            username: 'John Doe',
            age: 30,
            isLoggedIn: false
```

```
        }
    },
    getters: {
        info: (state) => {
            return `${state.username} ${state.age}`;
        }
    },
    actions: {
        login() {
            this.isLoggedIn = true;
        },
        logout() {
            this.isLoggedIn = false;
        },
        updateUsername(newUsername) {
            this.username = newUsername;
        }
    }
});
```

在 Pinia 中，定义 getters 是可选的。如果 store 状态比较简单，或者不需要从状态派生出新的状态，则可以选择不定义 getters。

在 Pinia 中，getters 主要用于以下两个目的。

☑ 派生状态：当需要从现有状态派生出新的状态时，可以使用 getters。例如，一个用户列表，需要从中派生出一个特定年龄段的用户列表，这时 getters 就非常有用。

☑ 缓存派生状态：当派生状态的计算成本较高时，使用 getters 可以有效缓存结果，只有当相关状态改变时，派生状态才会被重新计算。

如果应用状态较为直接，没有复杂的派生逻辑，那么完全可以省略 getters。

5.5.4 模块化

在 Pinia 中，模块化是处理大型应用状态的有效方法。通过创建多个独立的 store，可以将应用状态分解为更小、更易管理的部分。

每个模块内部可以包含自己的状态、actions 和 getters，可以专注于管理应用的特定部分，这使得逻辑处理更加集中化。例如，用户信息、产品列表、购物车等。

例如，创建一个管理产品列表的 store（product.js），代码如下。

```
// stores/product.js
import { defineStore } from 'pinia';
```

```
export const useProductStore = defineStore('product', {
  state: () => ({
    products: []
  }),
  actions: {
    addProduct(product) {
      this.products.push(product);
    }
  }
});
```

以上代码中，state 中的 products 数组表示产品列表，actions 中的 addProduct()方法负责向产品列表添加商品。

创建购物车 Store（cart.js），代码如下。

```
// stores/cart.js
import { defineStore } from 'pinia';
export const useCartStore = defineStore('cart', {
  state: () => ({
    items: []
  }),
  actions: {
    addItem(item) {
      this.items.push(item);
    },
    removeItem(index) {
      this.items.splice(index, 1);
    }
  }
});
```

以上代码中，state 中的 items 数组表示购物车中的商品，actions 中的 addItem()与removeItem()方法负责添加和移除商品。

在组件中使用这些 store，代码如下。

```
<script setup>
import { useProductStore } from '@/stores/product';
import { useCartStore } from '@/stores/cart';

const productStore = useProductStore();
const cartStore = useCartStore();

// 添加产品到产品列表
productStore.addProduct({ id: 1, name: 'Product 1', price: 100 });
```

```
// 添加商品到购物车
cartStore.addItem({ productId: 1, quantity: 2 });
</script>
```

在组件中，可以同时导入和使用多个 store，每个 store 负责不同的应用逻辑和数据，使得在大型应用中的管理状态更加清晰。

5.6　案例：在线购物商城

本节将通过构建一个小型在线购物商城来综合运用 Vue 3 组件化开发、Vue Router、Pinia 等技术知识。

5.6.1　案例概述

在线购物商城的核心功能如下。

☑　产品展示：向用户展示各种产品，支持浏览和筛选。

☑　产品详情：提供对每个产品详细信息的查看功能，包括价格、描述和图片等。

☑　购物车功能：允许用户将产品添加到购物车，并管理其中的项目，如增加、删除商品。

本案例的重点在于展示如何将不同的技术融合应用到一起，形成一个协调一致的应用程序。接下来将从项目的配置开始，逐步深入到具体的功能实现。

5.6.2　项目基本结构和配置

表 5-3 详细展示了项目的关键目录和组件，以及它们的主要作用和包含的内容。

表 5-3　项目基本结构

目　录	描　述	包含内容
Components	存放通用 Vue 组件	Navbar.vue：导航栏组件 Footer.vue：底部信息组件
Views	存放页面级 Vue 组件	Home.vue：主页视图 ProductList.vue：产品列表页面 ProductDetail.vue：产品详情页面 Cart.vue：购物车页面

续表

目　录	描　述	包含内容
Store	管理 Pinia 状态	cartStore.js：购物车状态管理 productStore.js：产品列表状态管理
Router	Vue Router 路由配置	Index.js 路由配置文件，定义应用路由结构

主入口文件（src/main.js）配置负责初始化 Vue 应用，并集成 Pinia、Vue Router 以及 Element UI Plus。以下是具体的代码实现。

```
import { createApp } from 'vue';
import App from './App.vue';
import router from './router';
import ElementPlus from 'element-plus';
import 'element-plus/dist/index.css';
import { createPinia } from 'pinia';
const app = createApp(App);
const pinia = createPinia();
// 使用 Pinia、Vue Router 和 Element Plus
app.use(pinia);
app.use(router);
app.use(ElementPlus);
app.mount('#app');
```

路由配置文件（src/router/index.js）定义了应用的路由结构和对应的视图组件，代码如下。

```
import { createRouter, createWebHashHistory } from 'vue-router';
import Home from '../views/Home.vue';
import ProductList from '../views/ProductList.vue';
import ProductDetail from '../views/ProductDetail.vue';
import Cart from '../views/Cart.vue';
const routes = [
  {
    path: '/',
    name: 'Home',
    component: Home
  },
  {
    path: '/products',
    name: 'ProductList',
    component: ProductList
  },
  {
    path: '/products/:id',
```

```
    name: 'ProductDetail',
    component: ProductDetail
  },
  {
    path: '/cart',
    name: 'Cart',
    component: Cart
  }
];
const router = createRouter({
  history: createWebHashHistory(),
  routes
});
export default router;
```

至此，项目基础配置完成。

5.6.3　主界面搭建

本节将完成在线购物商城的基础布局，包括导航栏、底部信息栏以及首页的创建，并使用 Element UI Plus 组件来构建这些基础界面元素。

（1）导航栏（Navbar.vue）：导航栏是应用的核心部分，提供了用户访问应用各个部分的快捷途径，代码如下。

```
<template>
    <el-header>
      <div class="nav-container">
        <div class="items">
          <router-link to="/" tag="el-menu-item" class="item">首页</router-link>
          <router-link to="/products" tag="el-menu-item" class="item">产品列表</router-link>
          <router-link to="/cart" tag="el-menu-item" class="item">购物车</router-link>
        </div>
      </div>
    </el-header>
  </template>
  <script>
  export default {
    name: 'Navbar'
  };
  </script>
```

这个组件提供了三个路由链接，分别指向首页、产品列表和购物车页面。

（2）底部信息栏（Footer.vue）：底部信息栏显示网站的版权和其他基本信息，代码如下。

```
<template>
    <el-footer class="footer">
      <div class="footer-content">
        © 2023 Vue Mini-Market. All rights reserved.
      </div>
    </el-footer>
  </template>
  <script>
  export default {
    name: 'Footer'
  };
  </script>
```

（3）首页（Home.vue）：首页展示欢迎信息和指向产品列表的链接，代码如下。

```
<template>
    <div class="home">
      <h1>欢迎来到 Vue Mini-Market</h1>
      <router-link to="/products">浏览产品</router-link>
    </div>
  </template>
  <script>
  export default {
    name: 'Home'
  };
  </script>
```

（4）在主应用中集成导航栏、底部信息栏和中间的内容视图，App.vue 代码如下。

```
<template>
  <div id="app">
    <Navbar />
    <router-view />
    <Footer />
  </div>
</template>

<script setup>
import Navbar from './components/Navbar.vue';
import Footer from './components/Footer.vue';
</script>
```

这个结构使应用拥有固定的导航栏和底部栏，同时基于 router-view 组件能够在不同的路由间切换主要内容区域。

主界面效果如图 5-8 所示。

首页 产品列表 购物车

欢迎来到 Vue Mini-Market

浏览产品

© 2023 Vue Mini-Market. All rights reserved.

图 5-8 主界面

5.6.4 产品展示页面

本节将创建 ProductList.vue 组件，用于展示所有可购买的产品。这个组件将作为在线购物商城的核心展示区域，向用户展现各类产品。

这个组件包含产品筛选和产品列表展示两个主要部分。以下是具体的代码结构和功能解释。

```
< <template>
    <div class="product-list">
      <!-- 筛选控件 -->
      <div class="filter-section">
        <el-select v-model="selectedCategory" placeholder="选择类别" class=
"select">
          <el-option
            v-for="category in categories"
            :key="category.value"
            :label="category.label"
            :value="category.value">
          </el-option>
        </el-select>
      </div>
      <!-- 产品列表 -->
      <div class="products">
        <el-row :gutter="20">
        <el-col :span="6" v-for="product in filteredProducts" :key=
"product.id">
          <router-link :to="`/products/${product.id}`">
            <el-card>
              <img src="../assets/p2.png" class="product-image" alt="Product
image" />
```

```
          <div>
            <h3 class="product-name">{{ product.name }}</h3>
            <p class="product-description">{{ product.description }}</p>
            <div class="product-price">${{ product.price }}</div>
          </div>
        </el-card>
      </router-link>
    </el-col>
  </el-row>
  </div>
 </div>
</template>
<script setup>
import { useProductStore } from '../stores/productStore';
import { ref, computed } from 'vue';
const productStore = useProductStore();
productStore.fetchProducts();
const selectedCategory = ref('');
const categories = ref([
  { value: 'category1', label: '类别 1' },
  { value: 'category2', label: '类别 2' },
]);
const filteredProducts = computed(() => {
  return selectedCategory.value
    ? productStore.products.filter(p => p.category === selectedCategory.
value)
    : productStore.products;
});
</script>
```

代码解释如下。

☑ 筛选功能：用户可以通过下拉菜单选择不同的产品类别进行筛选。

☑ 产品列表：展示了根据筛选条件过滤后的产品列表。每个产品卡片包括图片、名称、描述和价格。

☑ 动态数据获取：使用 productStore.fetchProducts()方法动态获取产品数据。

☑ 响应式筛选：利用计算属性 filteredProducts 实现响应式地更新显示的产品列表。

代码中调用了状态管理 productStore，productStore 负责管理产品数据，包括获取产品列表和其他相关操作，其代码如下。

```
import { defineStore } from 'pinia';
export const useProductStore = defineStore('product', {
  state: () => ({
    products: [],
```

```
  }),
  actions: {
    async fetchProducts() {
      // 实现从 API 或其他数据源获取产品列表的逻辑
      // 以下是模拟数据的示例
      this.products = [
        { id: 1, name: 'iPhone XS', description: '高性能的智能手机', price:
100,category:'category1'},
        { id: 2, name: 'iPhone XS', description: '高性能的智能手机', price:
100,category:'category1'},
        …
      ];
    },
  },
});
```

代码解释如下。

☑ state：包含产品列表的状态。

☑ fetchProducts 动作：用于模拟获取产品数据，实际应用中可替换为从后端 API 获取数据。

产品列表页效果如图 5-9 所示。

图 5-9 产品列表

5.6.5 产品详情页面

本节设计 ProductDetail.vue 组件，用于展示单个产品的详细信息。这个组件将包含产品图片、描述、规格等信息，并提供一个“添加到购物车”的功能。

代码如下。

```
<template>
  <div class="product-detail">
    <el-row gutter="20">
      <el-col :span="12">
        <!-- 产品图片轮播 -->
        <el-carousel>
          <el-carousel-item v-for="img in product.images" :key="img">
            <img :src="img" alt="Product image" width="500" />
          </el-carousel-item>
        </el-carousel>
      </el-col>
      <el-col :span="12">
        <!-- 产品详细信息 -->
        <h2>{{ product.name }}</h2>
        <p>{{ product.description }}</p>
        <ul>
          <li v-for="(value, key) in product.specs" :key="key">{{ key }}:
{{ value }}</li>
        </ul>
        <el-button type="primary" @click="addToCart">添加到购物车</el-button>
        <router-link to="/cart">查看购物车</router-link>
      </el-col>
    </el-row>
  </div>
</template>

<script setup>
import { useCartStore } from '../stores/cartStore';
import image1 from '../assets/detail.png';
import image2 from '../assets/detail.png';
import { ref } from 'vue';
import { useRoute } from 'vue-router';
const route = useRoute();
// 定义产品数据
const product = ref({
  id: route.params.id,
  name: 'iPhone XS',
  description:'一款高性能的智能手机，配备了最新的处理器和摄像头技术，为您带来卓越的
```

```
手机体验。',
  images: [image1, image2],
  price: 100,
  specs: {
    '颜色': '黑色',
    '尺寸': '中'
  }
});

// 添加到购物车
const cartStore = useCartStore();
const addToCart = () => {
  cartStore.addItem({
    id: product.value.id,
    name: product.value.name,
    price: product.value.price,
    quantity: 1
  });
};
</script>
```

代码解释如下。

☑ 产品图片轮播：使用 Element UI 的 el-carousel 组件实现图片轮播，v-for 指令用于遍历 product.images 数组，为每张图片创建一个轮播项（el-carousel-item）。

☑ 添加到购物车功能：通过单击“添加到购物车”按钮触发 addToCart()方法，该方法调用 cartStore 中的 addItem 动作将产品加入购物车。

☑ 动态获取产品数据：利用 vue-router 的 useRoute 钩子获取当前路由参数 id，这里使用了模拟的数据源，包括产品名称、描述、图片等。实际应用中，这些数据通常来自后端 API 或数据存储。

代码中调用了 cartStore 的添加购物车功能，这部分会在 5.6.6 节介绍。

产品详情页面效果如图 5-10 所示。

图 5-10　产品详情

5.6.6 购物车页面

本节将创建一个购物车页面，用于展示用户加入购物车的产品，并提供产品数量修改和移除的功能。页面还将展示购物车的总价。

其中 Cart.vue 代码如下。

```
<template>
  <div class="cart">
    <el-table :data="cartStore.items" style="width: 100%">
      <el-table-column prop="name" label="产品名称"></el-table-column>
      <el-table-column prop="price" label="价格"></el-table-column>
      <el-table-column label="数量">
        <template #default="{ row }">
          <el-input-number v-model="row.quantity" :min="1" @change="() =>
updateQuantity(row)"></el-input-number>
        </template>
      </el-table-column>
      <el-table-column label="操作">
        <template #default="{ row }">
          <el-button @click="() => removeItem(row.id)">移除</el-button>
        </template>
      </el-table-column>
    </el-table>
    <div class="total-price">
      总价：{{ cartStore.totalPrice }}
    </div>
  </div>
</template>

<script setup>
import { useCartStore } from '../stores/cartStore';

const cartStore = useCartStore();

const updateQuantity = (item) => {
  // 更新产品数量
  if (item.quantity <= 0) {
    cartStore.removeItem(item.id);
  } else {
    cartStore.updateItemQuantity(item.id, item.quantity);
  }
};
```

```
const removeItem = (id) => {
  // 移除产品
  cartStore.removeItem(id);
};
</script>
```

代码解释如下。

☑ 使用 el-table 组件显示购物车中的产品，产品列表数据来自于 cartStore。

☑ 利用 el-input-number 组件让用户可以调整每件产品的数量，v-model 绑定到每行产品的 quantity 属性，以实现双向绑定，@change 事件监听器触发 updateQuantity 方法，用于更新产品数量。

☑ el-button 组件提供移除功能，通过调用 removeItem()方法，根据产品 id 移除对应产品。

cartStore.js 提供了购物车状态的管理，具体代码如下。

```
import { defineStore } from 'pinia';

export const useCartStore = defineStore('cart', {
  state: () => ({
    items: [],
  }),
  getters: {
    totalPrice: (state) => {
        console.log("计算总价")
        return state.items.reduce((total, item) => {
            return total + item.price * item.quantity
        }, 0)
    },
  },
  actions: {
    addItem(item) {
      const existingItem = this.items.find(i => i.id === item.id);
      if (existingItem) {
        existingItem.quantity += item.quantity;
      } else {
        this.items.push(item);
      }
    },
    removeItem(id) {
      const index = this.items.findIndex(i => i.id === id);
      if (index > -1) {
        this.items.splice(index, 1);
```

```
      }
    },
    updateItemQuantity(id, quantity) {
        const item = this.items.find(i => i.id === id);
        if (item) {
          console.log("修改数量")
          item.quantity = quantity;
        }
      },
  },
});
```

代码解释如下。

状态（state）部分：

☑ items 数组存储购物车中的产品。

☑ 每个产品对象包含 id、name、price、quantity 等属性。

计算属性（getters）部分：

☑ totalPrice 是一个计算属性，用于计算购物车中所有产品的总价格。

☑ 通过 reduce()方法累加每个产品的 price * quantity。

动作（actions）部分：

☑ addItem：添加新产品到购物车。如果产品已存在，则增加其数量。

☑ removeItem：根据产品 id 从购物车中移除产品。

☑ updateItemQuantity：更新特定产品的数量。如果数量为 0 或负值，则移除该产品。

当用户在购物车页面调整产品数量或单击移除按钮时，相应的 cartStore actions 被触发，进而更新 cartStore 中的 items 状态。

由于 cartStor 是响应式的，因此任何状态变化都会实时反映在购物车页面上，包括产品列表和总价的更新。

购物车效果如图 5-11 所示。

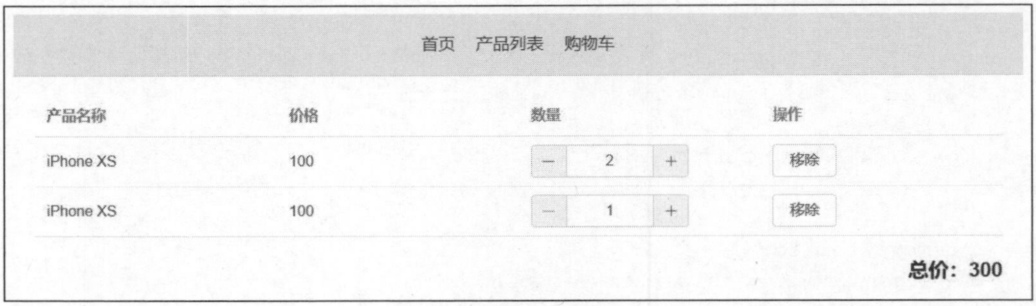

图 5-11　购物车

第 6 章 前后端通信

通过本章内容的学习，可以达到以下目标。

（1）了解 axios 的使用方法及其在前后端通信中的作用。

（2）理解跨域问题的本质和常见的解决策略。

（3）熟悉用户身份认证的机制。

（4）掌握通过 Vue 与 Spring Boot 结合实现的前后端分离架构。

本章将详细介绍 Spring Boot 与 Vue 在构建 Web 应用中的前后端通信机制。从 axios 的基础使用到跨域处理，再到用户身份认证的实现。

6.1 axios

本节主要介绍 axios 网络请求库的配置与使用方法。

6.1.1 axios 简介

axios 是一个基于 Promise 的 HTTP 客户端，用于浏览器和 Node.js 环境。它提供了丰富的 API 来发送各种类型的 HTTP 请求，并处理服务器响应。

在浏览器中，axios 实际上是基于 XMLHttpRequest 对象实现的。它封装了 XMLHttpRequest，提供更简洁、更灵活的 API。

axios 库的主要特点如下。

- ☑ axios 提供了直观且简单的 API，支持所有常用的 HTTP 请求方法（如 GET、POST、PUT、DELETE）。
- ☑ axios 返回的是 Promise 对象，便于使用异步编程模式，如 async/await。
- ☑ 允许在请求发送或响应返回之前拦截它们，适用于添加认证令牌、统一错误处理等操作场景。

☑ 自动将 JavaScript 对象转换为 JSON 请求体，将 JSON 响应体转换为 JavaScript 对象。

☑ 提供防御跨站点请求伪造（CSRF/XSRF）的机制。

在前端开发中，axios 一般会结合 Vue、React 或 Angular 等前端框架，从后端 API 获取数据。当然，也可以使用 axios 发送表单数据到服务器，并处理响应。同时，axios 也支持发送 FormData，可以方便地实现文件上传功能。

6.1.2 安装与使用

首先，需要通过 npm 安装 axios，安装命令如下。

```
npm install axios
```

axios 提供了多种简化 HTTP 请求的方法，使得与 RESTful API 的交互变得简单直观。以下是 axios 常用的几种方法。

☑ axios.get(url[, config])：用于发送 GET 请求，获取数据。

☑ axios.post(url, data[, config])：用于发送 POST 请求，提交数据。

☑ axios.put(url, data[, config])：用于发送 PUT 请求，更新全部数据。

☑ axios.delete(url[, config])：用于发送 DELETE 请求，删除数据。

☑ axios.patch(url, data[, config])：用于发送 PATCH 请求，更新部分数据。

上述每种方法都可以接收 URL、发送的数据（对于 POST、PUT 和 PATCH 请求）和配置对象作为参数。

接下来，以典型的 GET 和 POST 请求演示 axios 的使用方法。

1．发送 GET 与 POST 请求

当需要从服务器请求数据时，通常使用 GET 请求。以下是一个示例。

```
import axios from 'axios';

// 发送 GET 请求
axios.get('https://api.example.com/items')
  .then(response => {
    console.log(response.data);                          // 处理响应数据
  })
  .catch(error => {
    console.error('Error fetching data:', error);   // 处理错误
  });
```

代码解释如下。

☑ 通过 import axios from 'axios';引入 axios 库，使其在该文件中可用。

☑ 使用 axios.get 方法发起 HTTP GET 请求，这里的 https://api.example.com/items 是请求的 URL，用于获取数据。

☑ .then(response => {...})是一个 Promise 处理回调。当请求成功时，它会被调用。

☑ .catch(error => {...})用于捕获请求过程中可能出现的任何错误。

当需要向服务器提交数据时，通常使用 POST 请求。以下是一个示例。

```
import axios from 'axios';

const item = {
  title: 'New Item',
  description: 'Description of the new item'
};
axios.post('https://api.example.com/items', item)
  .then(response => {
    console.log('Item created:', response.data);    // 处理响应数据
  })
  .catch(error => {
    console.error('Error creating item:', error);   // 处理错误
  });
```

上述示例中主要功能如下。

☑ 定义一个 item 对象，包含要发送到服务器的数据。这里的数据是 title 和 description。

☑ 使用 axios.post 方法发起 HTTP POST 请求。第一个参数是请求的 URL，第二个参数是要发送的数据对象。

2．response 对象与 error 对象

在 axios 的 GET 和 POST 请求中，服务端的响应被封装在 response 对象中，而错误信息被封装在 error 对象中。下面详细介绍这两种对象的结构和使用方法。

当服务器成功响应请求时，axios 返回的 response 对象包含以下关键信息。

☑ data：服务器提供的响应数据。

☑ status：来自服务器响应的 HTTP 状态码（如 200）。

☑ statusText：HTTP 状态信息（如 OK）。

☑ headers：服务器响应头，可以使用方括号语法访问特定的头信息（如 response.headers['content-type']）。

- ☑ config：axios 请求的配置信息。
- ☑ request：在 Node.js 中是 ClientRequest 实例，在浏览器中则是 XMLHttpRequest 实例。

当请求失败时，axios 会捕获错误，并将其封装在 error 对象中，可以结合 error 对象对发生的错误进一步判断。

```
axios.get('https://api.example.com/items')
  .then(response => {
    console.log(response);
  })
  .catch(error => {
    if (error.response) {
      // 请求已发出，但服务器响应的状态码不在 2xx 范围内
      console.error('Error Status:', error.response.status);
      console.error('Error Data:', error.response.data);
    } else if (error.request) {
      // 请求已发出，但没有收到响应
      console.error('No response:', error.request);
    } else {
      // 在设置请求时发生了某些错误
      console.error('Error:', error.message);
    }
  });
```

上述示例的 catch 部分用于捕捉请求过程中可能发生的任何错误，其中：

- ☑ if (error.response) {...}：检查错误对象是否有 response 属性。如果有，则表示请求已经发出并从服务器收到了响应，但响应的状态码不在 2xx 范围内。此时，可以获取并处理错误状态码和错误数据。
- ☑ else if (error.request) {...}：检查是否存在 request 属性。如果存在，则表示请求已经发出，但没有收到服务器的响应，可能是网络问题或服务器未响应。
- ☑ else {...}：如果不满足上述两个条件，错误可能发生在设置请求的过程中（如配置错误）。此时，会打印出错误信息。

3．config 对象

axios 的 config 对象是一个可选参数，用于自定义请求的各种设置。以下是一些常见的配置选项和使用方法。

- ☑ headers：自定义请求头。
- ☑ params：URL 参数，主要用于 GET 请求。

☑　responseType：响应数据类型，如 json、blob、document 等。
☑　timeout：设置请求的超时时间（毫秒）。

以下是发送 GET 请求时带有 URL 参数的示例。

```
axios.get('https://api.example.com/items', {
  params: {
    userID: 12345
  }
})
.then(response => {
  console.log(response.data);
})
.catch(error => {
  console.error(error);
});
```

在这个示例中，params 对象包含要附加到 URL 的查询参数，如 userID: 12345。这将使请求的完整 URL 变为 https://api.example.com/items?userID=12345。

以下是在 POST 请求中设置自定义头部的示例。

```
axios.post('https://api.example.com/items', {
  title: 'New Item',
  description: 'Description of the new item'
}, {
  headers: {
    'Content-Type': 'application/json'
  }
})
.then(response => {
  console.log(response.data);
})
.catch(error => {
  console.error(error);
});
```

在这个示例中，axios.post()方法的第三个参数是配置对象。这里的 headers 设置了请求头部，指定'Content-Type': 'application/json'，告诉服务器发送的数据是 JSON 格式。

4．结合 Vue 组件

在 Vue 组件中使用 axios 进行网络请求是一种常见的做法。这种做法通常与 Vue 的生命周期钩子相结合，尤其是在 mounted 钩子中发送请求，以确保组件已完全渲染且 DOM 已准备好。以下是结合 axios 和 Vue 组件的常见用法。

在 mounted 中发送请求，示例如下。

```
<script setup>
import { onMounted } from 'vue';
import axios from 'axios';

onMounted(() => {
  axios.get('https://api.example.com/data')
    .then(response => {
      // 处理响应数据
      // 如更新组件的状态
    })
    .catch(error => {
      // 处理错误情况
      // 如显示错误消息
    });
});
</script>
```

代码解释如下。

☑ 使用 onMounted 钩子确保请求在组件完全加载和渲染之后发出。

☑ 在请求的.then 部分处理服务器的响应，可以更新组件的状态或处理数据。

☑ 在.catch 部分处理可能发生的错误，如网络问题或服务器错误。

对于不需要立即执行的请求或由用户交互（如按钮单击）触发的请求，可以定义一个方法并在相应的事件处理器中调用该方法，代码示例如下。

```
<template>
  <button @click="fetchData">加载数据</button>
</template>

<script setup>
import axios from 'axios';

const fetchData = () => {
  axios.get('https://api.example.com/data')
    .then(response => {
      // 处理响应数据
    })
    .catch(error => {
      // 处理错误情况
    });
};
</script>
```

代码解释如下。

☑　在这个示例中，fetchData 方法包含了发送请求的逻辑。

☑　当用户单击按钮时，调用 fetchData 方法发送网络请求。

5. 结合 async/await

当结合使用 axios 和 async/await 时，可以更简洁且高效地处理 HTTP 请求和响应。Async/await 是一种现代的 JavaScript 异步处理方法，能够以更接近同步编程的风格编写异步代码。

相比基于回调或.then().catch()的链式调用，async/await 提供了更直观且易于理解的代码结构。使用 axios 与 async/await 的优化步骤如下。

（1）使用 axios 的各种方法（如 get、post、put、delete 等）发送请求，这些方法返回一个 Promise 对象。

（2）在标记为 async 的函数中，使用 await 关键字来暂停函数执行，直到 Promise 被解决（即请求完成）。

（3）这种方式允许将异步 HTTP 请求的结果直接赋值给变量，例如，const response = await axios.get('https://api.example.com/data');。

async/await 语法的另一个优势是简化了错误处理。通过将请求逻辑封装在 try...catch 块中，可以更容易地捕获并处理请求过程中可能发生的任何异常。在 catch 块中，可以处理这些异常，如打印错误信息或对用户显示错误提示。

以下是一个使用 axios 和 async/await 发送 GET 请求并处理响应的示例。

```
import axios from 'axios';

async function fetchData() {
  try {
    const response = await axios.get('https://api.example.com/data');
    console.log(response.data);                              // 处理响应数据
  } catch (error) {
    console.error('Error fetching data:', error);   // 处理错误
  }
}

fetchData();
```

在这个示例中：

☑　fetchData 是一个异步函数，用于发送 HTTP GET 请求。

☑　使用 await axios.get(...)发送请求，并等待响应。

- ☑ 如果请求成功，则 response.data 包含响应数据。如果请求失败，则 catch 块捕获并处理错误。

6.1.3 请求体编码

当使用 axios 发送数据时，默认情况下，数据是以 JSON 格式发送的。但是，在某些情况下，如与遵循较旧标准的后端交互时，可能需要以 application/x-www-form-urlencoded 格式发送数据。这种格式与 HTML 表单提交时使用的内容类型相同，数据被编码为键-值对的形式。

要以 application/x-www-form-urlencoded 格式发送数据，需要对发送的数据进行适当的转换，常见的处理方式是使用 qs 库或 Web API 中的 URLSearchParams。

1. 使用 qs 库

首先，需要使用 npm 来安装 qs。

```
npm install qs
```

然后，在发送请求之前，使用 qs 库将 JavaScript 对象转换为 URL 编码的字符串。这样做可以确保数据以 application/x-www-form-urlencoded 格式发送，示例代码如下。

```
import axios from 'axios';
import qs from 'qs';

const data = {
  key1: 'value1',
  key2: 'value2'
};
axios.post('https://api.example.com/endpoint', qs.stringify(data), {
  headers: {
    'Content-Type': 'application/x-www-form-urlencoded'
  }
})
.then(response => {
  // 处理响应
})
.catch(error => {
  // 处理错误
});
```

在这个例子中：

- ☑ data 对象包含要发送的键-值对数据。
- ☑ qs.stringify(data)将 data 转换为 URL 编码字符串。
- ☑ axios 请求的 headers 中设置 Content-Type 为 application/x-www-form-urlencoded。

2．使用 URLSearchParams

URLSearchParams 是 Web API 的一部分，用于构建 URL 编码的字符串。它在现代浏览器中普遍被支持，示例代码如下。

```
import axios from 'axios';
const data = new URLSearchParams();
data.append('key1', 'value1');
data.append('key2', 'value2');

axios.post('https://api.example.com/endpoint', data, {
  headers: {
    'Content-Type': 'application/x-www-form-urlencoded'
  }
})
.then(response => {
  // 处理响应
})
.catch(error => {
  // 处理错误
});
```

在这个示例中，URLSearchParams 用于构建数据，随后直接作为 axios 的 post 方法参数。无需额外库，但需确认环境支持 URLSearchParams。

对于简单的场景，URLSearchParams 可能是最方便的；而对于更复杂的数据结构，qs 会更合适。需要注意的是，在一些旧版本的浏览器中 URLSearchParams 可能不被支持，特别是在较旧的 Internet Explorer 版本中，而 qs 在所有主流浏览器中都可以正常工作。

6.1.4　Multipart 请求

Multipart 请求通常用于 multipart/form-data 数据类型，是一种在 HTTP 请求中发送多部分数据的方法，常见于文件上传场景，这种格式允许将文件内容与其他表单字段分隔开发送。

在 axios 中发送 Multipart 请求通常涉及使用 FormData 对象来构建请求体。以下是发送 Multipart 请求的基本步骤。

（1）创建 FormData 实例：FormData 用于构建一组键-值对，代表表单字段和其值。

（2）添加数据到 FormData：使用 append()方法向 FormData 对象添加数据。这些数据可以是文本字段或文件。

（3）发送请求：使用 axios 发送请求，将 FormData 对象作为请求体。

基于上述步骤的完整示例如下。

```
import axios from 'axios';

// 创建 FormData 实例
const formData = new FormData();

// 添加文本字段
formData.append('username', 'exampleUser');
formData.append('email', 'user@example.com');

// 添加文件，这里的 fileInput 是一个指向文件输入元素的引用
// 假设 fileInput 是一个包含文件的 HTML input 元素
const fileInput = document.querySelector('input[type="file"]');
if (fileInput.files[0]) {
   formData.append('profilePicture', fileInput.files[0]);
}

// 发送 Multipart 请求
axios.post('https://api.example.com/upload', formData, {
  headers: {
    'Content-Type': 'multipart/form-data'
  }
})
.then(response => {
  console.log('Upload successful:', response.data);
})
.catch(error => {
  console.error('Upload error:', error);
});
```

在这个例子中：

☑ 使用 FormData 的 append()方法添加了文本字段和文件。

☑ 在发送 axios 请求时，通常设置 Content-Type 为 multipart/form-data。

☑ axios 将 formData 对象作为请求体发送，服务器将接收到一个 Multipart 请求。

从 axios v0.27.0 版本开始，当请求头中的 Content-Type 设置为 multipart/form-data 时，axios 会自动将普通对象序列转换成一个 FormData 对象，从而简化了发送 Multipart 请求的

过程。

示例代码如下。

```
import axios from 'axios';

// 普通的 JavaScript 对象
const data = {
  username: 'exampleUser',
  email: 'user@example.com',
  // 文件引用需要从文件输入元素获取
  profilePicture: document.querySelector('input[type="file"]').files[0]
};
// 发送 Multipart 请求
axios.post('https://api.example.com/upload', data, {
  headers: {
    'Content-Type': 'multipart/form-data'
  }
})
.then(response => {
  console.log('Upload successful:', response.data);
})
.catch(error => {
  console.error('Upload error:', error);
});
```

在这个例子中，data 是一个包含用户名、电子邮件和文件的普通 JavaScript 对象，axios 会在内部将这个对象转换为 FormData 实例。

此种方式无须手动创建和填充 FormData，除非要进行更复杂的操作（如追加多个文件或设置复杂的数据结构）。

6.1.5　Vue 全局配置

全局配置 axios 实例并设定 baseURL 是 Vue 3 应用中的一个实用做法。这主要适用于那些所有 HTTP 请求都指向同一 API 端点的应用，可以有效减少代码重复并提高维护效率。

要实现 Vue 全局配置，在 Vue 3 项目中，首先需要创建一个配置了 baseURL 的 axios 实例。后续的请求发送都通过此实例完成，以确保所有的 HTTP 请求都自动使用这个 baseURL。

首先，创建并配置 axios 实例。例如，新建 axios.js 文件，代码如下。

```
// src/axios.js
import axios from 'axios';
```

```
const axiosInstance = axios.create({
  baseURL: 'https://api.example.com' // 替换为API基础URL
});

export default axiosInstance;
```

代码解释如下。

- ☑ axios.create()方法创建自定义 axios 实例，在方法中可以配置基础 URL、头部、超时时间等信息。
- ☑ baseURL 被设置为 https://api.example.com。这意味着对于这个 axios 实例发起的任何请求，这个 URL 都将作为请求 URL 的前缀。例如，使用这个实例调用.get('/users')，那么实际请求的 URL 将是 https://api.example.com/users。从而避免在每个请求中重复写入完整的 URL。

完成 axios 实例的创建和配置后，接下来的步骤是将其挂载到 Vue 的全局属性上，使在任何组件中都可以方便地通过$axios 访问这个 axios 实例，从而执行数据请求。

在 Vue 应用的入口文件 main.js 中，导入并挂载 axios 实例，代码如下。

```
// main.js
import { createApp } from 'vue';
import App from './App.vue';
import axios from './axios';

const app = createApp(App);
app.config.globalProperties.$axios = axios; // 将axios添加到Vue全局属性
app.mount('#app');
```

代码解释如下。

- ☑ 在 Vue 3 中，app.config.globalProperties 用于定义全局属性。这些属性在应用的所有组件中都是可用的。这意味着一旦某个属性被添加到 globalProperties，它就可以在应用中的任何组件内通过 this 关键字被访问。
- ☑ app.config.globalProperties.$axios = axios;这行代码实际上是在 globalProperties 对象上创建了一个新的属性$axios，并将其值设置为导入的 axios 实例。这样做的结果是，在 Vue 应用的任何组件中都可以通过 this.$axios 访问到这个 axios 实例。

例如，可以直接在组件的方法中调用 Vue 组件实例的$axios.get 方法发送 get 请求。示例代码如下。

```
<script setup>
import { ref, getCurrentInstance } from 'vue';
```

```
const responseData = ref(null);
const { proxy } = getCurrentInstance();                    // 获取组件实例
const fetchData = async () => {
  try {
    // 使用相对路径，baseURL 会自动加上
    const response = await proxy.$axios.get('/items');
    responseData.value = response.data;                    // 存储响应数据
  } catch (error) {
    console.error('Error fetching data:', error);   // 处理错误
  }
};
fetchData();
</script>
```

代码解释如下。

☑ 创建响应式变量：使用 ref 创建名为 responseData 的响应式变量，用于存储从服务器获取的数据。

☑ 定义异步函数 fetchData：此函数负责执行 HTTP 请求并处理响应。

☑ 发起 GET 请求：使用 proxy.$axios.get('/items')发送请求。这里 proxy 是 Vue 组件实例，通过它来访问全局属性$axios。'/items' 是请求的相对路径，完整的 URL 由 baseURL 和此相对路径组成。

☑ 处理响应和异常：如果请求成功，则存储响应数据到 responseData；如果请求失败，则使用 catch 块捕获错误并在控制台输出错误信息。

6.2 跨　域

本节主要讲解跨域的概念及常见的跨域解决方案。

6.2.1 理解跨域

跨域（cross-origin resource sharing，CORS）是 Web 开发中常见的一个问题，它发生在尝试从一个域（或源）的前端应用访问另一个域的后端资源时。在讨论跨域之前，我们需要理解两个关键概念：源和同源策略。

☑ 源：在网络上，一个“源”由协议（如 HTTP 或 HTTPS）、域名（如 example.com）和端口号（如 80）这三部分组成。只有当这三者全部相同时，两个 URL 才被认

为是同源的。

- ☑ 同源策略：这是浏览器的一种安全机制，它限制一个源的脚本与另一个源的资源进行交互。例如，如果 JavaScript 代码运行在源 A，则它默认不能调用源 B 的 API 或访问其资源。

同源策略对于防止恶意脚本的攻击非常关键，但它也限制了来自不同源的 Web 应用使用 Ajax 直接请求资源的能力。例如，在前后端分离的应用中，Vue 前端可能部署在 localhost:8080，而 Spring Boot 后端可能运行在 localhost:8081。由于端口号的差异，这两者被视为不同的源，从而触发跨域限制。

在 Web 开发中，当发生跨域请求而没有适当的配置时，浏览器控制台会显示一个明显的错误消息。

以下是一个典型的跨域错误消息示例。

```
Access to XMLHttpRequest at 'http://localhost:8081/api/data' from origin
'http://localhost:8080' has been blocked by CORS policy: No 'Access-
Control-Allow-Origin' header is present on the requested resource.
```

这个错误消息包含了以下几个关键信息点。

（1）请求的 URL：在这个示例中，请求是发送到 http://localhost:8081/api/data 的。

（2）请求的源：错误消息表明请求来自 http://localhost:8080。这个源与请求的目标 URL 属于不同的源（因为它们的端口号不同）。

（3）CORS 策略阻止：错误消息指出请求被 CORS 策略阻止了。原因是响应没有包含一个有效的 Access-Control-Allow-Origin 头部，这个头部是必需的，用于告诉浏览器允许来自不同源的请求。

在开发阶段，前端（Vue）和后端（Spring Boot）通常在不同的端口或服务器上运行，这自然导致了跨域问题。这种部署方式虽然有利于开发和维护，但却引出了跨域访问限制的问题。解决这个问题通常需要在后端（Spring Boot）配置特定的跨域处理策略，允许来自不同源的前端（Vue）发起的请求。

6.2.2 跨域请求的分类

跨域请求通常可以分为两类：简单跨域请求和复杂跨域请求。这种分类是基于请求的类型和所涉及的特性决定的。

1. 简单跨域请求

简单跨域请求需要满足以下所有条件。

- ☑ 请求方法：使用 GET、HEAD 或 POST 方法之一。
- ☑ HTTP 头部：只能使用 CORS 安全列表中的字段，包括 Accept、Accept-Language、Content-Language、Content-Type（但只限于 application/x-www-form-urlencoded、multipart/form-data 或 text/plain）。
- ☑ 无监听器：请求中没有使用事件监听器注册的 XMLHttpRequestUpload 对象。

如果一个请求满足上述条件，浏览器会直接将其发送到服务器。如果服务器响应中包含适当的 CORS 头部（如 Access-Control-Allow-Origin），则浏览器将允许该请求的响应被前端 JavaScript 代码读取。

2. 复杂跨域请求

复杂跨域请求不符合简单请求的标准。它们包括：

- ☑ 使用其他 HTTP 方法：如 PUT、DELETE、CONNECT、OPTIONS、TRACE、PATCH。
- ☑ 使用非简单请求头部：使用了除简单请求所允许之外的头部字段。
- ☑ 发送非简单请求体内容类型：Content-Type 头部字段的类型不是 application/x-www-form-urlencoded、multipart/form-data 或 text/plain。
- ☑ 设置自定义头部：使用自定义的 HTTP 头部。

对于复杂跨域请求，浏览器首先会发送一个预检请求（pre-flight request），通常使用 OPTIONS 方法。这个预检请求会询问服务器是否允许原始请求的方法和头部字段。如果服务器响应允许，则浏览器随后才发送实际的请求。

在配置服务器（如 Spring Boot 应用）处理 CORS 时，了解跨域请求是简单的还是复杂的有助于正确设置 CORS 策略。例如，对于复杂请求，服务器必须能够正确响应预检请求，并在其响应中包含适当的 CORS 头部。

6.2.3 Spring Boot 的跨域支持

后端解决跨域问题主要是通过在服务器端设置特定的 HTTP 响应头来实现的，这些响应头指示浏览器允许从不同源的客户端发起特定类型的请求。

当浏览器从 JavaScript 发起跨源 HTTP 请求时（例如，从 Vue 应用发送到 Spring Boot API），基于同源策略，浏览器首先会检查服务器的响应是否允许这种跨源请求。

服务器可以通过在 HTTP 响应中包含特定的 CORS 响应头来告诉浏览器它允许来自不同源的请求。这些响应头包括：

- ☑ Access-Control-Allow-Origin：这个头部最为关键，它指定了哪些源可以访问资源。例如，如果设置为 http://localhost:8080，则只有从 http://localhost:8080 来的请求被

允许。如果设置为*，则表示允许任何源的请求，但通常不推荐这样设置，因为它可能带来安全风险。

- ☑ Access-Control-Allow-Methods：指定允许的 HTTP 方法（如 GET、POST、PUT、DELETE）。
- ☑ Access-Control-Allow-Headers：指定允许的 HTTP 请求头部字段。
- ☑ Access-Control-Allow-Credentials：指示是否允许携带证书（如 cookies 和 HTTP 认证信息）。如果设置为 true，则允许前端在请求中携带认证信息。

对于复杂请求（非简单请求），浏览器会先发送一个预检请求，通常是一个 OPTIONS 方法的请求。这个请求询问服务器是否允许原始请求的方法和头部字段。服务器必须正确响应预检请求，包括在响应中设置适当的 CORS 头部，才能使得后续的实际请求得以执行。

在 Spring Boot 中可以通过多种方式设置这些 CORS 响应头，最常见的是以下两种。

- ☑ 注解方式：在控制器或者特定的请求处理方法上使用@CrossOrigin 注解。
- ☑ 全局配置：通过实现 WebMvcConfigurer 并重写 addCorsMappings 方法。

1. @CrossOrigin 注解

如果只需要为特定的控制器或请求处理方法启用跨域支持，则可以使用@CrossOrigin 注解，示例代码如下。

```
@RestController
public class MyController {

    @CrossOrigin(origins = "http://localhost:8080")
    @GetMapping("/data")
    public String getData() {
        // 处理请求
        return "Data from Spring Boot";
    }
}
```

在这个示例中，@CrossOrigin(origins = "http://localhost:8080")表明只有来自 http://localhost:8080 的请求被允许访问/data 路径。

在控制器级别使用@CrossOrigin 示例如下。

```
@CrossOrigin(origins = "http://localhost:8080")
@RestController
public class MyController {
    // 所有的请求方法都会允许跨域
}
```

将@CrossOrigin 注解应用于整个控制器时，该控制器的所有请求处理方法都将允许来自指定源的跨域请求。

2．全局配置

对于更复杂的场景，或者想在整个应用范围内应用 CORS 配置，可以使用全局配置，具体方法如下。

创建一个配置类来实现 WebMvcConfigurer 接口，并重写 addCorsMappings 方法。

```
@Configuration
public class WebConfig implements WebMvcConfigurer {

    @Override
    public void addCorsMappings(CorsRegistry registry) {
        registry.addMapping("/**")
                .allowedOrigins("http://localhost:8080")
                .allowedMethods("GET", "POST", "PUT", "DELETE")
                .allowedHeaders("*")
                .allowCredentials(true);
    }
}
```

在这个配置中：

- ☑ addMapping("/**")表示 CORS 配置应用于所有的路由（/**表示匹配所有路径）。
- ☑ allowedOrigins 指定了允许的源，设置允许的跨域请求的来源。在这个例子中，只允许来自 http://localhost:8080 的请求。
- ☑ allowedMethods 指定允许的 HTTP 方法。这里允许 GET、POST、PUT 和 DELETE 方法。
- ☑ allowedHeaders("*")表示允许所有的头部字段。
- ☑ allowCredentials(true)表示允许请求携带认证信息（如 Cookies 和 HTTP 认证相关数据）。

在配置 CORS 时，应当仔细考虑安全性。避免将 allowedOrigins 设置为*，因为这会允许任何源的请求，可能导致安全隐患。

6.2.4　Vue 中的代理配置

在 Vue 应用的开发环境中，使用 Vue CLI 提供的代理配置是解决跨域问题的另一种有效方法。这种方法在开发时非常实用，因为它可以让前端和后端服务在不同的域和端口上运行，同时避免了跨域限制。

代理配置的原理如下。

- ☑ 代理服务器：Vite 内置的开发服务器可以作为一个代理服务器，转发特定 API 的请求到实际的后端服务器。
- ☑ 避免跨域：由于所有的 API 请求都是通过同源（代理服务器）发出的，因此浏览器不会施加同源策略限制。

在 Vue 项目中，代理配置通常在 vue.config.js 文件中进行。如果项目中不存在这个文件，可以直接在项目的根目录中创建。

以下是一个基本的代理配置示例。

```
// vue.config.js
module.exports = {
  devServer: {
    proxy: {
      '/api': {
        target: 'http://localhost:8081', // 后端服务地址
        changeOrigin: true,              // 是否改变请求源
        pathRewrite: {
          '^/api': ''                    // 重写路径：去掉路径中开头的'/api'
        }
      }
    }
  }
};
```

配置说明如下。

- ☑ proxy 对象：指定一个或多个代理规则。在这个例子中，为所有以/api 开头的请求配置了代理。
- ☑ target 选项：指定后端服务的基础 URL（在此示例中是 http://localhost:8081）。
- ☑ changeOrigin：设置为 true 时，代理服务器会修改请求的 origin 头部，使其看起来像是来自 target 指定的域。这对于一些检查 origin 头部字段的后端服务器来说非常重要。
- ☑ pathRewrite：定义 URL 重写规则。在此示例中，将路径中的/api 替换为空字符串，这意味着请求/api/data 实际上会转发到 http://localhost:8081/data。

使用 Vue 的代理配置具有以下优势。

- ☑ 简化开发：开发人员不需要在后端代码中添加 CORS 处理逻辑，从而简化了开发过程。

- ☑ 灵活性：代理配置提供了灵活性，使得开发人员可以轻松地将请求路由到不同的后端服务器，这在处理多个环境（如开发、测试、生产）时非常有用。

需要注意的是，在生产环境中，常见的做法是使用如 Nginx 这样的服务器软件作为反向代理。通过 Nginx 配置特定的代理规则，可以将特定路径的请求转发至后端服务器。例如，所有以/api 开头的请求都可以被转发到运行在不同端口或服务器上的后端服务。

在这种配置下，前端应用仅需向 Nginx 发送请求，由 Nginx 处理跨域问题并转发给后端。这样的配置不仅解决了跨域问题，还带来了如负载均衡和静态文件缓存等额外好处。

6.3　用户身份认证

本节将探讨前后端通信中的用户身份认证问题，重点关注身份认证的基本概念、JSON Web Token（JWT）的使用，并详细说明如何在 Spring Boot 环境中实现 JWT 的生成和验证。

6.3.1　身份认证简介

身份认证在 Web 应用中是一种核心安全机制，用于确认一个用户的身份。简单来说，它就是用户访问过程中确认“你是谁”的一系列步骤。在 Web 应用的上下文中，这通常涉及要求用户提供凭据，如用户名和密码，以此来证明用户的身份。一旦用户的身份被确认，应用就可以确保用户是有权限访问的，从而为其提供适当的服务和数据。

身份认证在 Web 应用中的重要性不言而喻，它是保护用户数据不被未授权访问的第一道防线。没有有效的认证机制，任何人都可能冒充他人访问敏感数据，从而造成隐私泄露和安全问题。

值得一提的是，初学者往往会将身份认证与授权混为一谈，认证和授权虽然听起来相似，但在 Web 安全中却有明显的区别。

- ☑ 认证（Authentication）：它是验证用户身份的过程。通过认证，系统可以确认某个用户的身份。例如，用户在登录表单中输入用户名和密码，系统会验证这些凭据以确认用户身份。
- ☑ 授权（Authorization）：用户的身份得到认证后，确定这个用户能做什么的过程就是授权。换句话说，它涉及决定已认证用户可以访问的资源和执行的操作。例如，一个网站的管理员可能有权访问所有内容和功能，而普通用户只能访问有限的部分。

在实际应用中，认证通常是授权的前置步骤。只有在用户成功通过认证后，系统才会进一步进行授权决策。这两者共同构成了 Web 应用安全的基础。

在 Web 应用中，有两种被广泛采用的主流认证方式：基于会话的认证和基于令牌的认证。了解这两种认证方式的工作方式、优势、局限性及其最佳适用场景，对于选择合适的认证策略至关重要。

1．基于会话的认证（session-based authentication）

这种传统的认证方式中，当用户登录时，服务器会创建一个会话，并将其存储在服务器上（通常是内存或数据库中）。同时，服务器会发送一个会话标识（通常是 Cookie）给用户的浏览器。

用户在随后的每次请求中都会发送这个会话标识给服务器。服务器通过这个标识来找回并验证用户的会话，从而确定用户的认证状态，确认其身份。

在安全性方面，基于会话的认证需要正确处理 Cookie，以防止跨站脚本攻击（XSS）和跨站请求伪造（CSRF）等安全风险。安全地配置 Cookie（如设置 HttpOnly 和 Secure 标志）是减轻这些风险的关键。

尽管这种方法易于理解和实施，但它可能会在服务器上占用更多资源，因为每个用户都需要在服务器上保存一个会话，这可能导致服务器产生内存压力，特别是在大量用户使用的应用中。服务器端的会话管理也可能影响可伸缩性和负载均衡。

因此，此种方式更适合小型或中等规模的应用，尤其是那些对实时用户状态管理要求较高的应用。

2．基于令牌的认证（token-based authentication）

Token 是一种包含认证和用户信息的数据结构，通常用于基于 Token 的认证系统。它们被广泛用于现代 Web 应用中，特别是在实现 API 认证时。

在基于令牌的认证中，当用户登录后，服务器会生成一个 Token（通常是一串加密的字符串），然后发送给用户。

用户在随后的每次请求中都会将这个 Token 发送回服务器。服务器会验证 Token 的有效性，从而确定用户的认证状态。这种方式在无状态（stateless）和分布式系统中特别有用，因为服务器不需要存储用户的会话信息，所有必要的信息都在 Token 中。

在安全性方面，Token 通常包含加密信息，安全性高于简单的会话 ID。但是，Token 的存储（通常在客户端）需要妥善处理以防止信息泄露。

由于 Token 自包含所有必要信息，服务器无须维护会话状态，可以减少服务器资源消耗并简化扩展，可以更容易地扩展和均衡负载，但需要考虑 Token 生成和验证的计算开销。

此种方式非常适合大规模、分布式和微服务架构的应用。特别适用于需要跨多个系统或域认证的情况。

6.3.2 JWT

JSON Web Token（简称 JWT）是一种流行的 Token 实现方式，它以简洁且自包含的形式传递 JSON 对象，用于在通信双方之间共享身份验证信息和其他数据。JWT 的关键特性是它们的信息经过数字签名，保障了数据在传输过程中的安全性和完整性。

JWT 的主要特性如下。

- ☑ 紧凑性：JWT 具有紧凑的令牌格式，可通过 URL、POST 参数或 HTTP 头传输，极大地提高了网络传输效率。
- ☑ 自包含性：JWT 包含了所有必要信息，其负载部分携带了关于实体（通常是用户）的声明（claims）以及其他元数据。
- ☑ 灵活性和跨语言支持：作为基于 JSON 的标准，JWT 可以在任何支持 JSON 的语言中使用，这使得它适合多语言环境的数据交换。
- ☑ 安全性：JWT 可通过对称密钥（如 HMAC 算法）或非对称密钥（如 RSA 或 ECDSA 算法）进行数字签名。这种签名机制确保了令牌的真实性和数据的完整性，使令牌在传输过程中不易被篡改，并允许接收方验证发送方的身份。

在实际开发中，JWT 通常应用在以下场景。

（1）身份验证：JWT 常用于 Web 应用的身份验证。用户登录后，服务器会生成一个 JWT 并返回给用户，用户后续的每个请求都会包含这个 JWT，服务器通过验证 JWT 来确认用户的身份。

（2）信息交换：JWT 提供了一种方式，用于在不同系统之间安全地传输信息。由于可以对 JWT 进行签名，因此可以确保信息是由合法来源发送的。

JWT 的紧凑性和自包含性使其成为跨域认证的理想解决方案。它特别适用于前后端分离的 Web 应用、微服务架构和需要在多个系统或域之间进行安全认证的场景。

JWT 是由三个部分组成的字符串，分别是头部（Header）、负载（Payload）和签名（Signature）。这些部分通过点（.）连接，并分别进行 Base64Url 编码。

1. 头部

头部通常包括两个部分：令牌的类型（通常是 JWT）和使用的签名算法（如 HMAC SHA256 或 RSA），例如：

```
{
  "alg": "HS256",
  "typ": "JWT"
}
```

这个 JSON 对象经过 Base64Url 编码后，构成了 JWT 的第一部分。

2．负载

负载部分包含要传递的信息，以声明（claims）的形式出现。声明是关于用户或其他数据的声明，以下是一组预定义的声明，不是强制性的，但推荐使用。

- ☑ iss（Issuer）：发行人。
- ☑ sub（Subject）：主题。
- ☑ aud（Audience）：观众。
- ☑ exp（Expiration time）：过期时间。
- ☑ nbf（Not before）：定义在什么时间之前，该 JWT 都是不可用的。
- ☑ iat（Issued at）：JWT 的签发时间。
- ☑ jti（JWT ID）：JWT 的唯一身份标识。

下面示例中的声明包括用户 ID（sub），用户名（name），是否是管理员（admin），以及令牌的签发时间（iat）：

```
{
  "sub": "1234567890",
  "name": "John Doe",
  "admin": true,
  "iat": 1516239022
}
```

负载也需要被 Base64Url 编码以形成 JWT 的第二部分。

3．签名

签名是通过将编码后的头部、负载以及服务器的密钥按照头部中指定的算法进行加密生成的。这个签名用于验证消息的真实性，以确保消息在传输过程中没有被篡改。

以下是使用 HMAC SHA256 算法的示例。

```
HMACSHA256(base64UrlEncode(header)+"."+base64UrlEncode(payload),secret)
```

其中，secret 是保存在服务器的密钥。

JWT 最终的格式为 base64UrlEncode(header).base64UrlEncode(payload).signature，例如：

```
eyJhbGciOiJIUzI1NiIsInR5cCI6IkpXVCJ9.eyJzdWIiOiIxMjM0NTY3ODkwIiwibmFtZS
```

```
I6IkpvaG4gRG9lIiwiYWRtaW4iOnRydWUsImlhdCI6MTUxNjIzOTAyMn0.SflKxwRJSMeKK
F2QT4fwpMeJf36POk6yJV_adQssw5c
```


每个部分都通过 Base64Url 编码，以点连接。

使用 JWT 时，必须谨慎处理安全问题，因为 JWT 的头部和负载只是经过 Base64 编码，而非加密处理。这意味着这些部分中的信息可以被任何人解码，从而可能暴露敏感数据。

Base64 编码与加密的区别如下。

- ☑ Base64 编码仅用于数据的安全传输，但不提供加密保护。Base64 编码的数据可以轻易地被解码为原始形式。
- ☑ 加密则是将数据转换成无法轻易识别的格式，仅能被拥有特定密钥的人解密，从而确保数据的保密性。

强烈建议不要在 JWT 的负载中存储敏感信息，如用户密码、个人识别信息或其他私密数据。即使 JWT 的签名保证了数据的完整性和真实性，其负载仍然是可读的，存在安全风险。

在实际应用中，使用 JWT 时应遵循一些关键的安全实践，具体如下。

- ☑ 确保 JWT 的传输安全：JWT 应通过安全的通信协议（如 HTTPS）传输，以防止中间人攻击和截获数据。
- ☑ 设定合理的过期时间：为减少令牌被盗用的风险，应为 JWT 设定一个合理的过期时间。这个时间应根据应用的具体需求和安全要求来确定。
- ☑ 令牌刷新策略：对于长期有效性的应用，可以考虑实现令牌刷新机制，允许用户在不重新登录的情况下获得新的 JWT。
- ☑ 密钥管理：JWT 的安全性高度依赖于用于签名的密钥（HMAC）或私钥/公钥对（RSA 或 ECDSA），确保这些密钥的安全和机密性至关重要。

6.3.3　实现基于令牌的认证

在 Spring Boot 3 中实现基于 JWT 的身份验证和授权，可以通过以下步骤来完成。

1. 后端实现

（1）添加 JWT 库依赖：在 Spring Boot 项目的 pom.xml 文件中添加 jjwt 库作为依赖。jjwt 是一个流行的 Java 库，用于创建和解析 JWT。添加依赖如下。

```
<dependency>
    <groupId>io.jsonwebtoken</groupId>
    <artifactId>jjwt</artifactId>
    <version>0.9.1</version>
```

```
</dependency>
```

（2）创建 JWT 工具类：创建一个名为 JwtUtil 的工具类，用于生成和解析 JWT。这个类将提供生成 Token 和解析 Token 的基本功能。

```
public class JwtUtil {
    private static final String SECRET_KEY = "your_secret_key"; // 使用安全的密钥

    public static String generateToken(String username) {
        long nowMillis = System.currentTimeMillis();
        Date now = new Date(nowMillis);
        long expMillis = nowMillis + 3600000; // 设置 Token 有效期，如 1 小时
        Date exp = new Date(expMillis);

        return Jwts.builder()
                .setSubject(username)
                .setIssuedAt(now)
                .setExpiration(exp)
                .signWith(SignatureAlgorithm.HS256, SECRET_KEY)
                .compact();
    }

    public static Claims parseToken(String token) {
        try {
            // 解析 Token
            return Jwts.parser()
                    .setSigningKey(SECRET_KEY)
                    .parseClaimsJws(token)
                    .getBody();
        } catch (SignatureException e) {
            // 签名异常处理
            throw new RuntimeException("Invalid JWT signature");
        } catch (Exception e) {
            // 其他异常处理
            throw new RuntimeException("Error parsing JWT");
        }
    }
}
```

代码解释如下。

☑ 生成 Token：generateToken()方法使用用户名（或其他标识符）创建一个新的 JWT。它设置了 Token 的有效期，并使用 HS256 算法和指定的密钥进行签名。

☑ 解析 Token：parseToken()方法用于验证并解析 Token。如果 Token 有效，它将返

回包含所有声明的 claims 对象。

注意：

异常处理在实际应用中非常重要。如果解析过程中遇到签名异常（SignatureException），意味着令牌可能被篡改。还应考虑其他潜在异常，如过期的令牌或格式错误的令牌，并根据应用的需要进行适当处理。

这个类提供了 JWT 的基本操作，适用于大多数使用 JWT 进行身份验证和授权的场景。在实际部署时，务必确保使用安全的密钥，并妥善处理所有异常。

（3）创建 JWT 拦截器：通过实现 HandlerInterceptor 接口来创建一个 JWT 拦截器。这个拦截器将在请求到达控制器之前执行 JWT 验证。

```
public class JwtInterceptor implements HandlerInterceptor {

    private static final String SECRET_KEY = "your_secret_key";
   @Override
    public boolean preHandle(HttpServletRequest request,
HttpServletResponse response, Object handler) throws Exception {
        // 从请求头中获取 Authorization 字段的值
        String token = request.getHeader("Authorization");

        // 检查 Token 是否存在并以“Bearer ”开头
        if (token != null && token.startsWith("Bearer ")) {
            // 去除 Token 的“Bearer ”前缀
            token = token.substring(7);

            try {
                // 解析 Token
                Claims claims = Jwts.parser()
                        .setSigningKey(SECRET_KEY) // 设置用于验证签名的密钥
                        .parseClaimsJws(token)     // 解析 JWT
                        .getBody();                // 获取 JWT 的负载部分(claims)

                // 可以根据需要将 claims 绑定到请求中，或进行其他处理
                // request.setAttribute("claims", claims);
            } catch (SignatureException e) {
                // 如果签名验证失败，发送 401 错误响应
                response.sendError(HttpServletResponse.SC_UNAUTHORIZED,
"Invalid token.");
                return false;                      // 阻止请求继续处理
            }
        }
        return true; // 如果 JWT 有效或不需要 JWT，则允许请求继续处理
```

```
    }
}
```

代码解释如下。

- ☑ 获取 Token：首先，方法尝试从请求的 Authorization 头部字段中获取 JWT。JWT 通常以“Bearer ”作为前缀，随后跟着实际的 Token 字符串。
- ☑ 解析 Token：使用 Jwts.parser()创建一个 JWT 解析器实例，并设置用于验证 JWT 签名的密钥（SECRET_KEY）。然后调用 parseClaimsJws(token)来解析传入的 JWT 字符串。如果 JWT 的签名是有效的，并且符合期望的结构，则解析器会返回一个包含 JWT 负载（claims）的对象。
- ☑ 异常处理：如果在解析过程中遇到 SignatureException（表明 JWT 的签名无效或被篡改），则拦截器会向客户端发送 401 Unauthorized 响应，并阻止请求继续处理。

（4）在 Spring Boot 配置中注册拦截器，并指定拦截器应拦截的路径。

```
@Configuration
public class InterceptorConfig implements WebMvcConfigurer {

    @Autowired
    private JwtInterceptor jwtInterceptor;

    @Override
    public void addInterceptors(InterceptorRegistry registry) {
        registry.addInterceptor(jwtInterceptor).addPathPatterns
("/api/**");
    }
}
```

上述示例使用 addPathPatterns()方法来指定拦截器拦截所有/api/**路径下的请求进行 JWT 验证。

（5）在登录逻辑中，当用户的身份认证成功后，使用 JwtUtil 类生成 JWT，并将其作为响应返回给客户端。

```
@RestController
public class AuthenticationController {

    @PostMapping("/login")
    public ResponseEntity<?> authenticateUser(@RequestBody UserCredentials
credentials) {
        // 实现身份验证逻辑
        // 假设用户名和密码验证成功
        boolean isAuthenticated = authenticate(credentials.getUsername(),
```

```
credentials.getPassword());
        if (isAuthenticated) {
            String token = JwtUtil.generateToken(credentials.getUsername());
            return ResponseEntity.ok(new TokenResponse(token));
        } else {
            return ResponseEntity.status(HttpStatus.UNAUTHORIZED).body
("Invalid Credentials");
        }
    }

    private boolean authenticate(String username, String password) {
        // 实现真实的身份验证逻辑
        // 这里简化为示例代码
        return "validUser".equals(username) && "validPassword".equals
(password);
    }

    // 用于封装 JWT 的响应对象
    private static class TokenResponse {
        private String token;
        public TokenResponse(String token) {
            this.token = token;
        }
        public String getToken() {
            return token;
        }
        public void setToken(String token) {
            this.token = token;
        }
    }
}
```

在这个示例中，authenticateUser()方法接收用户凭据（如用户名和密码）并进行验证。如果认证成功，则调用 JwtUtil.generateToken()方法生成 JWT。然后，这个 JWT 被封装在 TokenResponse 对象中，并作为 HTTP 响应返回给客户端。这样，客户端可以在后续的请求中使用这个 JWT 来证明用户的身份。

（6）在 AuthenticationController 中添加一个示例方法来验证 JWT。这个方法将检查请求中的 JWT 并验证其有效性。如果验证成功，则方法将返回授权成功的响应；如果验证失败（例如，因为 Token 无效或已过期），则返回错误消息。

```
@RestController
public class AuthenticationController {
```

```
    @GetMapping("/validateToken")
    public ResponseEntity<?> validateToken(@RequestHeader("Authorization")
String authHeader) {
        if (authHeader != null && authHeader.startsWith("Bearer ")) {
            String token = authHeader.substring(7); // 移除"Bearer "前缀
            try {
                Claims claims = JwtUtil.parseToken(token);
                // 进一步的验证逻辑（如检查 Token 是否过期）
                // 返回 Token 解析后的信息（如用户名）
                return ResponseEntity.ok("Token valid for user: " + claims.
getSubject());
            } catch (Exception e) {
                // Token 验证失败的处理逻辑
                return ResponseEntity.status(HttpStatus.UNAUTHORIZED).body
("Invalid Token: " + e.getMessage());
            }
        } else {
            // 没有提供 Token 的处理逻辑
            return ResponseEntity.status(HttpStatus.UNAUTHORIZED).body("No
Token Found");
        }
    }
}
```

在这个例子中，validateToken()方法接收通过 HTTP 头部 Authorization 传递的 JWT。该方法首先检查头部是否存在且格式正确（即以“Bearer ”开头）。如果存在有效的 Token，该方法使用 JwtUtil.parseToken 尝试解析并验证 Token。如果解析成功，则该方法返回包含用户信息的成功响应；如果解析失败（例如，因为 Token 无效或已过期），则返回错误消息。

2．前端实现

在 Vue 前端集成 JWT 认证的过程中，关键步骤包括使用 axios 发送 HTTP 请求、存储和管理 JWT，以及使用 Vue Router 的导航守卫来保护路由。以下是具体的实现步骤。

（1）登录并获取 JWT：在 Vue 组件中，使用 axios 向后端发送登录请求。一旦用户成功登录，后端将返回 JWT，前端需要将这个 JWT 存储起来，通常是存储在 localStorage 中。

```
<script setup>
import { ref } from 'vue';
import { useRouter } from 'vue-router';
import axios from 'axios';

const username = ref('');
```

```
const password = ref('');
const router = useRouter();

const login = async () => {
  try {
    const response = await axios.post('http://localhost:8080/login', {
      username: username.value,
      password: password.value
    });
    // 登录成功，处理 JWT
    localStorage.setItem('jwt', response.data.token);
    router.push('/home');
  } catch (error) {
    console.error('登录失败:', error);
  }
};
</script>
```

（2）在请求中携带 JWT：使用 axios 拦截器，在每个请求的头部添加 JWT。这确保了所有发往后端的请求都携带了用户的身份信息。

```
axios.interceptors.request.use(config => {
  const token = localStorage.getItem('jwt');
  if (token) {
    config.headers.Authorization = `Bearer ${token}`;
  }
  return config;
}, error => {
  return Promise.reject(error);
});
```

（3）路由保护：使用 Vue Router 的导航守卫确保特定路由只能由认证用户访问。如果用户尝试访问受保护的路由但未携带有效的 JWT，则重定向至登录页面。

```
import router from './router';

router.beforeEach((to, from, next) => {
  const jwt = localStorage.getItem('jwt');

  if (to.matched.some(record => record.meta.requiresAuth) && !jwt) {
    next({ path: '/login' });
  } else {
    next();
  }
});
```

（4）配置路由元信息：在路由配置中，为需要认证的路由添加一个 meta 字段，用来指明该路由是否需要认证。

```
{
  path: '/protected',
  name: 'Protected',
  component: ProtectedComponent,
  meta: { requiresAuth: true }
}
```

通过这些步骤，在 Vue 应用中就实现了基于 JWT 的认证，同时保护了那些只有认证的用户才能访问的路由。

6.4 案例：用户管理系统

本节通过一个实际案例——用户管理系统来综合运用 Spring Boot 3 和 Vue 3，并展示前后端通信、处理跨域问题及实现基于 Token 和 JWT 的用户认证流程。

6.4.1 案例概述

该系统允许用户注册、登录，并查看或编辑个人信息，具体功能如下。

☑ 用户注册与登录：用户可以创建一个新账户或使用现有账户登录。

☑ 查看与编辑个人信息：登录后的用户可以查看和更新他们的个人信息。

☑ 前后端通信：使用 axios 进行数据请求和接收，同时处理 JWT 用于用户认证。

☑ 跨域解决方案：通过适当配置来允许前端应用与后端服务之间的跨域请求。

后端实现要点如下。

☑ 使用 Spring Boot 3 构建 RESTful API。

☑ 通过 MyBatis Plus 实现与 MySQL 数据库的交互。

☑ 实现基于 JWT 的认证机制。

☑ 配置 CORS 以允许跨域请求。

前端实现要点如下。

☑ 使用 Vue 3 构建用户界面。

☑ 利用 Pinia 进行应用状态管理。

☑ 运用 Vue Router 实现路由和导航管理。

- ☑ 借助 Element Plus 构建现代化界面组件。
- ☑ 通过 axios 与后端进行数据交互。

6.4.2　用户表设计

下面是系统中用户表结构设计，如表 6-1 所示。

表 6-1　用户表结构

字 段 名	含 义	数 据 类 型
id	用户编号	INT
username	用户名	VARCHAR(50)
password	密码	VARCHAR(255)
email	邮件地址	VARCHAR(100)
role	用户角色，1 表示管理员，2 表示普通用户	INT
created_at	创建时间	TIMESTAMP
updated_at	更新时间	TIMESTAMP

创建表的 SQL 语句如下。

```
CREATE TABLE users (
   id INT AUTO_INCREMENT PRIMARY KEY,
   username VARCHAR(50) NOT NULL UNIQUE,
   password VARCHAR(255) NOT NULL,
   email VARCHAR(100) NOT NULL UNIQUE,
   created_at TIMESTAMP DEFAULT CURRENT_TIMESTAMP,
   updated_at TIMESTAMP DEFAULT CURRENT_TIMESTAMP ON UPDATE CURRENT_
TIMESTAMP
);
```

基于上述用户表设计，Mybatis-Plus 模型类代码如下。

```
@TableName("users")
public class User {

   @TableId(type = IdType.AUTO)
   private Long id;
   private String username;
   private String password;
   private String email;
   private int role;
   @TableField(fill = FieldFill.INSERT)
   private LocalDateTime createdAt;
```

```
    @TableField(fill = FieldFill.INSERT_UPDATE)
private LocalDateTime updatedAt;
}
```

代码解释如下。

- ☑ @TableId(type = IdType.AUTO)标记了将模型类中的 id 字段作为数据库表的主键。
- ☑ @TableField(fill = FieldFill.INSERT)用于标记 createdAt 字段。表示该字段的值将在插入新记录时自动填充，用于自动生成记录的创建时间。
- ☑ @TableField(fill = FieldFill.INSERT_UPDATE)用于标记 updatedAt 字段，表示该字段的值将在插入新记录和更新记录时自动填充，用于自动生成记录的更新时间。

6.4.3 数据访问层实现

创建 UserMapper 接口用于操作用户表数据，代码如下。

```
@Mapper
public interface UserMapper extends BaseMapper<User> {
    // 根据用户名查找用户
    @Select("SELECT * FROM users WHERE username = #{username}")
    User selectByUsername(String username);
}
```

UserMapper 接口继承了 BaseMapper 接口，并提供了基于用户名查找用户的方法。

6.4.4 服务层实现

在服务层中，首先创建 AuthService 类，实现用户认证的逻辑，包括验证用户的账号和密码，并在认证成功的情况下使用 JwtUtil 工具类生成 JWT 信息，代码如下。

```
@Service
public class AuthService {

    private final UserMapper userMapper;
    private final JwtUtil jwtUtil;
    @Autowired
    public AuthService(UserMapper userRepository, JwtUtil jwtUtil) {
        this.userMapper = userRepository;
        this.jwtUtil = jwtUtil;
    }
    // 用户认证方法，返回 JWT
    public String authenticate(String username, String password) {
```

```
        User user = userMapper.selectByUsername(username);
        if (user != null && password.equals(user.getPassword())) {
            return jwtUtil.generateToken(user);
        }
        throw new IllegalArgumentException("Invalid username or password");
    }
    // 根据用户名查找用户
    private User getUserByUsername(String username) {
        return userMapper.selectByUsername(username);
    }
}
```

上述代码中，Authenticate()方法接收用户名和密码作为参数，查询数据库中是否存在指定用户名的用户，如果用户存在且提供的密码与数据库中的密码匹配，则调用 jwtUtil.generateToken(user)生成 JWT，并将其作为字符串返回。

UserService 类提供了一系列方法让用户对用户信息进行管理，代码如下。

```
@Service
public class UserService {

    private final UserMapper userMapper;

    @Autowired
    public UserService(UserMapper userRepository) {
        this.userMapper = userRepository;
    }
    // 获取所有用户
    public List<User> findAllUsers() {
        return userMapper.selectList(null);
    }
    // 通过 ID 查找用户
    public Optional<User> findUserById(Long id) {
        return Optional.ofNullable(userMapper.selectById(id));
    }
    // 添加新用户
    public User addUser(User user) {
        userMapper.insert(user);
        return user;
    }
    // 更新用户信息
    public User updateUser(User user) {
        userMapper.updateById(user);
        return user;
    }
```

```
    // 通过 id 删除用户
    public void deleteUser(Long id) {
        userMapper.deleteById(id);
    }
    // 根据用户名查找用户
    public User findByUsername(String username) {
        return userMapper.selectByUsername(username);
    }
}
```

JwtUtil 工具类负责生成和验证 JWT 令牌，代码如下。

```
@Component
public class JwtUtil {

    @Value("${jwt.secret}")
    private String secretKey;
    @Value("${jwt.expiration}")
    private Long expiration;

    // 生成 JWT
    public String generateToken(User user) {
        Map<String, Object> claims = new HashMap<>();
        claims.put("role", user.getRole()); // 用户的角色字段

        return Jwts.builder()
                .setClaims(claims)
                .setSubject(user.getUsername())
                .setIssuedAt(new Date(System.currentTimeMillis()))
                .setExpiration(new Date(System.currentTimeMillis() +
expiration * 1000))
                .signWith(SignatureAlgorithm.HS256, secretKey)
                .compact();
    }

    // 从 JWT 中提取用户名
    public String extractUsername(String token) {
        return extractClaim(token, Claims::getSubject);
    }

    // 验证 JWT 令牌
    public boolean validateToken(String token) {
        try {
            Jws<Claims> claims = Jwts.parser().setSigningKey(secretKey).
parseClaimsJws(token);
```

```
            return !claims.getBody().getExpiration().before(new Date());
        } catch (Exception e) {
            // 可以记录日志或根据您的需求处理异常
            return false;
        }
    }

    private <T> T extractClaim(String token, Function<Claims, T>
claimsResolver) {
        final Claims claims = extractAllClaims(token);
        return claimsResolver.apply(claims);
    }
    private Claims extractAllClaims(String token) {
        return Jwts.parser().setSigningKey(secretKey).parseClaimsJws
(token).getBody();
    }
}
```

代码解释如下。

- ☑ generateToken()方法接收一个 User 对象并生成 JWT，使用 claims 存储自定义声明，这里将用户的角色作为一个声明添加到了 JWT 中。
- ☑ validateToken()方法用于验证 JWT 的有效性，包括检查 JWT 的过期时间是否在当前时间之前，以确定其是否仍然有效。如果解析过程中出现任何异常（如过期、签名不正确等），将返回 false。
- ☑ extractClaim()是一个通用方法，用于从 JWT 中提取特定的声明。
- ☑ extractAllClaims()使用相同的 JWT 解析器和密钥来提取整个 claims 集合。

6.4.5　控制器实现

UserController 提供了用户注册、登录及用户增、删、改、查的方法。

```
@RestController
@RequestMapping("/api/users")
public class UserController {

    @Autowired
    private UserService userService;
    @Autowired
    private AuthService authService;

    // 用户注册
```

```
    @PostMapping("/register")
    public ResponseEntity<?> registerUser(@RequestBody User user) {
        userService.addUser(user);
        return ResponseEntity.status(HttpStatus.CREATED).body("User
registered successfully");
    }
    // 用户登录
    @PostMapping("/login")
    public ResponseEntity<?> loginUser(@RequestBody User loginDetails) {
        try {
            String token = authService.authenticate(loginDetails.
getUsername(), loginDetails.getPassword());
            return ResponseEntity.ok(token);
        } catch (IllegalArgumentException e) {
            return ResponseEntity.status(HttpStatus.UNAUTHORIZED).body
("Invalid username/password");
        }
    }
    // 获取用户信息
    @GetMapping("/{username}")
    public ResponseEntity<?> getUserInfo(@PathVariable String username) {
        User user = userService.findByUsername(username);
        if (user != null) {
            return ResponseEntity.ok(user);
        }
        return ResponseEntity.status(HttpStatus.NOT_FOUND).body("User not
found");
    }
    // 更新用户信息
    @PutMapping("/")
    public ResponseEntity<?> updateUserInfo(@RequestBody User userUpdates) {
        userService.updateUser(userUpdates);
        return ResponseEntity.ok(userUpdates);
    }
    // 获取所有用户
    @GetMapping()
    public ResponseEntity<List<User>> getAllUsers() {
        List<User> users = userService.findAllUsers();
        return ResponseEntity.ok(users);
    }
    @DeleteMapping("/{id}")
    public ResponseEntity<?> deleteUser(@PathVariable Long id) {
        userService.deleteUser(id);
        return ResponseEntity.ok("User deleted successfully");
```

```
    }
}
```

6.4.6 跨域及拦截器设置

WebConfig 类用于完成跨域及拦截器的设置，代码如下。

```
@Configuration
public class WebConfig implements WebMvcConfigurer {

    @Autowired
    JwtRequestFilter jwtRequestFilter;

    @Override
    public void addInterceptors(InterceptorRegistry registry) {
        registry.addInterceptor(jwtRequestFilter)
                .addPathPatterns("/api/**")   // 配置拦截路径
                .excludePathPatterns("/api/users/register", "/api/users/
login");                                      // 排除注册和登录路径

    }
    @Override
    public void addCorsMappings(CorsRegistry registry) {
        registry.addMapping("/**")
                .allowedOrigins("http://localhost:5173")
                .allowedMethods("GET", "POST", "PUT", "DELETE", "OPTIONS")
                .allowedHeaders("*")
                .allowCredentials(true)
                .exposedHeaders("Authorization");
    }
}
```

在跨域配置中.exposedHeaders("Authorization")暴露特定的头部信息给前端应用，注意，同时设置.allowedHeaders("*")和.exposedHeaders("Authorization")并没有冲突。

- ☑ .allowedHeaders("*")：此设置表示服务器接收来自前端应用的所有类型的请求头。在跨域场景中，浏览器会根据这个设置来判断是否可以发送含有特定头部信息的请求。例如，如果前端应用需要发送带有自定义头部（如 X-Custom-Header）的请求，则服务器必须明确指出接收这些头部，否则请求会被浏览器阻止。使用*是一种通用设置，表示允许所有类型的请求头。
- ☑ .exposedHeaders("Authorization")：这个设置指定了哪些响应头可以暴露给前端

JavaScript 代码。默认情况下，出于安全考虑，浏览器不会将所有来自服务器的响应头暴露给前端。如果用户希望前端能够读取某些特定的响应头（如 Authorization），就需要在这里显式声明。在本例中，这意味着前端应用可以读取响应中的 Authorization 头部，这对于处理像 JWT 这样的认证令牌非常重要。

在拦截器设置中拦截所有/api/下的请求，同时排除注册和登录路径，这些路径不需要进行 JWT 验证。

JwtRequestFilter 用于拦截请求验证 Token。

```
@Component
public class JwtRequestFilter implements HandlerInterceptor {

    @Autowired
    private JwtUtil jwtUtil;

    @Override
    public boolean preHandle(HttpServletRequest request, HttpServletResponse
response, Object handler) throws Exception {
        // 放行 OPTIONS 请求，以支持跨域预检
        if ("OPTIONS".equalsIgnoreCase(request.getMethod())) {
            return true;
        }
        // 从请求头中提取 JWT
        final String authorizationHeader = request.getHeader("Authorization");
        String username = null;
        String jwt = null;
        if (authorizationHeader != null && authorizationHeader.startsWith
("Bearer ")) {
            jwt = authorizationHeader.substring(7);
            username = jwtUtil.extractUsername(jwt);
        }
        // 如果 JWT 存在且有效，继续处理请求
        if (username != null && jwtUtil.validateToken(jwt)) {
            return true;
        } else {
            // 如果 JWT 无效，则返回未授权错误
            response.sendError(HttpServletResponse.SC_UNAUTHORIZED,
"Unauthorized");
            return false;
        }
    }
}
```

上述代码中单独处理了 OPTIONS 请求，对于跨域请求，浏览器会首先发送一个 OPTIONS 请求作为预检。这个请求不包含自定义头部（如 Authorization），所以拦截器中添加了逻辑，如果是 OPTIONS 请求，就直接放行，不执行 JWT 验证。这避免了预检请求由于缺少 JWT 而被错误地拒绝。

6.4.7　前端页面设计及路由配置

前端共包括以下五个页面。

- ☑ Login.vue：登录页面。
- ☑ Register.vue：注册页面。
- ☑ Profile.vue：个人主页。
- ☑ Admin.vue：管理员页面。
- ☑ Home.vue：系统主页。

针对上述页面，VueRouter 路由配置如下。

```
const routes = [
    {
        path: '/',
        name: 'Home',
        component: Home
    },
    {
        path: '/login',
        name: 'Login',
        component: Login
    },
    {
        path: '/register',
        name: 'Register',
        component: Register
    },

    {
        path: '/admin',
        name: 'Admin',
        component: Admin,
        meta: { requiresAdmin: true } // 仅管理员可访问
    },
    {
      path: '/profile/',
```

```
    name: 'Profile',
    component: Profile,
    props: true,
    meta: { requiresAuth: true}
  }
];

const router = createRouter({
 history: createWebHashHistory(),
   routes
});

router.beforeEach((to, from, next) => {
 const authStore = useAuthStore();
 const userIsAuthenticated = authStore.isLoggedIn;
 const userIsAdmin = authStore.user?.role === 1;
 if (to.matched.some(record => record.meta.requiresAuth)
&& !userIsAuthenticated) {
    next({ name: 'Login' });
  } else if (to.matched.some(record => record.meta.requiresAdmin) &&
!userIsAdmin) {
    next({ name: 'Home' });
  } else {
    next();
  }
});
```

代码解释如下。

- ☑ 定义了五个路由，每个路由对应一个不同的页面组件（Home、Login、Register、Admin、Profile）。
- ☑ Admin 和 Profile 路由通过 meta 属性定义了额外的路由元信息。例如，requiresAdmin 和 requiresAuth，用于指示这些路由需要特定的权限才能访问。
- ☑ 通过 to.matched.some()方法检查即将访问的路由是否有特定的 meta 字段（如 requiresAuth 或 requiresAdmin）。
- ☑ 如果用户未登录（!userIsAuthenticated），且访问的路由需要认证（requiresAuth），则重定向到 Login 页面。
- ☑ 如果用户不是管理员（!userIsAdmin），但试图访问管理员页面（requiresAdmin），则重定向到 Home 页面。

系统主页效果如图 6-1 所示。

图 6-1　系统主页

6.4.8　登录与注册

登录页面提供给普通用户和管理员登录，代码如下。

```
<template>
  <div class="login">
    <el-form @submit.prevent="handleLogin">
      <el-form-item label="用户名">
        <el-input v-model="loginForm.username"></el-input>
      </el-form-item>
      <el-form-item label="密码">
        <el-input type="password" v-model="loginForm.password"></el-input>
      </el-form-item>
      <el-form-item>
        <el-button type="primary" native-type="submit">登录</el-button>
      </el-form-item>
    </el-form>
  </div>
</template>
<script setup>
import { ref } from 'vue';
import { useRouter } from 'vue-router';
import { useAuthStore } from '@/stores/authStore';
import { ElMessageBox } from 'element-plus';

const router = useRouter();
const authStore = useAuthStore();
```

```
const loginForm = ref({ username: '', password: '' });
const handleLogin = async () => {
  try {
    await authStore.login(loginForm.value);
    router.push('/profile'); // 登录成功后重定向到profile
  } catch (error) {
    console.log(error)
    ElMessageBox.alert(
      'Login failed: ' + (error.response?.data || 'Unknown error'),
      'Login Error',
      { type: 'error' }
    );
  }
};
</script>
```

代码解释如下。

- ☑ 使用 useRouter()获取路由实例（router），用于在登录成功后重定向到其他页面。
- ☑ 使用 useAuthStore()获取认证状态管理的 store (authStore)，用于处理登录逻辑。
- ☑ 定义了 handleLogin 函数，当用户提交表单时被调用。这个函数使用 authStore 的 login()方法尝试登录，并在登录成功后重定向到 profile 页面。如果登录失败，则显示一个错误消息框。

登录页效果如图 6-2 所示。

图 6-2　登录页

注册页面仅提供普通用户的注册功能，用户可以通过在此页面输入用户名、密码、确认密码和邮箱来创建一个新用户，代码如下。

```
<template>
  <div class="register">
    <el-form @submit.prevent="handleRegister">
      <el-form-item label="用户名">
        <el-input v-model="registerForm.username"></el-input>
      </el-form-item>
```

```
      <el-form-item label="密码">
        <el-input type="password" v-model="registerForm.password"></el-input>
      </el-form-item>
      <el-form-item label="确认密码">
        <el-input type="password" v-model="registerForm.confirmPassword">
</el-input>
      </el-form-item>
      <el-form-item label="Email">
        <el-input v-model="registerForm.email"></el-input>
      </el-form-item>
      <el-form-item>
        <el-button type="primary" native-type="submit">注册</el-button>
      </el-form-item>
    </el-form>
  </div>
</template>
<script setup>
import { ref } from 'vue';
import { useRouter } from 'vue-router';
import { ElMessageBox } from 'element-plus';
import axios from 'axios'
const router = useRouter();
const registerForm = ref({ username: '', password: '', confirmPassword: '',
email: '' });

const handleRegister = async () => {
  if (registerForm.value.password !== registerForm.value.confirmPassword) {
    ElMessageBox.alert('Passwords do not match', 'Registration Error',
{ type: 'error' });
    return;
  }

  try {
    // 发送 POST 请求到注册端点
    await axios.post('/api/users/register', {
      username: registerForm.value.username,
      password: registerForm.value.password,
      email: registerForm.value.email,
      // 默认为普通用户
      role: 2
    });
    // 注册成功后的逻辑
    ElMessageBox.alert('Registration successful', 'Success', { type:
'success' });
```

```
    router.push('/login');
  } catch (error) {
    ElMessageBox.alert('Registration failed: ' + (error.response?.data?.message || error.message), 'Registration Error', { type: 'error' });
  }
};
</script>
```

代码解释如下。

☑ 使用 useRouter()获取路由实例（router），用于在注册成功后重定向到登录页面。

☑ 定义了 registerForm 响应式变量，用于收集用户输入的注册信息。

☑ 定义了 handleRegister 函数，当用户提交表单时被调用，使用 axios 向后端发送 POST 请求进行用户注册，并在注册成功后显示成功消息并重定向到登录页面。如果注册失败，则显示一个错误消息框。

注册页效果如图 6-3 所示。

图 6-3　注册页

登录功能涉及 authStore.js，用于管理用户的登录状态、用户信息和 JWT 令牌，代码如下。

```
import { defineStore } from 'pinia';
import axios from 'axios';
export const useAuthStore = defineStore('auth', {
    state: () => ({
        isLoggedIn: localStorage.getItem('isLoggedIn') === 'true',
        user: JSON.parse(localStorage.getItem('user')),
        token: localStorage.getItem('token')
    }),
    actions: {
        async login(credentials) {
            try {
                // 首先发送登录请求
```

```
                const loginResponse = await axios.post('/api/users/login', 
credentials);
                const token = loginResponse.data;
                this.token = token;
                localStorage.setItem('token', token);
                axios.defaults.headers.common['Authorization'] = `Bearer 
${token}`;

                // 登录成功后，获取用户信息
                const userResponse = await axios.get(`/api/users/${credentials.
username}`);
                this.user = userResponse.data;
                this.isLoggedIn = true;
                localStorage.setItem('user', JSON.stringify(this.user));
                localStorage.setItem('isLoggedIn', 'true');
            } catch (error) {
                console.error('Login error:', error);
                this.isLoggedIn = false;
                throw error;
            }
        },
        logout() {
            this.isLoggedIn = false;
            this.user = null;
            this.token = null;
            localStorage.removeItem('user');
            localStorage.removeItem('token');
            localStorage.removeItem('isLoggedIn');
            delete axios.defaults.headers.common['Authorization'];
        }
    }
});
```

以上代码中，状态（state）包括以下内容。

☑ isLoggedIn：是一个布尔值，表示用户是否登录。它从本地存储中读取初始值。

☑ user：存储用户的信息，如用户名。它从本地存储中读取初始值。

☑ token：存储用户的 JWT 令牌。它从本地存储中读取初始值。

动作（actions）包括以下内容。

☑ login：这个异步方法处理用户登录过程。它首先使用 axios 向/api/users/login 端点发送登录请求，传递用户的凭据（用户名和密码）。如果登录成功，它会从响应中获取 JWT 令牌，并更新 token 状态，同时将令牌保存到本地存储和 axios 的默认授权头中。然后，它会发送另一个请求以获取用户的详细信息，并更新 user 和

isLoggedIn 状态。如果登录失败，它会抛出错误。

☑ logout：这个方法用于处理用户登出。它会清空 isLoggedIn、user 和 token 状态，并移除本地存储中的相关数据。同时，它还会从 axios 的默认授权头中删除 JWT 令牌。

6.4.9 个人信息修改

用户登录成功后，可以在个人主页修改个人信息或退出登录，代码如下。

```
<template>
  <div class="profile">
    <el-form @submit.prevent="updateProfile">
      <el-form-item label="用户名">
        <el-input v-model="profileForm.username" disabled></el-input>
      </el-form-item>
      <el-form-item label="邮箱">
        <el-input v-model="profileForm.email"></el-input>
      </el-form-item>
      <el-form-item label="新密码">
        <el-input type="password" v-model="profileForm.password" placeholder=
"New Password"></el-input>
      </el-form-item>
      <el-form-item>
        <el-button type="primary" native-type="submit">修改信息</el-button>
      </el-form-item>
    </el-form>
  </div>
</template>
<script setup>
import { ref} from 'vue';
import { useUserStore } from '@/stores/userStore';
import { useAuthStore } from '@/stores/authStore';
import { ElMessageBox } from 'element-plus';
const userStore = useUserStore();
const profileForm = ref({
  username: '',
  email: '',
  password: ''
});
const authStore = useAuthStore();
const userInfo = authStore.user;
profileForm.value = { ...userInfo, newPassword: '' };
```

```
const updateProfile = async () => {
  try {
    // 调用更新用户信息的 API
    await userStore.updateUserInfo(profileForm.value);
    ElMessageBox.alert('Profile updated successfully', 'Success', { type:
'success' });
  } catch (error) {
    ElMessageBox.alert('Failed  to  update  profile',  'Error',  {  type:
'error' });
  }
};
</script>
```

代码解释如下。

☑ 使用 useUserStore 和 useAuthStore 来访问 Pinia 状态管理中的用户信息和认证状态。

☑ 定义 profileForm 作为响应式数据对象，用于存储用户的当前信息（用户名、邮箱和新密码）。

☑ 在组件初始化时，将从 authStore 中获取的用户信息赋值给 profileForm，以便在表单中展示。

☑ updateProfile 是一个异步函数，用于处理表单提交事件。它调用 userStore 中的 updateUserInfo()方法来发送更新用户信息的请求。如果更新成功，则会显示一个成功提示框；如果失败，则显示错误提示。

个人信息修改涉及 userStore.js，用于处理用户数据的获取和更新操作，代码如下。

```
import { defineStore } from 'pinia';
import axios from 'axios';
export const useUserStore = defineStore('user', {
   state: () => ({
      currentUser: null,
      users: []
   }),
   actions: {
      async fetchCurrentUser(username) {
         try {
            const response = await axios.get(`/api/users/${username}`);
            this.currentUser = response.data;
         } catch (error) {
            console.error('Error fetching user:', error);
         }
      },
      async updateUserInfo(userInfo) {
         try {
```

```
          const response = await axios.put(`/api/users/`, userInfo);
          this.currentUser = response.data;     // 更新 currentUser
        } catch (error) {
          console.error('Error updating user:', error);
        }
      },
      async fetchUsers() {
        try {
          const response = await axios.get('/api/users');
          return response.data;                    // 仅适用于管理员
        } catch (error) {
          console.error('Error fetching users:', error);
        }
      }
    }
});
```

以上代码中状态（state）包括：

- ☑ currentUser：存储当前用户的信息。
- ☑ users：存储系统中所有用户的列表（主要用于管理员查看所有用户）。

动作（actions）包括：

- ☑ fetchCurrentUser：异步操作，用于根据用户名从后端 API 获取当前用户的信息。如果成功，则更新 currentUser 状态；如果失败，则记录错误信息。
- ☑ updateUserInfo：异步操作，用于向后端 API 发送请求以更新当前用户信息。请求成功后，currentUser 状态会被更新为最新的用户信息。
- ☑ fetchUsers：异步操作，用于从后端 API 获取所有用户的信息。该操作主要适用于管理员角色，以便获取整个系统的用户列表。请求成功后，返回所有用户的数据。

个人主页效果如图 6-4 所示。

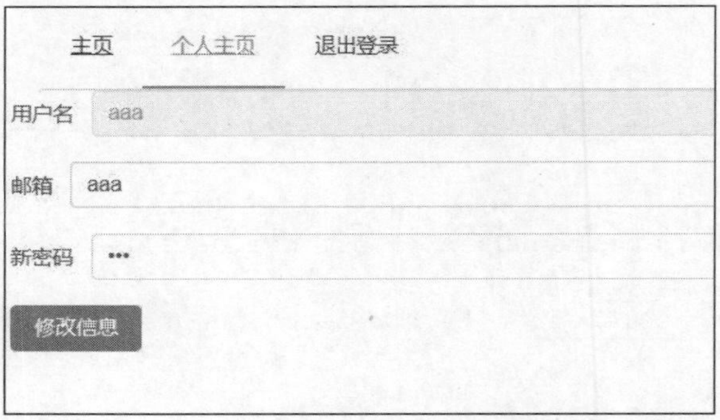

图 6-4　个人主页

6.4.10　管理员页面

管理员页面用于显示和管理系统中所有用户的信息，以及提供删除用户的功能，代码如下。

```
<template>
  <div class="admin">
    <el-table :data="users" style="width: 100%">
      <el-table-column prop="username" label="Username"></el-table-column>
      <el-table-column prop="email" label="Email"></el-table-column>
      <el-table-column label="Actions">
        <template #default="scope">
          <el-button  type="danger"  @click="confirmDelete(scope.row.id)">
Delete</el-button>
        </template>
      </el-table-column>
    </el-table>
  </div>
</template>
<script setup>
import { ref, onMounted } from 'vue';
import { useUserStore } from '@/stores/userStore';
import { ElMessageBox } from 'element-plus';
import axios from 'axios'
const userStore = useUserStore();
const users = ref([]);
onMounted(async () => {
  try {
    users.value = await userStore.fetchUsers();
  } catch (error) {
    ElMessageBox.alert('Failed to fetch users', 'Error', { type: 'error' });
  }
});
const confirmDelete = (userId) => {
  ElMessageBox.confirm('Are  you  sure  you  want  to  delete  this  user?',
'Confirm', {
    confirmButtonText: 'Yes',
    cancelButtonText: 'No',
    type: 'warning',
  }).then(() => {
    deleteUser(userId);
  }).catch(() => {
```

```
      // 处理取消操作
    });
  };
  const deleteUser = async (userId) => {
    try {
      await axios.delete(`/api/users/${userId}`);
      users.value = await userStore.fetchUsers();
    } catch (error) {
      ElMessageBox.alert(
        'Login failed: ' + (error.response?.data?.message || 'Unknown error'),
        'Login Error',
        { type: 'error' }
      );
    }
  };
</script>
```

代码解释如下。

- ☑ onMounted 生命周期钩子中，异步加载用户数据并将其存储在 users 变量中。如果请求失败，显示错误消息框。
- ☑ confirmDelete()方法显示一个确认对话框，询问管理员是否确定删除用户。如果确认，则调用 deleteUser()方法执行删除操作。
- ☑ deleteUser()方法使用 axios 发送 DELETE 请求到后端 API 删除指定用户。删除成功后，会重新加载并更新用户列表。

管理员页面如图 6-5 所示。

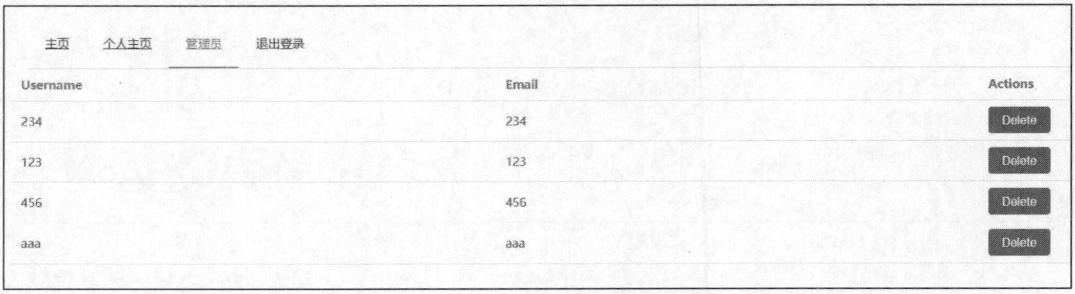

主页　个人主页　管理员　退出登录

Username	Email	Actions
234	234	Delete
123	123	Delete
456	456	Delete
aaa	aaa	Delete

图 6-5　管理员页面

第 7 章 测试与部署

通过本章内容的学习，可以达到以下目标。

（1）了解软件测试的基本原则和方法。

（2）理解 Spring Boot 应用的测试策略。

（3）掌握 Vue 应用的测试过程。

（4）掌握 Spring Boot 和 Vue 应用的部署技巧。

本章主要介绍软件测试与部署的综合应用，在 Spring Boot 和 Vue 3 的开发环境中，如何高效地结合这两者进行有效的软件质量保证和流畅部署。

7.1 软件测试概述

在现代软件开发中，软件测试扮演着至关重要的角色，本节将详细介绍软件测试的基本概念及 Spring Boot 3 测试的方法。

7.1.1 基本概念

软件测试是一个系统的过程，旨在运行一个程序或应用，以确保它符合特定的设计和功能要求，并且能够在各种条件下正确地执行其预期功能。这个过程包括使用各种测试方法和工具对软件进行评估，如代码质量、用户体验、安全性和性能等。

在软件开发过程中，测试是不可或缺的一部分。它不仅是发现错误或漏洞，还是一个全面评估和确保软件产品达到既定标准和用户期望的过程。测试有助于检测和解决问题，以便在软件发布前发现潜在的缺陷。

软件测试不仅能确保产品质量符合要求，也是满足用户需求、符合行业标准的重要手段，其重要性主要体现在以下 5 个方面。

（1）确保软件质量：测试确保软件在不同环境（如不同设备和操作系统）中表现出

一致性和稳定性，满足各种用户场景的需求。

（2）发现和修复错误：通过系统的测试过程，能够发现软件中的逻辑错误、用户界面问题、性能瓶颈和安全漏洞。使得问题能够在早期被发现和修复，避免在软件发布后出现更大的问题。

（3）提升用户满意度：确保软件界面友好、易于使用，功能齐全且无重大缺陷，从而提升用户满意度。

（4）符合法规和标准：特别是在金融、医疗和政府等敏感领域，确保软件满足特定的法规和标准要求。

（5）降低维护成本：通过测试，能及时发现和修复问题，减少了长期维护的需要，良好的测试覆盖率和代码质量可以简化未来的功能迭代和维护工作。

7.1.2 测试的分类及工具

测试可以根据其关注的范围和目的被分为不同的类型，其中最主要的包括单元测试、集成测试和端到端测试（E2E 测试）。

1. 单元测试

单元测试是针对软件中的最小可测试单元（通常是一个函数或方法）的测试，它专注于验证单个组件的行为是否符合预期。

单元测试的特点如下。

☑ 隔离性：单元测试通常在隔离的环境中执行，不依赖于外部系统或组件。

☑ 速度快：由于测试范围较小，单元测试通常执行得非常快。

☑ 频繁运行：可以在开发过程中频繁地运行单元测试，以确保代码的更改没有破坏现有功能。

在 Java 开发领域，最常用于单元测试的工具是 JUnit，它广泛被应用于测试各种 Java 应用程序的独立单元。对于 Java Web 开发，Mockito 是一个流行的选择，专门用于服务层的单元测试。而 MockMvc 则经常被用来测试控制器层，以确保 MVC 结构中的 Web 层能够正常运作。

在前端开发中，Jest 作为一个通用的 JavaScript 测试框架，被广泛应用于各类 JavaScript 和前端项目中。对于 Vue 开发者而言，Vitest 提供了一个高效的单元测试解决方案，它基于 Vite 构建，专门针对 Vue 应用进行优化。

2. 集成测试

集成测试关注的是多个组件或系统之间交互的正确性，主要是验证不同模块或服务之间的接口和数据流是否按预期工作。

集成测试的特点如下。

☑　组件交互：检查不同组件或服务之间的接口和数据传递。

☑　发现接口问题：可以揭露模块间的集成和交互问题，这些在单元测试中可能无法发现。

☑　复杂性更高：由于涉及多个组件，集成测试通常比单元测试复杂。

Spring Boot 为集成测试提供了一个专门的工具，名为@SpringBootTest 注解，它在创建项目时通常会被自动包含在依赖中。这个工具允许开发者在一个接近真实的应用环境的情况下测试整个应用，包括其数据库交互、REST API 等。

在 Vue 开发中，集成测试通常与组件测试有所重叠，而我们之前提到的 Vitest 不仅适用于单元测试，也可以有效地用于测试单个 Vue 组件及其交互。除此之外，还有诸如 Cypress 这样的工具，它不仅适用于集成测试，也可以用于更复杂的端到端测试场景，特别是当涉及完整的用户界面和前端逻辑时。

3．端到端测试

端到端测试涉及测试整个应用程序流程，从用户界面到数据处理，再到后端服务和数据库，模拟真实用户场景。

端到端测试的特点如下。

☑　全面性：覆盖整个应用程序的工作流程。

☑　用户体验：模拟真实用户的行为，验证用户交互的各个方面。

☑　环境依赖性：通常需要一个与生产环境相似的测试环境来执行。

在 Web 开发领域，Selenium 被广泛认为是最流行的端到端测试工具之一。它不仅支持多种浏览器，还能模拟真实用户的交互行为，从而有效地进行自动化测试。

Selenium 的强大之处在于它的灵活性和扩展性，可以与多种编程语言和测试框架一起使用，使其成为自动化测试领域的关键工具。它的广泛应用不仅限于简单的页面测试，还包括复杂的用户交互序列和跨浏览器的测试，为确保 Web 应用的质量和用户体验提供了强有力的支持。

7.2　Spring Boot 应用测试

本节主要讲解各层的单元测试及集成测试，对于端到端测试，在企业中通常由测试工程师完成，本节不再单独介绍相关工具。

7.2.1 控制层单元测试

在 Spring Boot 应用中，对控制层的单元测试通常使用 MockMvc 来实现。MockMvc 提供了一种便捷的方式来快速测试 HTTP 请求和响应，并且可以轻松地与 JUnit 结合使用。

MockMvc 是一个由 Spring Test 提供的构建器，用于模拟整个 MVC 环境，而不用启动完整的 HTTP 服务器。它适用于测试 Spring MVC 控制器，并且可以检查请求的响应状态、内容和头信息，使用 MockMvc 进行控制层的测试能够快速且准确地验证 HTTP 接口的行为，确保控制器按预期工作。

首先，要使用 MockMvc，只需要确保项目中包含了 Spring Boot Test Starter 的依赖。对于 Maven 项目，在 pom.xml 文件中添加如下依赖。

```
<dependency>
   <groupId>org.springframework.boot</groupId>
   <artifactId>spring-boot-starter-test</artifactId>
   <scope>test</scope>
</dependency>
```

然后，可以使用@WebMvcTest 注解来设置测试类。这个注解会自动配置 MockMvc 实例。

```
@WebMvcTest(YourController.class)
public class YourControllerTest {

   @Autowired
   private MockMvc mockMvc;

   // ... 其他依赖 ...

   // ... 测试方法 ...
}
```

上述代码中的@WebMvcTest 是一个专门用于测试 Spring MVC 控制器的注解，括号内的 YourController.class 指定了要测试的控制器类。在这个例子中，它表示测试的焦点将仅限于 YourController。

这个注解会自动配置 Spring MVC 基础设施，同时仅加载与 YourController 相关的 beans，如控制器本身和相关的依赖项。

在测试方法中，可以使用 MockMvc 来模拟 HTTP 请求，并验证响应，示例代码如下。

```
@Test
```

```
public void testYourEndpoint() throws Exception {
    // 模拟 HTTP 请求并验证响应
    mockMvc.perform(get("/your-endpoint"))
            .andExpect(status().isOk())
            .andExpect(content().contentType(MediaType.APPLICATION_JSON))
            .andExpect(jsonPath("$.data").exists());
    // 更多验证...
}
```

在这个例子中，先使用 perform()方法模拟了一个 HTTP GET 请求。接着通过 andExpect 方法链来验证响应的状态码、内容类型和 JSON 结构是否符合预期，代码解释如下。

☑ @Test 是 JUnit 的注解，用于标识这个方法是一个测试方法。当运行测试时，JUnit 会执行标记有@Test 的方法。

☑ mockMvc.perform(get("/your-endpoint"))中的 mockMvc 对象用于模拟发送 HTTP 请求，perform(get("/your-endpoint"))表示执行一个 HTTP GET 请求到指定的端点/your-endpoint。

☑ andExpect 用于断言，此处的多个 andExpect 方法分别用于验证 HTTP 响应的状态码是否为 200 OK、检查响应的内容类型（Content-Type）是否为 application/json、验证响应的 JSON 内容中是否存在 data 字段。

在使用 MockMvc 进行 Spring MVC 控制器的测试时，除了模拟基本的 GET 请求，还可以采用一些高级技巧来模拟更复杂的场景。

例如，模拟请求数据，模拟一个 POST 请求并发送 JSON 数据，代码如下。

```
mockMvc.perform(post("/your-endpoint")
            .contentType(MediaType.APPLICATION_JSON)
            .content("{\"key\": \"value\"}"))
    .andExpect(status().isOk());
```

在这个示例中，post("/your-endpoint")创建了一个针对特定端点的 POST 请求，.contentType (MediaType.APPLICATION_JSON)设置了请求体的内容类型，.content("{\"key\": \"value\"}")则提供了实际发送的 JSON 数据。

除了请求方法和内容，还可以设置请求头部，以模拟更接近实际应用场景的请求。如下示例中，添加了一个自定义的请求头，并发送了 XML 内容。

```
mockMvc.perform(post("/your-endpoint")
            .header("Custom-Header", "headerValue")
            .contentType(MediaType.APPLICATION_XML)
            .content("<xml></xml>"))
    .andExpect(status().isOk());
```

在这个例子中，.header("Custom-Header", "headerValue")添加了一个自定义的请求头，而.contentType(MediaType.APPLICATION_XML)和.content("<xml></xml>")则分别设置了内容类型为 XML，并提供了 XML 格式的请求体。

需要注意的是，在单元测试中，需要确保每个测试独立运行，不依赖其他测试的状态或结果。

控制层的单元测试应专注于控制层的行为，而不是深入到业务逻辑或服务层的实现，这意味着，如果控制器依赖于服务层，那么这些服务应该被模拟，以便将测试焦点保持在控制器逻辑上。

同时，需要确保对每个请求的响应进行充分的验证，包括状态码、返回的内容类型、响应体和任何错误信息。

7.2.2 服务层测试

在 Spring Boot 应用中，服务层的测试经常涉及使用 Mockito 框架。Mockito 允许创建和使用 mock 对象，这些 mock 对象可以模拟服务层依赖的行为，使得测试更加专注和隔离。下面介绍如何使用 Mockito 进行服务层测试。

首先要确保项目中包含了 Mockito 的依赖。对于 Maven 项目，可以在 pom.xml 文件中添加如下依赖。

```
<dependency>
    <groupId>org.mockito</groupId>
    <artifactId>mockito-core</artifactId>
    <version>4.6.1</version>
    <scope>test</scope>
</dependency>
```

假设有一个服务层类 MyService，它依赖于一个 MyRepository 类。下面是如何使用 Mockito 来测试 MyService 的一个例子。

（1）创建一个测试类 MyServiceTest，并使用@ExtendWith(MockitoExtension.class)注解来启用 Mockito 支持。

```
@ExtendWith(MockitoExtension.class)
public class MyServiceTest {

    @Mock
    private MyRepository myRepository;

    @InjectMocks
```

```
    private MyService myService;

    // ... 测试方法 ...
}
```

上述代码中，使用@Mock 注解创建了需要模拟的依赖对象。MyRepository 被模拟了，这表示在测试中，不会使用实际的数据访问层，而是使用一个 mock 对象。

@InjectMocks 注解用于自动注入 mock 对象到服务组件中，myService 中的 MyRepository 依赖将被 Mockito 自动替换为 mock 对象。

（2）在测试方法中，你可以使用 Mockito 提供的方法来定义 mock 对象的行为（如 when(...).thenReturn(...)）并调用你的服务方法。

```
@Test
public void testPerformAction() {
    // 设置模拟行为
    when(myRepository.someMethod()).thenReturn(expectedValue);

    // 调用服务层方法
    ResultType result = myService.performAction();

    // 验证结果
    assertEquals(expectedResult, result);

    // 验证交互
    verify(myRepository).someMethod();
}
```

在这个例子中，someMethod()是 MyRepository 中的一个方法，我们通过 when(...).thenReturn(...)来设定其预期行为，具体解释如下。

☑ when(myRepository.someMethod()).thenReturn(expectedValue)是 Mockito 的语法，用于模拟 myRepository（一个依赖对象）中 someMethod 方法的行为，表示当 someMethod 被调用时，它将返回 expectedValue，这是预先定义的返回值。这样的模拟允许你在测试中只控制依赖对象的行为，而不依赖其真实实现。

☑ ResultType result = myService.performAction(); 这行代码调用了服务层的 performAction 方法，并将结果存储在变量 result 中，这是测试的实际方法。

☑ assertEquals(expectedResult, result);是一个断言，用于验证 performAction 方法的实际结果是否符合预期，assertEquals 检查 expectedResult（测试中预先定义的期望结果）和 result（方法返回的实际结果）是否相等。

☑ verify(myRepository).someMethod();这行代码使用 Mockito 的 verify 方法来检查

myRepository 的 someMethod 是否被调用，这是一个重要的验证步骤，它确保了在 performAction 方法执行过程中，确实调用了依赖的 someMethod 方法。

注意：

使用 mock 来隔离测试的重点，不要模拟系统行为，如数据库操作或外部服务调用。测试的目的是验证代码的逻辑，而不是依赖项的行为。

7.2.3 数据访问层测试

当需要对涉及数据库操作的代码进行测试时，通常会配置测试数据库，使得测试独立于外部数据库环境。

在 Spring Boot 应用中，通常使用 H2 这种内存数据库来进行测试，因为它轻量、快速，并且易于配置，下面是配置测试数据库（以 H2 为例）的步骤。

（1）确保项目中包含了 H2 数据库的依赖。在 Maven 的 pom.xml 文件中，添加如下依赖。

```
<dependency>
   <groupId>com.h2database</groupId>
   <artifactId>h2</artifactId>
   <scope>test</scope>
</dependency>
```

（2）在测试资源目录（通常是 src/test/resources）中，创建或修改 application.properties，以配置 H2 数据库。

```
spring.datasource.url=jdbc:h2:mem:testdb;DB_CLOSE_DELAY=-1;DB_CLOSE_ON_
EXIT=FALSE
spring.datasource.driverClassName=org.h2.Driver
spring.datasource.username=sa
spring.datasource.password=
spring.jpa.database-platform=org.hibernate.dialect.H2Dialect
```

（3）进行数据访问层（Repository）的测试，使用@DataJpaTest 注解。这个注解会自动配置 H2 数据库作为测试数据库，并执行必要的初始化。

```
@RunWith(SpringRunner.class)
@DataJpaTest
public class YourRepositoryTests {

   @Autowired
   private YourRepository repository;
```

```
    // ... 测试方法 ...
}
```

需要注意的是，@DataJpaTest 注解是专门为测试 Spring Data JPA 相关的组件而设计的。它的主要目的是测试 JPA repositories，提供了一系列自动配置，特别适合用于测试使用 Spring Data JPA 的应用程序。

对于使用 MyBatis 或 MyBatis-Plus 的项目，@DataJpaTest 注解并不适用，MyBatis-Plus 专门提供了@MybatisPlusTest 注解用于快速配置测试类。

（4）要使用@MybatisPlusTest 注解，首先需要添加如下测试依赖。

```
<dependency>
    <groupId>com.baomidou</groupId>
    <artifactId>mybatis-plus-boot-starter-test</artifactId>
    <version>3.5.4.1</version>
</dependency>
```

（5）通过@MybatisPlusTest 可快速编写 Mapper 对应的测试类，实现快速测试代码。

```
@MybatisPlusTest
class MybatisPlusSampleTest {

    @Autowired
    private SampleMapper sampleMapper;
    @Test
    void testInsert() {
        Sample sample = new Sample();
        sampleMapper.insert(sample);
        assertThat(sample.getId()).isNotNull();
    }
}
```

7.2.4　集成测试

在 Spring Boot 3 中进行集成测试时，@SpringBootTest 注解是一个关键工具，它提供了一种测试整个应用程序上下文的方法，包括全部的 Spring 配置。这种全栈测试对于验证应用的各个组件是否能够协同工作至关重要。

@SpringBootTest 注解用于创建一个完整的应用程序上下文，这意味着它不仅加载了所有的 Spring Beans，还设置了整个应用程序的运行环境。这对于测试那些需要依赖于 Spring Boot 特性和完整配置的组件非常有用。

可以直接使用@SpringBootTest 注解来标记测试类，这将告诉 Spring Boot 为测试准备一个完整的应用上下文，代码如下。

```
@SpringBootTest
public class FullStackIntegrationTest {

    // 注入需要的组件
    @Autowired
    private SomeService someService;

    // 其他依赖...

    // 测试方法...
}
```

如果需要配置一些特定的属性或模拟外部服务以适应测试环境，可以在 src/test/resources 目录下的 application.properties 或 application.yml 文件中进行配置，或者直接在测试类中使用@TestPropertySource 或@ActiveProfiles。

在集成测试中，需要测试服务层、数据访问层和控制层的交互。例如，测试从发出 HTTP 请求到数据库层的整个流程。

```
@Test
public void testApplicationServiceLayer() {
    // 调用服务层方法
    ServiceResponse response = someService.performServiceAction();

    // 验证结果
    assertNotNull(response);
    // 其他验证...
}
```

在集成测试中，也可以结合使用 MockMvc 来测试 Web 层。

```
@Autowired
private MockMvc mockMvc;

@Test
public void testController() throws Exception {
    mockMvc.perform(get("/some-endpoint"))
           .andExpect(status().isOk())
           .andExpect(content().contentType(MediaType.APPLICATION_JSON));
    // 其他验证...
}
```

使用@SpringBootTest 进行全栈集成测试是验证 Spring Boot 应用在更接近生产环境中运行情况的有效方法。通过这种方式，可以确保应用的各个部分不仅能够单独工作，而且能够作为一个整体正确交互。

7.3　Vue 应用测试

本节主要介绍前端测试库 Jest 和 Vitest 的使用。

7.3.1　使用 Jest

Jest 是一个流行的 JavaScript 测试框架，广泛用于单元测试和集成测试，它以简单、快速和易于配置著称。

1．安装配置

要使用 Jest，首先需要安装 Jest。

```
npm install --save-dev jest
```

在大多数情况下，Jest 可以零配置运行。但如果需要自定义配置（如指定测试文件的模式、设置测试环境等），可以在 package.json 中添加 Jest 配置，或者创建一个 jest.config.js 文件。

（1）如果在 package.json 中添加 Jest 配置，可以直接添加一个 jest 字段，用于自定义 Jest 的行为。以下是一个示例配置。

```
{
  "name": "your-project",
  "version": "1.0.0",
  "scripts": {
    "test": "jest"
  },
  "jest": {
    "verbose": true,
    "testMatch": ["**/?(*.)+(spec|test).js"],
    "collectCoverage": true,
    "collectCoverageFrom": ["src/**/*.js"]
  },
  "devDependencies": {
    "jest": "^26.0.0"
```

```
  }
}
```

在这个配置中：

☑ verbose：设置为 true，以在测试时显示详细输出。

☑ testMatch：指定测试文件的模式，这里是匹配任何以.spec.js 或.test.js 结尾的文件。

☑ collectCoverage：开启代码覆盖率收集。

☑ collectCoverageFrom：指定需要收集覆盖率信息的文件路径。

（2）另一种方式是在项目根目录下创建一个 jest.config.js 文件，可以提供一种更模块化和可维护的方式来管理 Jest 配置。以下是一个基本的配置示例。

```
module.exports = {
  verbose: true,
  testMatch: ["**/?(*.)+(spec|test).js"],
  collectCoverage: true,
  collectCoverageFrom: ["src/**/*.js"],
  // 其他配置...
};
```

这个配置与 package.json 中的配置相似，但它是作为一个单独的模块存在的。这种方式使得配置更加清晰，特别是对于较大的项目或当有许多自定义配置时。

2．编写测试用例

Jest 用例通常编写在与源代码相邻的测试文件中，这些文件通常以.test.js 或.spec.js 结尾。例如，如果有一个名为 example.js 的文件，相应的测试文件可以命名为 example.test.js。然后，在测试文件中，使用 test 或 it 函数定义测试用例，在函数内容中使用 expect 函数和匹配器（如 toEqual、toBe 等）来表达预期结果。

示例代码如下。

```
// example.test.js
const { add } = require('./example');

test('adds 1 + 2 to equal 3', () => {
  expect(add(1, 2)).toBe(3);
});
```

这段代码是一个使用 Jest 编写的简单的单元测试用例。下面是对代码的逐行解释。

（1）const { add } = require('./example');这行代码从名为 example 的模块导入了一个 add 函数。假设在 example.js 文件中有一个定义了 add 函数的实现，该函数的作用可能是将两个数字相加。

（2）test('adds 1 + 2 to equal 3', () => { ... });这行代码中，test 是 Jest 提供的一个全局函数，用于定义一个测试用例。这个函数接收两个参数：一个字符串描述测试用例的内容，一个实现测试逻辑的回调函数。在这个例子中，测试描述为“adds 1 + 2 to equal 3”，意味着这个测试将验证 add 函数是否能正确地把 1 和 2 相加得到 3。

（3）expect(add(1, 2)).toBe(3);这行代码是测试用例的主要部分，其中使用了 expect 函数和一个匹配器 toBe。expect(add(1, 2))会调用 add 函数，传入 1 和 2 作为参数，并返回结果，.toBe(3)是一个匹配器，用来测试 expect 函数返回的结果是否等于 3。如果 add(1, 2)返回 3，则测试就会通过；如果返回的不是 3，则测试就会失败，并报告错误。

3．运行测试

运行 Jest 测试通常很简单，可以通过执行以下命令实现。

```
npx jest
```

npx 是一个 npm 包运行器，它随 npm 5.2.0 及更高版本一起发布。它的主要用途是从 npm 注册表中直接执行包的二进制文件，而无须全局安装这些包。

也可以在 package.json 中添加一个脚本来运行测试。

```
"scripts": {
  "test": "jest"
}
```

然后运行该脚本。

```
npm run test
```

4．高级功能

在 JavaScript 中，异步操作是非常常见的，因此能够有效地测试这些异步操作至关重要。Jest 提供了两种方法来处理异步测试。

（1）如果函数返回一个 Promise，则可以在测试中返回这个 Promise。Jest 会等待这个 Promise 解决（resolve）或拒绝（reject），例如：

```
test('async test with Promise', () => {
  return fetchData().then(data => {
    expect(data).toBe('expected data');
  });
});
```

（2）Jest 支持使用 modern JavaScript 的 async/await 语法进行异步测试，例如：

```
test('async test with async/await', async () => {
  const data = await fetchData();
  expect(data).toBe('expected data');
});
```

除了支持异步操作，Jest 还提供了丰富的 Mocking 功能，Mocking 是在测试中替换复杂、不可预测或外部依赖的一种技术。

Jest 允许模拟整个模块，这在测试与外部系统（如网络请求、数据库调用等）交互的代码时非常有用。

例如，可以模拟 axios 这样的 HTTP 客户端。

```
jest.mock('axios');
```

Jest 也可以让你模拟单个函数，无论是作为模块的一部分还是作为对象的方法。这在测试那些依赖于特定行为的函数时非常有帮助。

```
jest.fn(() => 'mocked value');
```

通过这些高级功能，Jest 使得测试现代 JavaScript 应用变得更简单、更灵活，特别是在处理异步操作和外部依赖时。

注意：

Jest 不是为 Vite 专门设计的，如果 Vue 项目是通过 Vite 创建的，可以通过 vite-jest 包在基于 Vite 的项目中使用 Jest。这对于那些已经有现成的 Jest 测试配置的项目来说是一个方便的选项。

官方文档建议，如果你的项目已经在使用 Jest，并且打算迁移到基于 Vite 的构建系统，那么继续使用 Jest 是有意义的。

7.3.2 使用 Vitest

对于新的 Vite 项目或那些考虑重写测试配置的项目来说，Vitest 是一个更好的选择。Vitest 是专门为 Vite 设计的测试框架，提供了与 Vite 更无缝的集成和更优的性能。Vitest 可以更好地利用 Vite 的特性，如快速冷启动和 ES 模块支持，使得测试运行更加高效。

1. 安装设置 Vitest

在 Vue 3 项目中安装和配置 Vitest，如果项目是用 Vite 创建的，可以轻松地添加 Vitest 作为依赖。

```
npm install -D vitest
```

在 vite.config.js 文件中，添加 Vitest 的配置。

```
import { defineConfig } from 'vite';
import vue from '@vitejs/plugin-vue';
import { vi } from 'vitest';

export default defineConfig({
  plugins: [vue()],
  test: {
    // Vitest 相关配置
    globals: true,
    environment: 'jsdom',
  },
});
```

这段代码是一个用于配置使用 Vite 和 Vitest 的 Vue 项目的示例。下面是对代码的解释。

☑ globals: true：这个选项设置为 true 意味着在测试文件中可以直接使用全局的测试方法，如 describe、test、expect 等，而无须单独导入它们。这样可以简化测试代码的编写。

☑ environment: 'jsdom'：这个选项指定测试环境使用 jsdom。jsdom 是一个用 JavaScript 实现的浏览器环境模拟，它允许在 Node.js 环境中模拟足够的浏览器功能，使得可以测试那些依赖于 DOM API 的代码。

2. 编写测试用例

在项目中创建名字以*.test.js 结尾的文件。你可以把所有的测试文件放在项目根目录下的 test 目录中，或者放在源文件旁边的 test 目录中。Vitest 会使用命名规则自动搜索它们。示例如下。

```
// MyComponent.test.js
import { render } from '@testing-library/vue'
import MyComponent from './MyComponent.vue'

test('it should work', () => {
  const { getByText } = render(MyComponent, {
    props: {
      /* ... */
    }
  })

  // 断言输出
  getByText('...')
})
```

在 package.json 中添加测试命令。

```
{
  // ...
  "scripts": {
    "test": "vitest"
  }
}
```

运行测试命令。

```
npm run test
```

7.4 Spring Boot 应用部署

本节主要介绍 Spring Boot 应用的部署方法。

7.4.1 使用 Maven 构建应用

部署 Spring Boot 3 应用通常需要将程序打包为可执行的 JAR 文件，Maven 与 Spring Boot 集成紧密，可以轻松管理 Spring Boot 应用的依赖、构建和打包。Spring Boot 提供了一个 Maven 插件，简化了打包成可执行 JAR 文件的过程。

接下来，详细介绍使用 Maven 构建应用的步骤。

1. 配置 pom.xml

我们需要先确保 pom.xml 文件中正确配置了 Spring Boot Maven 插件，这个插件负责打包应用并生成可执行的 JAR 文件。一个基本的配置如下所示。

```
<project>
    <!-- ... 其他配置 ... -->
    <build>
        <plugins>
            <plugin>
                <groupId>org.springframework.boot</groupId>
                <artifactId>spring-boot-maven-plugin</artifactId>
                <version>2.3.7.RELEASE</version>
                <configuration>
                    <mainClass>com.example.SystemApplication</mainClass>
                </configuration>
```

```
                <executions>
                    <execution>
                        <id>repackage</id>
                        <goals>
                            <goal>repackage</goal>
                        </goals>
                    </execution>
                </executions>
            </plugin>
        </plugins>
    </build>
    <!-- ... 其他配置 ... -->
</project>
```

这段配置是用来设置 Maven 如何使用 Spring Boot Maven 插件来构建应用的。一般在创建 Spring Boot 应用时会自动生成，通过这个配置，Maven 将自动编译代码，执行测试，并将应用打包成一个可执行的 JAR 文件，该文件包含了所有必需的依赖以及用于启动应用的正确主类，其中：

☑ <configuration>标签中的<mainClass>指定了打包成 JAR 文件后，应用启动时的主类。例如，这里的 com.example.SystemApplication 是包含 main 方法的主启动类。

☑ <executions>定义了插件目标的执行策略，这里通过内部的<goal>标签指定插件的具体目标。例如，这里的 repackage 目标是 Spring Boot Maven 插件的一个特性，它负责重新打包应用，以便可以作为一个可执行的 JAR 文件运行。

2. 构建应用

使用 Maven 的 package 命令可以构建 Spring Boot 项目，这个过程包括编译源代码、运行测试，并最终打包成 JAR 文件。这样的构建流程确保了代码的质量，并生成了可直接运行的应用程序包。

在项目的根目录下，打开终端或命令提示符，执行以下命令来启动构建过程。

```
mvn package
```

这个命令会触发以下操作。

☑ 编译源代码：Maven 编译项目中的 Java 源文件。

☑ 运行测试：执行单元测试和集成测试，确保代码更改不会引入错误。

☑ 打包应用：将编译后的代码和所有依赖项打包成一个 JAR 文件。

以上操作完成后，Maven 会在 target 目录下生成一个可执行的 JAR 文件，这个文件包括了应用程序、所有必需的依赖项，以及 Spring Boot 的内嵌 Tomcat 服务器，使其可以独立运行。

如果使用 IntelliJ IDEA（简称 IDEA）作为集成开发环境，可以通过 IDEA 中的 Maven 插件来执行相同的构建过程，使用 IDEA 的 Maven 插件可以更方便地管理 Maven 生命周期，具体步骤如下。

（1）在 IntelliJ IDEA 的右侧面板中，打开 Maven 项目视图。

（2）展开项目树，找到 Lifecycle 部分。

（3）双击 package 选项，将会执行与命令行相同的构建过程。

具体操作如图 7-1 所示。

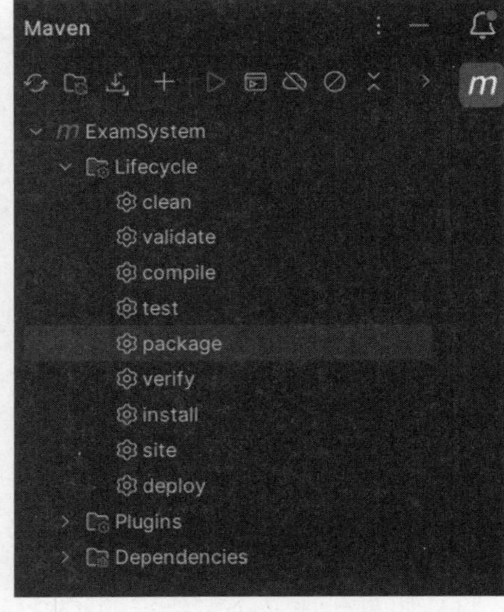

图 7-1　IDEA 的 Maven 插件构建操作

7.4.2　应用部署

在讲解了使用 Maven 构建 Spring Boot 应用的过程之后，下一步是探讨将构建好的应用部署到不同的环境中。部署是软件开发过程中的一个关键阶段，它决定了应用如何被用户访问。

Spring Boot 程序常见的部署方式有本地服务器部署、容器化部署和云服务部署。选择哪种适合的部署方式取决于多种因素，如应用的规模、团队的经验、资源的可用性以及业务需求。接下来我们将详细探讨每种部署方式的具体步骤、优点和考虑因素，以帮助读者做出最适合自己项目的选择。

1. 本地服务器部署

部署到本地服务器是最传统的方法，适用于需要控制环境、数据保密性要求高或对云服务有限制的场景。此种方式可以完全控制硬件和软件环境，适合高定制化需求。但需要自己管理硬件和维护操作系统、备份、把控安全等。

以下是将打包好的应用部署至本地服务器的基本步骤。

（1）确保本地服务器拥有运行 Spring Boot 应用所需的环境，主要是 Java 运行时环境（JRE），如果没有安装 Java，需要安装与你的 Spring Boot 应用兼容的 Java 版本，Spring Boot 3 要求的是 Java 17 以上版本，检查 Java 版本的命令如下。

```
java -version
```

（2）将构建好的 JAR 文件传输到服务器，可以使用 FTP、SCP 或任何其他文件传输方法。

（3）在服务器上，运行 JAR 文件以启动应用程序。

```
java -jar yourapp.jar
```

这会启动内嵌的 Tomcat 服务器，并使应用程序开始运行。

（4）第（3）步中直接启动的方式，是在前台运行应用程序，当运行命令的窗口关闭时，程序也会随之停止，为了让应用程序在后台持续运行，可以通过以下命令使应用在后台运行。

```
nohup java -jar yourapp.jar &
```

这样即使关闭命令行窗口，应用也会继续运行。

（5）如果应用依赖外部数据库或服务，则需要确保这些服务在本地服务器上正确配置并运行。

（6）如果应用程序需要从外部网络访问，则应确保正确配置了防火墙规则和端口转发，在 CentOS 等 Linux 发行版中，使用 firewall-cmd 命令可以开放应用所需端口（如 80、443）。

```
sudo firewall-cmd --permanent --add-port=80/tcp
sudo firewall-cmd --reload
```

2. 容器化部署

容器化是当前非常流行的一种部署方式，特别是使用 Docker 和 Kubernetes。此种方式简化了部署流程，提供了一致性的运行环境，易于扩展和迁移，同时支持快速、连续的开发和部署，但要了解容器技术和编排工具的使用。

Docker 是一个开源的容器化平台，它允许开发者将应用及其依赖打包到一个轻量级、可移植的容器中。容器在任何支持 Docker 的环境中都能以相同的方式运行。

这里的容器可以理解为一个独立的运行时环境，它包含应用所需的代码、运行时、系统工具、系统库等。

下面是将 Spring Boot 应用部署到 Docker 的基本步骤。

（1）在 Spring Boot 项目的根目录创建一个 Dockerfile 文件，这个文件描述了如何构建 Docker 镜像。文件内容如下。

```
# 使用基础镜像
FROM openjdk:17-jdk-alpine

# 传递 jar 文件并命名
ARG JAR_FILE=target/*.jar
COPY ${JAR_FILE} app.jar
```

```
# 指定容器启动时运行的命令
ENTRYPOINT ["java","-jar","/app.jar"]
```

上述配置中：

☑ FROM openjdk:17-jdk-alpine 指定了 Docker 镜像的基础镜像。在这里，我们使用的是包含 Java 17 JDK 的 Alpine Linux 镜像。Alpine Linux 因其小巧、安全而受到欢迎，而 Java 17 是最新的长期支持版本，提供了最新的功能和性能改进。

☑ ARG JAR_FILE=target/*.jar 定义了一个构建时参数 JAR_FILE，它指向构建上下文中的目标 JAR 文件。这里使用的是一个通配符模式，意味着会取 target 目录下的任何 JAR 文件。

☑ COPY ${JAR_FILE} app.jar 将 JAR 文件从构建上下文复制到 Docker 镜像内，并重命名为 app.jar。这样做使得镜像中的文件位置固定，便于运行。

☑ ENTRYPOINT ["java","-jar","/app.jar"]指定了容器启动时执行的命令。它告诉 Docker 执行 java -jar /app.jar 命令启动容器，这会启动打包在 app.jar 中的 Spring Boot 应用。

（2）构建 Docker 镜像，在包含 Dockerfile 文件的目录中执行以下命令来构建 Docker 镜像。

```
docker build -t yourapp:1.0 .
```

这将创建一个包含 Spring Boot 应用的 Docker 镜像。

（3）使用以下命令运行 Docker 容器。

```
docker run -p 8080:8080 yourapp:1.0
```

这将启动一个容器实例，并将本地端口 8080 映射到容器内部的 8080 端口。

通过以上步骤，你可以将 Spring Boot 应用容器化并部署到 Docker 容器当中。这种部署方法提供了环境一致性，易于扩展和管理，同时也支持在云环境和本地环境中无缝迁移。

3. 云服务部署

云服务提供商（如阿里云、腾讯云）提供了灵活、可扩展的部署选项，此种方式提供了高可用性、易扩展性，以及多样的服务和工具，但可能需要额外学习云服务的使用和管理。

以下是在阿里云部署 Spring Boot 应用的基本步骤。

（1）确保你有一个阿里云账户，并拥有相应的权限来创建和管理云资源。

（2）访问阿里云官网并登录阿里云控制台，在控制台中，选择 Elastic Compute Service（弹性计算服务）选项。

（3）创建一个新的 ECS 实例，选择合适的操作系统镜像，如 CentOS、Windows Server 等，可以根据应用需求配置实例（CPU、内存、存储、网络等），如图 7-2 所示。

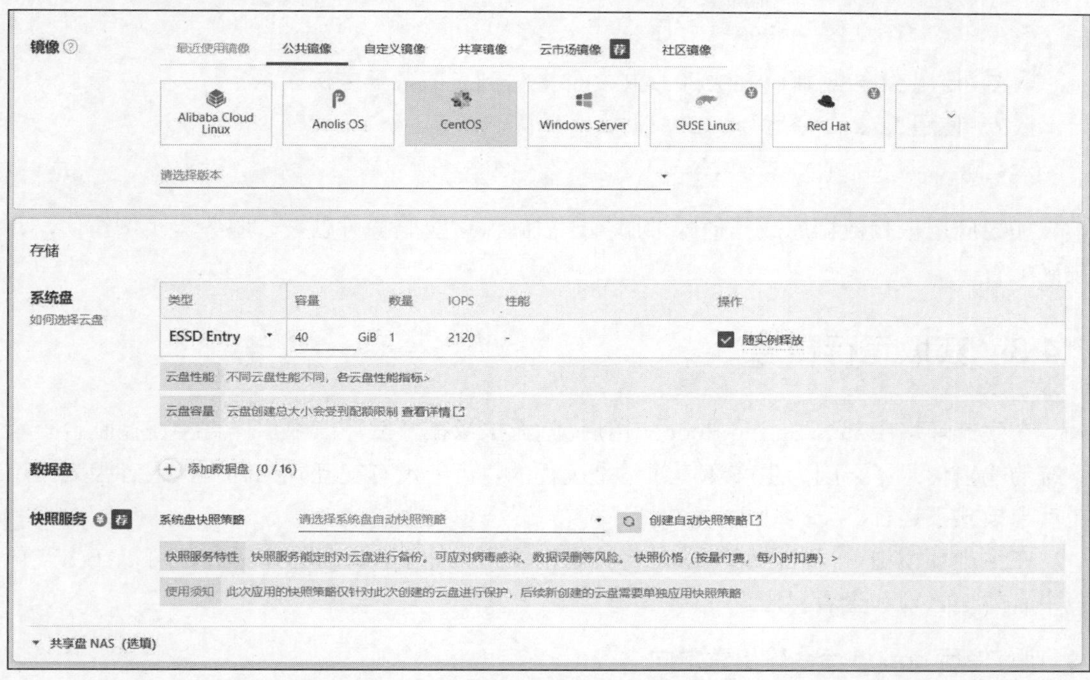

图 7-2　阿里云 ECS 配置

（4）配置安全组规则以允许外部流量访问你的应用，如图 7-3 所示。

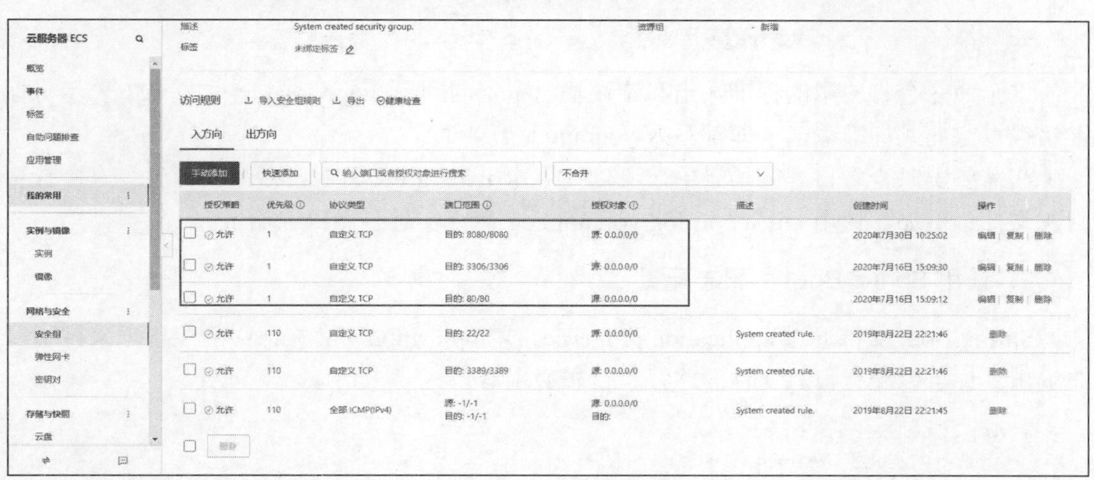

图 7-3　阿里云安全组配置

（5）云服务器创建完毕后，在控制台获取 ECS 实例的公网 IP 地址，可以使用云服务器提供的公网 IP 地址和你设置的密钥或密码进行 SSH 连接，例如，使用以下命令。

```
ssh user@your-ecs-public-ip
```

（6）使用 SCP 或其他方法将 JAR 文件上传到云服务器实例。

（7）使用 Java 命令运行 JAR 文件。

```
nohup java -jar yourapp.jar &
```

如果应用依赖数据库或其他外部服务，需确保这些服务可以被云服务器实例访问，并正确配置。

7.4.3 获取运行日志

在生产环境中部署 Spring Boot 应用后，就无法像在开发环境中那样直接在控制台查看系统的输出信息了，因为生产环境通常是远程的，可能没有交互式控制台，或者因为应用在后台模式下运行。

在生产环境中，一种常见做法是将日志记录到文件中，并且有多种方法可以在生产环境中有效地管理和查看日志。

1．使用 nohup 命令输出重定向

当你使用 nohup 命令运行应用时，可以通过重定向标准输出（stdout）和标准错误（stderr）来保存日志到文件，命令如下。

```
nohup java -jar yourapp.jar > yourapp.log 2>&1 &
```

这个命令会将应用的标准输出和错误输出重定向到 yourapp.log 文件。2>&1 表示将标准错误重定向到标准输出（即都写入 yourapp.log 文件）。

在需要实时查看日志的场景中，可以使用像 tail、grep 等 Linux 命令行工具直接查看日志文件。例如，使用 tail -f /var/log/yourapp.log 命令实时查看日志输出。

2．使用 Spring Boot 的日志配置

Spring Boot 支持通过 application.properties 或 application.yml 文件中的配置项来控制日志输出。你可以配置日志文件的路径、日志级别等。

```
# application.properties
logging.file.name=application.log
logging.level.root=WARN
```

这样配置后，Spring Boot 会自动将日志输出到 application.log 文件，同时根据设置的级别（如 WARN）进行日志记录。

3. 使用外部日志系统

对于大型应用或微服务架构，通常需要更高级的日志管理方法。可以使用日志聚合工具（如 ELK Stack、Splunk 或 Graylog）来收集、存储和分析来自所有服务器和应用的日志。这些工具通常提供了强大的日志分析和实时监控功能。

在处理生产环境中的 Spring Boot 应用日志时，根据不同的应用场景和需求，我们可以采取以下不同的策略。

- ☑ 对于简单场景，使用 nohup 命令输出重定向是一个快捷方便的方法，这种方法适用于日志需求较低且不需要复杂配置的场景。
- ☑ 对于需要更详细配置的场景，可以利用 Spring Boot 自身的日志配置。这种方法适合中等规模的应用，其中日志配置的灵活性和可定制性较高。
- ☑ 对于大规模应用或在微服务架构中，推荐使用专门的日志系统，这些系统提供了高级的日志聚合、存储、查询和分析功能，能够高效支持日志监控、故障排查和性能优化。

7.5 Vue 3 应用部署

本节主要介绍 Vue 3 应用的部署方法。

7.5.1 使用 vite 构建应用

Vite 提供了一种高效的方式来构建 Vue 3 应用，特别是针对生产环境的部署。它可以自动执行多项优化措施，如代码压缩、模块拆分和性能优化，以确保应用在生产环境中运行时具有更好的性能和加载速度。

以下是使用 Vite 构建 Vue 3 应用的基本步骤。

（1）确保你的 Vue 3 项目已经正确设置并在开发环境中运行无误。在项目的 package.json 中文件，通常会有一个构建脚本配置，类似于：

```
"scripts": {
  "build": "vite build"
}
```

这个脚本指定了如何启动 Vite 的构建过程。vite build 命令会根据项目的配置来构建项目。

（2）在项目根目录下，运行以下命令以开始构建过程。

```
npm run build
```

这个命令会启动 Vite 的构建过程。Vite 会读取配置文件（如 vite.config.js），并将 Vue 3 项目构建为可以在生产环境中部署的静态文件。

（3）构建完成后，Vite 会在项目中生成一个 dist 目录（默认情况下），其中包含了所有构建好的静态文件，包括 HTML、JavaScript、CSS 文件等。

（4）将 dist 目录中的内容部署到你的生产服务器或静态文件托管服务上。这可以通过各种方式完成，如 FTP 上传、使用 CI/CD 流水线、云存储服务等。

7.5.2 与后端服务集成

在实际生产环境中，前端 Vue 3 应用通常需要与后端服务（如 Spring Boot 应用）集成。使用 Nginx 作为反向代理服务器是一种常见的部署策略，它不仅可以处理静态文件的服务，还能将请求代理到后端服务。

使用 Nginx 作为反向代理有以下几种优势。

（1）使用 Nginx 可以将前端和后端服务分离，通过 Nginx 处理入站请求，可以在后端服务之前实施安全措施（如防止 DDoS 攻击、SQL 注入等），增加一层安全保护。同时，可以在不同的服务器或服务上独立地扩展和维护前端和后端。

（2）Nginx 非常擅长快速高效地提供静态文件服务，这对于前端资源（如 HTML、CSS、JavaScript 文件）尤其重要。Nginx 可以缓存静态内容，减少对后端服务器的请求，从而提高响应速度和减轻服务器负担。

（3）Nginx 作为反向代理服务器，可以将客户端请求转发到后端应用程序服务器，同时提供负载均衡功能。

（4）Nginx 可以处理 SSL/TLS 终止，从而减轻后端服务的压力，可以在 Nginx 层处理加密和解密操作，统一管理 SSL 证书。

（5）Nginx 提供了高度灵活的配置选项，允许精细化管理请求路由、重定向、缓存策略等，可以根据请求路径或其他属性决定如何处理请求（例如，将以/api 开头的请求转发到后端服务）。

以下是实现使用 Nginx 作为反向代理服务器部署策略的基本步骤。

（1）在服务器上安装 Nginx，命令如下。

```
sudo yum install nginx
```

（2）设置反向代理，编辑Nginx的配置文件（通常位于/etc/nginx/nginx.conf或/etc/nginx/sites-available/default）。在配置中设置反向代理，代理到你的后端服务，并配置Vue 3应用的静态文件服务。

示例配置如下所示。

```
server {
    listen 80;

    location / {
        root /path/to/vue-app/dist;
        try_files $uri $uri/ /index.html;
    }

    location /api {
        proxy_pass http://localhost:8080;
        proxy_http_version 1.1;
        proxy_set_header Upgrade $http_upgrade;
        proxy_set_header Connection 'upgrade';
        proxy_set_header Host $host;
        proxy_cache_bypass $http_upgrade;
    }
}
```

在这个例子中：

☑ 所有指向根URL（/）的请求都被转到Vue 3应用的dist目录。

☑ 所有以/api开头的请求都被代理到运行在localhost:8080的后端服务。

（3）保存配置后，重启Nginx以使更改生效。

```
sudo systemctl restart nginx
```

（4）将Vue 3应用的构建产物（dist目录）部署到Nginx指定的目录，确保后端服务正在运行，并且Nginx的配置正确指向该服务。

第 8 章 综合案例

通过本章内容的学习，可以达到以下目标。

（1）了解在线考试与班级综合管理系统的基本功能。

（2）掌握项目中各模块的设计和实现方法。

本章通过分模块设计实现一个全面的在线考试与班级综合管理系统，涵盖从界面、数据库到系统的各个功能模块的详细设计与实现。

注意：

由于篇幅有限，项目的具体实现代码请扫描封底的二维码进行下载学习。

8.1 项 目 概 述

本节将介绍项目的基本功能，并着重于界面设计、数据库设计、项目结构以及关键技术依赖配置。

8.1.1 项目简介

本项目致力于构建一个全面的在线考试与班级综合管理系统，提供一个多功能的考试管理平台，系统的技术架构和主要组成如下。

- ☑ 前端技术：利用 Vue 3 框架结合 Element Plus UI 库和 axios，实现高效的数据交互和动态的用户界面。
- ☑ 后端技术：后端基于 Spring Boot 3，采用 MySQL 作为数据库，配合 MyBatis-Plus 实现数据访问和处理。Sa-Token 技术用于提供全面的身份认证和安全管理，保障数据安全。
- ☑ 数据可视化：系统整合了 ECharts 图表库，提供丰富的数据可视化选项，以直观、互动的方式呈现学习和考试数据。

8.1.2　系统功能描述

系统设计包含三种用户角色：教师、学生和管理员，每种角色都有其特定的功能模块。

1．教师端主要功能

☑ 教师注册：教师可以在系统的登录页面进行注册，提交必要信息后需等待审核。审核通过后，教师可以使用账号和密码登录。
☑ 教师登录：通过账号和密码实现系统登录。
☑ 班级管理：教师可以查看和管理所属班级及学生信息。
☑ 题目管理：教师能够在题库中添加、删除或修改题目，支持多种题型，并关联相应知识点。
☑ 发布考试：教师可以为班级发布考试，设置考试参数，如时间、时长等，并添加试题。
☑ 实时监考：系统提供监考辅助功能，如焦点检测和鼠标位置监控，以规范考生行为。
☑ 试卷批阅：自动批阅客观题，教师手动批阅主观题。
☑ 成绩分析统计：系统自动生成考试成绩统计图表。

2．学生端主要功能

☑ 学生注册：学生可在登录页面注册，提交所需信息后等待审核。审核通过后，可使用账号和密码登录。
☑ 学生登录：使用账号和密码登录系统。
☑ 加入班级：登录后，学生可以加入新班级或查看已加入的班级。
☑ 进行考试：参加系统中的考试。
☑ 查看成绩及统计：访问个人考试成绩和统计图表。
☑ 查看通知：接收来自管理员或教师的通知。

3．管理员端主要功能

☑ 登录：管理员通过账号和密码登录系统。
☑ 管理题目：查看和管理题库中的题目。
☑ 审核请求：负责审核教师和学生的注册申请。

8.1.3 界面设计

在登录界面可以选择登录身份，选择具体身份后，可以登录或注册，登录界面如图 8-1 所示。

图 8-1 登录界面

注册界面如图 8-2 所示。

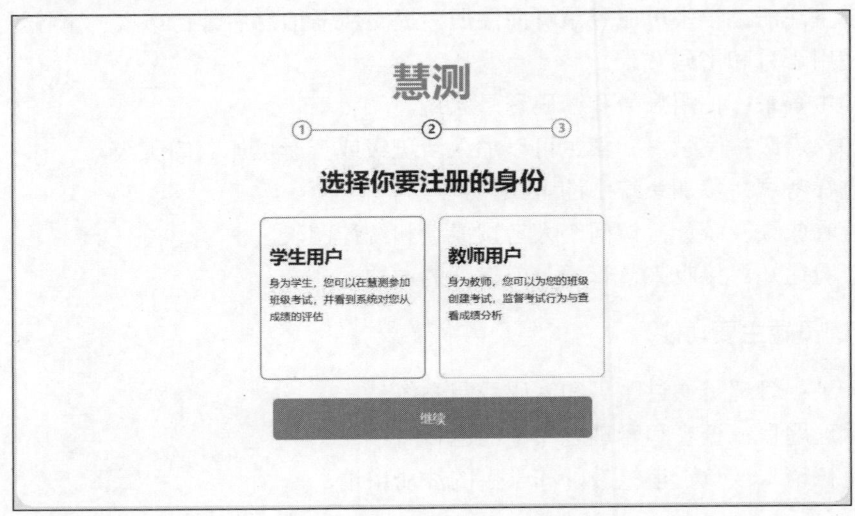

图 8-2 注册界面

教师主界面采用三栏设计，可以基于班级选择各种功能，界面如图 8-3 所示。

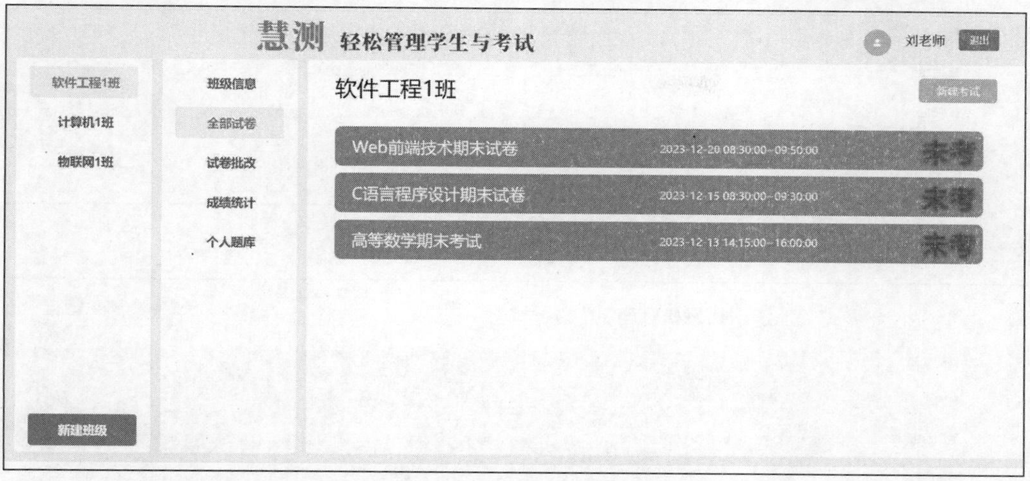

图 8-3　教师端主界面

在新建考试界面，左侧栏可以选择加入的题型，中间主栏可以对题目进行编辑，右侧栏可以对题目进行更详细设计。效果如图 8-4 所示。

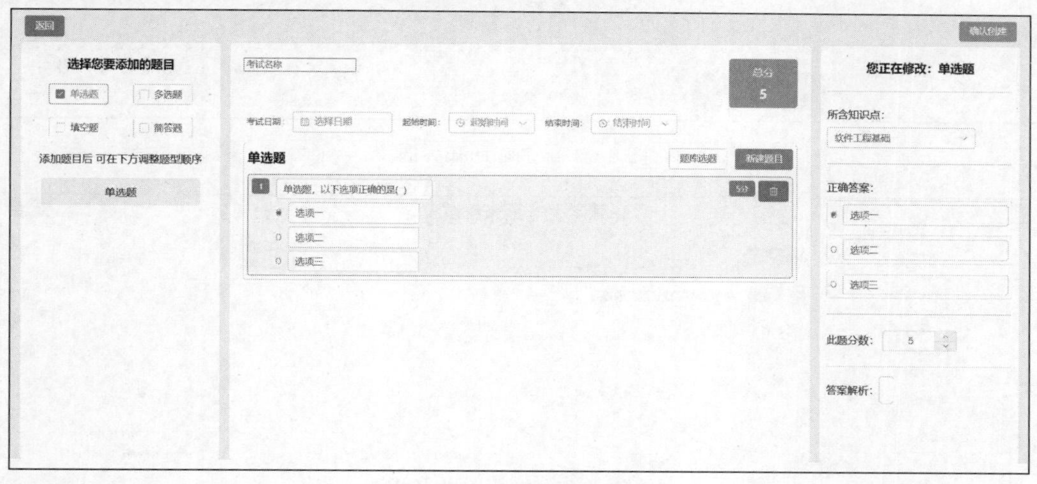

图 8-4　新建考试界面

学生端以考试列表为首页，通过左侧栏来选择功能，学生端主界面如图 8-5 所示。

教师新建考试，在批改成绩后，对应的学生会收到通知，学生端通知界面如图 8-6 所示。

考试界面左侧栏展示时间与答题卡详情，右侧栏展示考生信息，下方是实时监考画面，主栏里可以进行答题。学生考试界面如图 8-7 所示。

图 8-5　学生端主界面

图 8-6　学生端通知界面

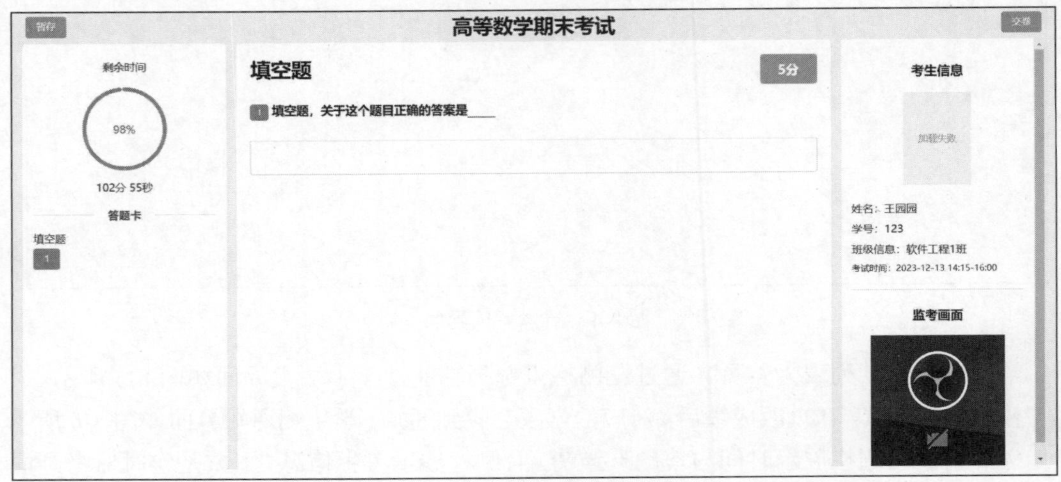

图 8-7　学生考试界面

管理员登录后在左侧栏选择具体功能，包括题库管理和注册审核，管理员界面如图 8-8 所示。

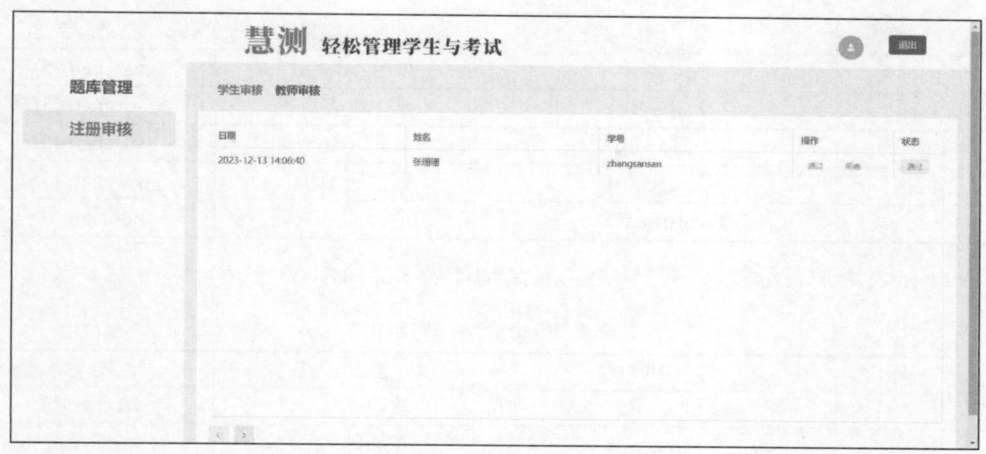

图 8-8　管理员界面

8.1.4　数据库设计

在线考试与班级综合管理系统主要数据表共有 11 张，数据库整体结构如图 8-9 所示。

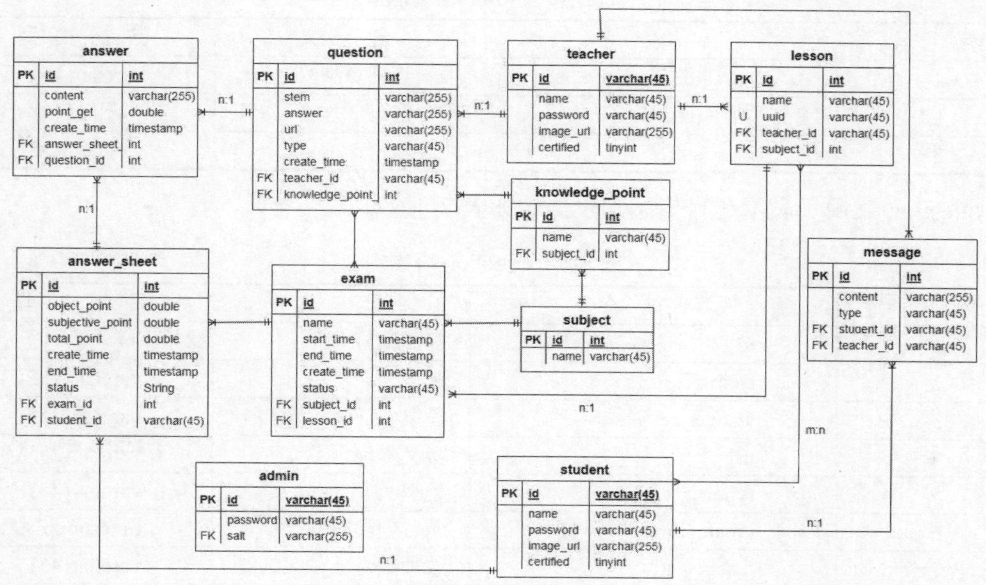

图 8-9　数据库整体结构

student 表用于表示学生用户信息，表结构如表 8-1 所示。

表 8-1 student 表结构

编 号	字 段 名	含 义	数 据 类 型
1	id	学号	varchar(45)
2	name	学生姓名	varchar(45)
3	password	密码（加密）	varchar(45)
4	image_url	证件照地址	varchar(255)
5	certified	是否通过认证	boolean

teacher 表用于表示教师用户信息，表结构如表 8-2 所示。

表 8-2 teacher 表结构

编 号	字 段 名	含 义	数 据 类 型
1	id	教职工号	varchar(45)
2	name	教师姓名	varchar(45)
3	password	密码（加密）	varchar(45)
4	image_url	证件照地址	varchar(255)
5	certified	是否通过认证	boolean

admin 表用于表示管理员用户信息，表结构如表 8-3 所示。

表 8-3 admin 表结构

编 号	字 段 名	含 义	数 据 类 型
1	id	管理员编号	varchar(45)
2	password	密码（加密）	varchar(45)
3	salt	加密盐值	varchar(255)

question 表用于表示题目信息，表结构如表 8-4 所示。

表 8-4 question 表结构

编 号	字 段 名	含 义	数 据 类 型
1	id	题目编号	int
2	stem	题干	varchar(255)
3	answer	答案	varchar(255)
4	url	富文本地址	varchar(255)
5	type	题型	varchar(45)
6	create_time	题目创建时间	timestamp
7	teacher_id	教师编号（外键）	varchar(45)
8	knowledge_point_id	知识点编号（外键）	int

subject 表用于表示科目信息，表结构如表 8-5 所示。

表 8-5　subject 表结构

编　号	字 段 名	含　义	数 据 类 型
1	id	科目编号	int
2	name	科目名称	varchar(45)

knowledge_point 表用于表示知识点信息，表结构如表 8-6 所示。

表 8-6　knowledge_point 表结构

编　号	字 段 名	含　义	数 据 类 型
1	id	知识点编号	int
2	name	知识点名称	varchar(45)
3	subject_id	科目编号（外键）	int

lesson 表用于表示班级信息，表结构如表 8-7 所示。

表 8-7　lesson 表结构

编　号	字 段 名	含　义	数 据 类 型
1	id	班级编号	int
2	name	班级名称	varchar(45)
3	uuid	班级编码	varchar(45)
4	teacher_id	教师编号（外键）	varchar(45)
5	subject_id	科目编号（外键）	int

exam 表用于表示考试信息，表结构如表 8-8 所示。

表 8-8　exam 表结构

编　号	字 段 名	含　义	数 据 类 型
1	id	考试编号	int
2	name	考试名称	varchar(45)
3	start_time	考试开始时间	timestamp
4	end_time	考试结束时间	timestamp
5	create_time	考试创建时间	timestamp
6	status	考试状态（未开始、进行中、已结束、已批阅）	varchar(45)
7	subject_id	科目编号（外键）	int
8	lesson_id	班级编号（外键）	int

answer_sheet 表用于表示答题卡信息，表结构如表 8-9 所示。

表 8-9　answer_sheet 表结构

编　号	字 段 名	含　义	数 据 类 型
1	id	答题卡编号	int
2	object_point	客观题得分	double
3	subjective_point	主观题得分	double
4	total_point	总分	double
5	create_time	开始答题时间	timestamp
6	end_time	结束答题时间	timestamp
7	status	答题卡状态（未答题、未批阅、批阅中、批阅完、违规）	varchar(45)
8	exam_id	考试编号（外键）	int
9	student_id	学生编号（外键）	varchar(45)

answer 表用于表示学生答题信息，表结构如表 8-10 所示。

表 8-10　answer 表结构

编　号	字 段 名	含　义	数 据 类 型
1	id	学生答案编号	int
2	content	学生答案内容	varchar(255)
3	point_get	题目得分	double
4	create_time	创建时间	timestamp
5	answer_sheet_id	答题卡编号（外键）	int
6	question_id	题目编号（外键）	int

message 表用于表示通知信息，表结构如表 8-11 所示。

表 8-11　message 表结构

编　号	字 段 名	含　义	数 据 类 型
1	id	通知编号	int
2	content	通知内容	varchar(255)
3	type	通知类型	varchar(45)
4	student_id	学生学号（外键）	varchar(45)
5	teacher_id	教师教职工号（外键）	varchar(45)

8.1.5　项目结构与依赖

后端包路径设计如表 8-12 所示。

表 8-12 后端包路径

包名/文件名	描 述
com.exam.config	存放配置文件
com.exam.config	控制层文件
com.exam.domain	实体类文件
com.exam.domain.dto	数据传输类文件
com.exam.handler	异常处理、图片处理类文件
com.exam.utils	工具类文件
log	系统日志文件
resources/application.properties	Spring Boot 配置文件
resources/log4j.properties	Log4j 配置文件

后端通过 maven 管理项目依赖，主要依赖库信息如下。

```
<dependency>
   <groupId>com.baomidou</groupId>
   <artifactId>mybatis-plus-boot-starter</artifactId>
   <version>3.5.4</version>
</dependency>
<dependency>
   <groupId>mysql</groupId>
   <artifactId>mysql-connector-java</artifactId>
   <version>5.1.47</version>
</dependency>
<dependency>
   <groupId>org.projectlombok</groupId>
   <artifactId>lombok</artifactId>
   <version>1.18.20</version>
</dependency>
 <dependency>
   <groupId>org.springframework.boot</groupId>
   <artifactId>spring-boot-starter-web</artifactId>
</dependency>
<dependency>
   <groupId>log4j</groupId>
   <artifactId>log4j</artifactId>
   <version>1.2.17</version>
</dependency>
<dependency>
   <groupId>com.alibaba</groupId>
   <artifactId>fastjson</artifactId>
   <version>1.2.75</version>
</dependency>
```

```
<dependency>
   <groupId>com.github.ulisesbocchio</groupId>
   <artifactId>jasypt-spring-boot-starter</artifactId>
   <version>3.0.4</version>
</dependency>
      <dependency>
   <groupId>cn.dev33</groupId>
   <artifactId>sa-token-spring-boot3-starter</artifactId>
   <version>1.34.0</version>
</dependency>
```

依赖解释如下。

- ☑ Lombok（v1.18.20）：一款自动化生成 Java 代码的工具，用于简化模板代码的编写。
- ☑ Log4j（v1.2.17）：一个提供日志记录功能的 Java 库，帮助开发者控制日志消息的输出目标和输出格式。
- ☑ Fastjson（v1.2.75）：Alibaba 开发的一款高性能 JSON 处理库，用于 Java 对象与 JSON 数据的转换。
- ☑ Jasypt Spring Boot Starter（v3.0.4）：用于 Spring Boot 应用的加密库，可以帮助在应用中保护配置信息。
- ☑ Sa-Token Spring Boot3 Starter（v1.34.0）：一个轻量级 Java 授权框架，用于处理身份验证和权限控制。

前端目录结构如表 8-13 所示。

表 8-13　前端目录结构

包名/文件名	描　述	包名/文件名	描　述
assets	图片文件	router	路由配置
common	字体文件	utils	工具类
components	公共组件	views	页面文件

前端通过 npm 管理项目依赖，主要依赖库信息如下。

```
"dependencies": {
   "@element-plus/icons-vue": "^2.3.1",
   "axios": "^1.6.2",
   "echarts": "^5.4.3",
   "element-plus": "^2.4.3",
   "js-cookie": "^3.0.5",
   "vue": "^3.3.8",
   "vue-router": "^4.2.5",
   "vuedraggable": "^4.1.0"
 }
```

依赖解释如下。

- ☑ @element-plus/icons-vue（v2.3.1）：Element Plus 的 Vue 图标库，可以提供丰富的图标用于美化界面。
- ☑ echarts（v5.4.3）：一个功能丰富的用于创建交互式图表和数据可视化的 JavaScript 库。
- ☑ element-plus（v2.4.3）：一套基于 Vue 3 的桌面端组件库，用于构建高质量的界面。
- ☑ js-cookie（v3.0.5）：一个简单、轻量的用于处理浏览器 Cookies 的 JavaScript API。
- ☑ vue-router（v4.2.5）：Vue.js 的官方路由器，用于构建单页应用。
- ☑ vuedraggable（v4.1.0）：基于 Vue.js 的拖放库，用于创建拖放界面。

8.2　后端单元模块设计

本节主要介绍后端各单元模块设计，包括数据访问层、业务逻辑层，以及控制层的接口和方法设计。

8.2.1　数据访问层设计

数据访问层主要通过继承 MyBatis-Plus 提供的 BaseMapper 接口来实现各类数据持久化操作。数据访问层主要接口如图 8-10 所示。

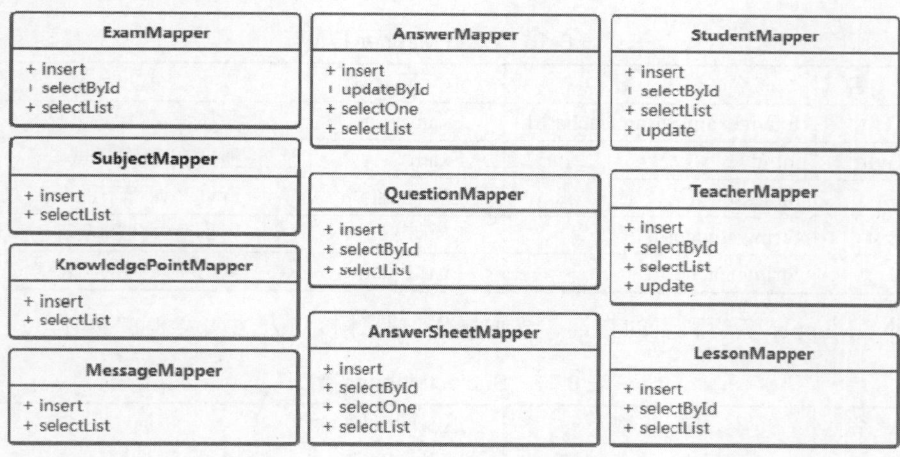

图 8-10　数据访问层整体结构

StudentMapper 负责学生的查询、更新操作，具体接口方法如表 8-14 所示。

表 8-14　StudentMapper 接口

接口名	参数	返回值	描述
insert	Student student	Student	添加学生
selectById	String id	Student	根据 id 查询学生
selectList	int lessonId	List<Student>	查找班级的所有学生
	boolean certified	List<Student>	查找未通过注册认证的学生
	int lessonId,boolean certified	List<Student>	查找未通过加入班级认证的学生
	无	List<Student>	查找所有学生
update	boolean certified	Teacher	修改学生注册的认证状态为已认证

TeacherMapper 接口相关方法的设计可类比 StudentMapper 接口，此处不再赘述。

LessonMapper 负责班级的查询、添加操作，具体接口方法如表 8-15 所示。

表 8-15　LessonMapper 接口

接口名	参数	返回值	描述
insert	Lesson lesson	Lesson	添加班级
selectById	int id	Lesson	根据 id 查询班级
selectList	String name	List<Lesson>	根据名称查找班级
	String teacherId	List<Lesson>	根据教师 id 查找班级
	String studentId	List<Lesson>	根据学生 id 查找班级
	无	List<Lesson>	查找所有班级

ExamMapper 负责考试的查询、添加操作，具体接口方法如表 8-16 所示。

表 8-16　ExamMapper 接口

接口名	参数	返回值	描述
insert	Exam exam,String teacherId	Exam	添加考试
selectById	int id	Exam	根据 id 查询考试
selectList	int lessonId	List<Exam>	查询某课程下的全部考试
	String studentId	List<Exam>	查询某学生的全部考试
	String teacherId	List<Exam>	查询某教师的全部考试

SubjectMapper 负责科目的查询、添加操作，具体接口方法如表 8-17 所示。

表 8-17　SubjectMapper 接口

接口名	参数	返回值	描述
insert	Subject subject	Subject	添加科目
selectList	无	List<Subject>	查询全部科目

KnowledgePointMapper 负责知识点的查询、添加操作，具体接口方法如表 8-18 所示。

表 8-18　KnowledgePointMapper 接口

接口名	参数	返回值	描述
insert	KnowledgePoint kPoint	KnowledgePoint	添加知识点
selectList	int subjectId	List<KnowledgePoint>	查询某科目的知识点

QuestionMapper 负责题目的查询、添加操作，具体接口方法如表 8-19 所示。

表 8-19　QuestionMapper 接口

接口名	参数	返回值	描述
insert	Question question, String teacherId	Question	添加题目
selectById	int id	Question	根据 id 查询题目
selectList	无	List<Question>	查询全部题目
无	int subjectId	List<Question>	查询某科目下的全部题目
无	int knowledgePointId	List<Question>	查询某知识点下的全部题目

AnswerSheetMapper 负责答题卡的查询、添加、更新操作，具体接口方法如表 8-20 所示。

表 8-20　AnswerSheetMapper 接口

接口名	参数	返回值	描述
insert	AnswerSheet answerSheet, String studentId, int examId	AnswerSheet	新建答题卡
updateById	int answerSheetId, AnswerSheet answerSheet	AnswerSheet	教师/系统更新答题卡状态或分数
selectById	int id	AnswerSheet	根据 id 查询答题卡
selectList	String studentId	List<AnswerSheet>	查询学生所有答题卡
	int examId	List<AnswerSheet>	查询某场考试的全部答题卡
selectOne	String studentId, int examId	AnswerSheet	根据学生和考试获得答题卡

AnswerMapper 负责考生答卷的查询、添加、更新操作，具体接口方法如表 8-21 所示。

表 8-21　AnswerMapper 接口

接口名	参数	返回值	描述
insert	Answer answer	Answer	考生完成回答
updateById	Answer answer	Answer	考生修改回答
selectOne	int id	Answer	根据 id 查询回答
selectList	int answerSheetId	List<Answer>	查询答题卡的全部回答

MessageMapper 负责消息的查询、添加操作，具体接口方法如表 8-22 所示。

表 8-22　MessageMapper 接口

接　口　名	参　　数	返　回　值	描　　述
insert	Message message	Message	新增消息
selectList	String studentId	List<Message>	查看该学生收到的所有消息

8.2.2　业务逻辑层设计

业务逻辑是整个系统的功能核心，整体结构如图 8-11 所示。

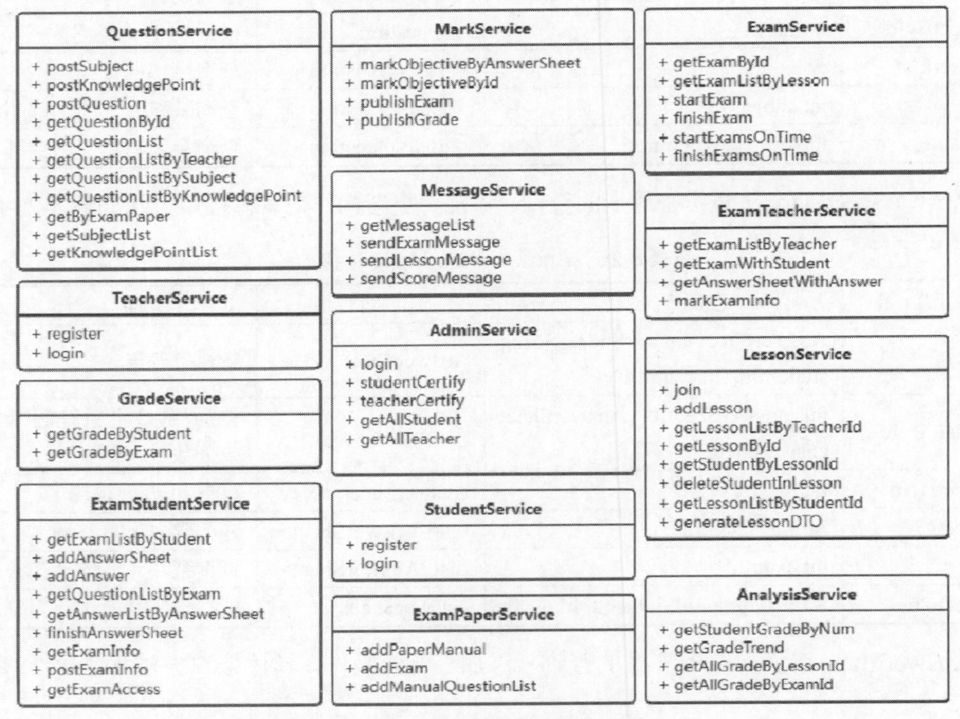

图 8-11　业务逻辑层整体结构

StudentService 接口负责学生的注册和登录逻辑，具体方法如表 8-23 所示。

表 8-23　StudentService 接口

接　口　名	参　　数	返　回　值	描　　述
register	String imageUrl,String name,String password,String id	/	学生注册账号
login	String id,String password	/	学生登录

TeacherService 接口负责教师的注册和登录逻辑，具体方法如表 8-24 所示。

表 8-24　TeacherService 接口

接　口　名	参　　数	返　回　值	描　　述
register	String imageUrl,String name,String password,String id	/	教师注册账号
login	String id,String password,String imageUrl	/	教师登录

LessonService 接口负责班级的查找、加入、添加逻辑，具体方法如表 8-25 所示。

表 8-25　LessonService 接口

接　口　名	参　　数	返　回　值	描　　述
join	String LessonId	boolean	根据 id 加入课程
addLesson	String name, int subjectId,	Lesson	添加课程
getLessonListByTeacherId	String teacherId	List<Lesson>	根据教师查找课程
getLessonById	Integer id	Lesson	根据 id 获取课程
getStudentByLessonId	Integer lessonId	List<Student>	获取课程 id 的学生列表
deleteStudentInLesson	Integer lessonId,String studentId	boolean	将学生移出课程
getLessonListByStudentId	String studentId	List<LessonDTO>	获得学生的课程列表
generateLessonDTO	Lesson lesson	LessonDTO	生成课程列表的返回值

MessageService 接口负责消息的发送和获取逻辑，具体方法如表 8-26 所示。

表 8-26　MessageService 接口

接　口　名	参　　数	返　回　值	描　　述
sendExamMessage	Exam exam	/	教师给学生发送考试开始通知
sendLessonMessage	Integer lessonId,String studentId	/	教师给学生发送加入课程成功通知
sendScoreMessage	AnswerSheet answerSheet	/	教师给学生发送成绩发布通知
getMessageList	/	List<Message>	学生获取通知列表

QuestionService 接口负责题目的添加和获取逻辑，具体方法如表 8-27 所示。

表 8-27　QuestionService 接口

接　口　名	参　　数	返　回　值	描　　述
postSubject	String subjectName	Subject	上传科目
postKnowledgePoint	String kPointName, int subjectId	KnowledgePoint	上传知识点

续表

接口名	参数	返回值	描述
postQuestion	Question question	Question	上传题目
getQuestionById	int index, int pageSize, int ssubjectId	int id	根据 id 获取题目
getQuestionList	int index, int pageSize	Page<Question>	查找全部题目
getQuestionListByTeacher	int index, int pageSize, String teacherId	Page<Question>	查找老师的题目
getQuestionListBySubject	int index, int pageSize, int subjectId	Page<Question>	根据科目 id 查找题目列表
getQuestionListByKnowledgePoint	int index, int pageSize, int knowledgePointId	Page<Question>	根据知识点 id 查找题目列表
getByExamPaper	int subjectId, String type	List<Question>	组卷部分获取题目
getSubjectList	/	List<Subject>	查找科目列表
getKnowledgePointList	/	List<KnowledgePoint>	获取知识点列表

ExamPaperService 接口负责管理试卷和考试逻辑，具体方法如表 8-28 所示。

表 8-28　ExamPaperService 接口

接口名	参数	返回值	描述
addPaperManual	Exam exam, List<Question[]	Exam	上传手动组卷的试卷
addExam	Exam exam	/	添加考试信息
addManualQuestionList	int examId, List<Question[]> questionList, List<Boolean[]> isCopyList, List<Double[]> scoreList, List<String> bigTypeList	Exam	设置题目关系

ExamService 接口负责学生和教师共同的考试信息查询逻辑，具体方法如表 8-29 所示。

表 8-29　ExamService 接口

接口名	参数	返回值	描述
getExamById	int examId	Exam	按 id 获取考试信息（不包括试题）
getExamListByLesson	int lessonId	List<Exam>	按课程获取考试列表
startExam	int examId	Exam	开始考试
finishExam	int examId	Exam	结束考试
startExamsOnTime	List<Exam> examList	List<Exam>	遍历考试列表查看是否有开始的考试
finishExamsOnTime	List<Exam> examList	List<Exam>	遍历考试列表查看是否有结束的考试

ExamTeacherService 接口负责教师的考试信息查询和监考逻辑，具体方法如表 8-30 所示。

表 8-30　ExamTeacherService 接口

接　口　名	参　　数	返　回　值	描　　述
getExamListByTeacher	String teacherId	List<Exam>	获取该教师全部考试列表
getExamWithStudent	int examId	Exam	获取考试（包括学生列表）
getAnswerSheetWithAnswer	int examId, String studentId	List<ExamingDTO>	获取考生的答题卡
markExamInfo	int examId, String studentId, List<ExamingDTO> examingDTOList	List<ExamingDTO>	上传批阅信息

ExamStudentService 接口负责学生的考试信息查询及系统监考逻辑，具体方法如表 8-31 所示。

表 8-31　ExamStudentService 接口

接　口　名	参　　数	返　回　值	描　　述
getExamListByStudent	String studentId	List<Exam>	按学生 id 获取考试列表
getQuestionListByExam	int examId	List<Question>	获取考试全部试题
getAnswerListByAnswerSheet	int answerSheetId	List<Answer>	获取答题卡全部答案
addAnswerSheet	String studentId, int examId	AnswerSheet	考试开始为考生新建答题卡
addAnswer	AnswerSheet aSheet, int examId	AnswerSheet	为答题卡添加答案
finishAnswerSheet	int examId, String studentId	AnswerSheet	提交答题卡
getExamInfo	int examId, String studentId	List<ExamingDTO>	获取考试信息
postExamInfo	int examId, String studentId, List <ExamingDTO> examingDTOList	List<ExamingDTO>	上传答案
getExamAccess	int examId, String studentId	AnswerSheet	获取是否可以参加考试

MarkService 接口负责试卷批阅逻辑，具体方法如表 8-32 所示。

表 8-32　MarkService 接口

接　口　名	参　　数	返　回　值	描　　述
markObjectiveByAnswerSheet	int answerSheetId	AnswerSheet	系统自动批阅客观题
markObjectiveById	int examId, int answerId	Answer	批阅单个客观题

续表

接口名	参数	返回值	描述
publishExam	int examId	Exam	根据批阅状态发布该考试全部答题卡的成绩
publishGrade	Exam exam	AnswerSheet	发布考试成绩

GradeService 接口负责查询学生成绩逻辑，具体方法如表 8-33 所示。

表 8-33 GradeService 接口

接口名	参数	返回值	描述
getGradeByStudent	String studentId	List<AnswerSheetDTO>	获取该学生全部成绩
getGradeByExam	int examId	List<AnswerSheetDTO>	获取该考试全部成绩

AnalysisService 接口负责成绩分析统计逻辑，具体方法如表 8-34 所示。

表 8-34 AnalysisService 接口

接口名	参数	返回值	描述
getStudentGradeByNum	String studentId	GradeChartsDTO<String,Integer>	获取学生成绩统计
getGradeTrend	String studentId, int lessonId	GradeChartsDTO<String,Integer>	获取该门课程学生成绩分布
getAllGradeByLessonId	int lessonId	GradeChartsDTO<String,Integer>	获取该课程全部成绩统计
getAllGradeByExamId	int examId	GradeChartsDTO<String,Integer>	获取该考试全部成绩统计

AdminService 接口负责成绩分析统计逻辑，具体方法如表 8-35 所示。

表 8-35 AdminService 接口

接口名	参数	返回值	描述
login	String id, String password	Admin	登录
studentCertify	String studentId, boolean certified	Student	学生用户认证
teacherCertify	String teacherId, boolean certified	Teacher	教师用户认证
getAllStudent	int index, int pageSize	Page<Student>	获取全部学生名单
getAllTeacher	int index, int pageSize	Page<Teacher>	获取全部教师名单

8.2.3 控制层设计

控制层主要负责与前端的交互操作，整体结构如图 8-12 所示。

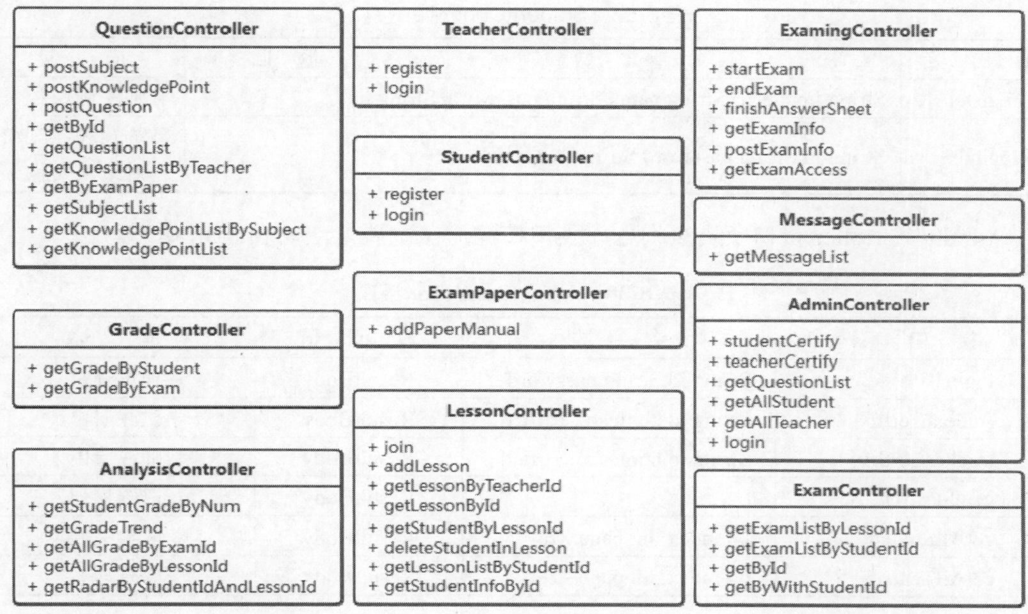

图 8-12　控制层整体结构

控制层将所有接口的返回值进行了统一封装，结构如下。

```
{
  "code": "200",
  "message": "成功!",
  "result": {
    "id": "001",
    "name": "张姗姗",
    ... ...
  }
}
```

StudentController 接口负责学生的登录和注册请求，主要方法如表 8-36 所示。

表 8-36　StudentController 接口

接　口　名	参　　数	返　回　值	描　　述
register	String imageUrl,String name,String password,String id	/	学生注册账号
login	String id,String password	/	学生登录

TeacherController 接口负责教师的登录和注册请求，主要方法如表 8-37 所示。

表 8-37　StudentController 接口

接　口　名	参　　数	返　回　值	描　　述
register	String imageUrl,String name,String password, String id	/	教师注册账号
login	String id,String password,String imageUrl	/	教师登录，登录的同时录入人脸

AdminController 接口负责查询题库及审核注册，主要方法如表 8-38 所示。

表 8-38　AdminController 接口

接　口　名	参　　数	返　回　值	描　　述
login	String id,String password	ResultBody	管理员登录
studentCertify	String id,boolean certified	ResultBody	学生注册申请
teacherCertify	String id,boolean certified	ResultBody	教师注册申请
getQuestionList	/	ResultBody	获取题目列表
getAllStudent	int index, int pageSize	ResultBody	获取学生名单
getAllTeacher	int index, int pageSize	ResultBody	获取教师名单

LessonController 接口负责班级的查询和加入请求，主要方法如表 8-39 所示。

表 8-39　LessonController 接口

接　口　名	参　　数	返　回　值	描　　述
join	String uuid	ResultBody	学生加入课程
addLesson	String name,int subjectId	ResultBody	增加课程
getLessonByTeacherId	/	ResultBody	获取课程列表
getLessonById	int lessonId	ResultBody	根据 id 查找课程
getStudentByLessonId	int lessonId	ResultBody	根据课程 id 查找学生
deleteStudentInLesson	int lessonId,String studentId	ResultBody	将学生移出课程
getLessonListByStudentId	/	ResultBody	获得学生的课程列表
getStudentInfoById	String studentId	ResultBody	获得学生信息

MessageController 接口负责消息的获取，主要方法如表 8-40 所示。

表 8-40　MessageController 接口

接　口　名	参　　数	返　回　值	描　　述
getMessageList	/	ResultBody	获得学生的消息列表

QuestionController 接口负责题目的添加和获取，主要方法如表 8-41 所示。

表 8-41　QuestionController 接口

接口名	参数	返回值	描述
postSubject	String subjectName	ResultBody	上传科目
postKnowledgePoint	String knowledgePointName, int subjectId	ResultBody	上传知识点
postQuestion	Question question	ResultBody	上传题目
getById	int id	ResultBody	根据 id 获取题目
getQuestionList	int index, int pageSize	ResultBody	获取全部题目
getQuestionListByTeacher	int index, int pageSize	ResultBody	获取教师的题目
getByExamPaper	int subjectId, String type	ResultBody	组卷部分获取题目
getSubjectList	/	ResultBody	获取科目列表
getKnowledgePointListBySubject	int subjectId	ResultBody	根据科目 id 获取知识点
getKnowledgePointList	/	ResultBody	获取按科目分类的知识点列表

ExamingController 接口负责考题获取和答题卡管理，主要方法如表 8-42 所示。

表 8-42　ExamingController 接口

接口名	参数	返回值	描述
startExam	int examId	ResultBody	教师手动开始考试
endExam	int examId	ResultBody	教师手动结束考试
finishAnswerSheet	int examId	ResultBody	学生提交答题卡
getExamInfo	int examId	ResultBody	学生获取考试信息
postExamInfo	int examId, List<ExamingDTO> examingDTOList	ResultBody	学生上传答案（不提交答题卡）
getExamAccess	int examId	ResultBody	认证是否可以参加考试

GradeController 接口负责成绩查询，主要方法如表 8-43 所示。

表 8-43　GradeController 接口

接口名	参数	返回值	描述
getGradeByStudent	/	ResultBody	获取学生所有考试的成绩
getGradeByExam	int examId	ResultBody	获取学生该考试的成绩

AnalysisController 接口负责成绩统计分析，主要方法如表 8-44 所示。

ExamPaperController 接口负责教师手动组卷，主要方法如表 8-45 所示。

ExamController 接口负责获取考试信息，主要方法如表 8-46 所示。

表 8-44 AnalysisController 接口

接 口 名	参 数	返 回 值	描 述
getStudentGradeByNum	/	ResultBody	获取学生成绩统计
getGradeTrend	int lessonId	ResultBody	获取该门课程学生成绩分布
getAllGradeByLessonId	int lessonId	ResultBody	获取该课程全部成绩统计
getAllGradeByExamId	int examId	ResultBody	获取该考试全部成绩统计
getRadarByStudentIdAndLessonId	Int lessonId	ResultBody	获取学生所有考试的知识点得分情况

表 8-45 ExamPaperController 接口

接 口 名	参 数	返 回 值	描 述
addPaperManual	ExamPaperDTO examPaperDTO	ResultBody	手动组卷

表 8-46 ExamController 接口

接 口 名	参 数	返 回 值	描 述
getExamListByLessonId	int lessonId	ResultBody	获取某课程的考试
getExamListByStudentId	/	ResultBody	获取某学生的考试
getById	int id	ResultBody	根据 id 获取考试
getByWithStudentId	int id	ResultBody	根据 id 获取考试（包含学生信息 list）

8.3 用户管理模块实现

用户管理模块主要包括学生和教师用户的注册和登录操作，本节将详细介绍前后端的实现过程。

用户管理模块后端接口的调用过程，如图 8-13 所示。

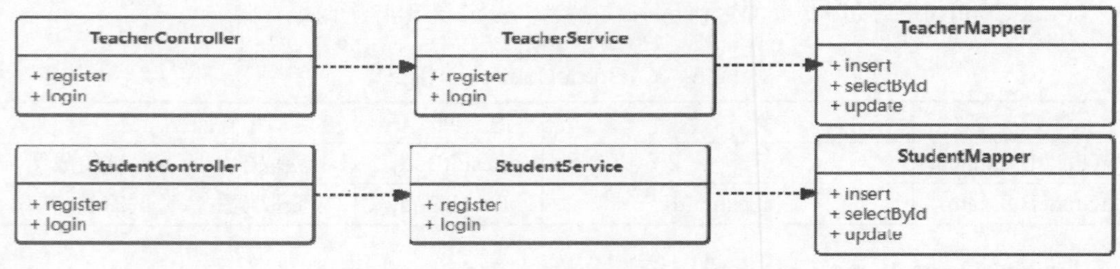

图 8-13 用户管理模块

8.3.1　控制层

StudentController 负责处理学生的注册、登录和获取信息的 HTTP 请求，并使用 studentService 来执行相应的业务逻辑。它通过返回 ResultBody 来包含操作结果，其中：

☑ @PostMapping("/register")：这是一个处理 POST 请求的方法，用于学生注册。它接收一个可选的 id 作为请求参数和一个 Student 对象作为请求体（RequestBody）。register 方法调用 studentService.register(id, student)来处理注册逻辑，并返回一个包含操作结果的 ResultBody。

☑ @PostMapping("/login")：这是一个处理 POST 请求的方法，用于学生登录。它接收两个请求参数，即 id 和 password，分别表示学生的身份和密码。login 方法调用 studentService.login(id, password) 来处理登录逻辑，并返回一个包含操作结果的 ResultBody。

☑ @GetMapping("/getStudentInfo")：这是一个处理 GET 请求的方法，用于获取学生信息。它不需要传递参数，而是使用 StpHandler.getId()来获取当前登录学生的身份，通过调用 studentService.getStudentInfo(StpHandler.getId())来获取学生信息，并返回一个包含操作结果的 ResultBody。

TeacherController 负责处理教师的注册和登录的 HTTP 请求，并使用 teacherService 来执行相应的业务逻辑。它通过返回 ResultBody 来包含操作结果，其中：

☑ @PostMapping("/register")：这是一个处理 POST 请求的方法，用于教师注册。它接收一个可选的 id 作为请求参数和一个 Teacher 对象作为请求体（RequestBody）。register 方法调用 teacherService.register(id, teacher)来处理注册逻辑，并返回一个包含操作结果的 ResultBody。

☑ @PostMapping("/login")：这是一个处理 POST 请求的方法，用于教师登录。它接收两个请求参数，即 id 和 password，分别表示教师的身份和密码。login 方法调用 teacherService.login(id, password)来处理登录逻辑，并返回一个包含操作结果的 ResultBody。

8.3.2　服务层

StudentService 提供了学生的注册、登录和获取信息等核心业务逻辑，并使用 StudentMapper 进行与数据库的交互。它还使用一些辅助方法来处理数据和安全性，其中：

☑ setInfo 方法：这是一个私有方法，用于为学生对象设置一些信息，如生成盐（salt）、加密密码和设置认证状态。

- ☑ register 方法：处理学生注册逻辑。首先，它根据学生 id 查询数据库，如果学生已存在且已认证通过，则抛出逻辑异常。接着，根据传入的 id 参数判断是首次注册修改信息时未修改 id 还是修改了 id。然后，根据情况执行相应的数据库操作，包括插入、更新和删除操作。最后，调用 setResponse 方法清除敏感信息并返回学生对象。
- ☑ setResponse 方法：这是一个私有方法，用于清除学生对象的敏感信息，如盐和密码。
- ☑ login 方法：处理学生登录逻辑。首先，根据学生 id 从数据库中查询学生信息。然后，检查学生是否存在，密码是否匹配，以及学生的认证状态。如果学生正在审核中或认证未通过，则会抛出逻辑异常。最后，如果一切正常，清除学生敏感信息后进行登录，并返回学生对象。
- ☑ getStudentInfo 方法：用于获取学生信息。它根据学生 id 从数据库中查询学生的姓名和图片 URL，并将图片 URL 路径拼接为完整路径。如果学生不存在，则会抛出逻辑异常。

TeacherService 提供了教师的注册和登录的核心业务逻辑，并使用 TeacherMapper 与数据库进行交互，其中：

- ☑ setInfo 方法：这是一个私有方法，用于为教师对象设置一些信息，如生成盐（salt）、加密密码和设置认证状态。
- ☑ register 方法：处理教师注册逻辑。首先，根据传入的 id 参数判断是首次注册修改信息时未修改 id 还是修改了 id。然后，根据情况执行相应的数据库操作，包括插入、更新和删除操作。如果 id 不为空且已存在相同的教师账号，则会抛出逻辑异常。最后，调用 setResponse 方法清除敏感信息并返回教师对象。
- ☑ setResponse 方法：这是一个私有方法，用于清除敏感信息，如盐和密码。
- ☑ login 方法：处理教师登录逻辑。首先，根据教师 id 从数据库中查询教师信息。然后，检查教师是否存在，密码是否匹配，以及教师的认证状态。如果教师正在审核中，会抛出逻辑异常。最后，清除敏感信息并返回教师对象。

8.3.3 页面

前端界面实现主要包括统一注册页面 Register.vue、教师登录页面 TeaLogin.vue 和学生登录页面 StuLogin.vue。

Register.vue 包括三个轮播步骤，用于选择身份、输入账号和密码、以及注册成功。以下是对该部分代码实现的概要描述。

模板部分（<template>）：包括页面的 HTML 结构，使用 Element UI 库构建页面元素。

☑ 通过<el-steps>元素显示步骤进度条，其中的<el-step>表示每个步骤。

☑ 用<el-carousel>元素创建轮播，每个轮播项由<el-carousel-item>表示。

☑ 表单元素使用<el-form>和<el-form-item>，包括姓名、账号、密码、确认密码的输入框。

<script setup>部分：

☑ 使用 ref 和 reactive 定义了多个响应式变量，如 active、selectChara、form 等。

☑ 定义了一些验证规则，如 validateName、validateAccount、validatePass 和 validatePass2。

☑ 使用 watch 监听路由变化，以在切换路由时调用 showpage 方法。

☑ 定义了多个方法，如 register 用于发送注册请求、selectBtnClick 用于选择身份、next 用于切换步骤、next2 用于进行下一步注册、backToLogin 用于返回登录页面等。

☑ showpage 方法根据当前路由参数，初始化页面的一些数据，如姓名、账号和身份。

TeaLogin.vue 页面包括教师登录的表单和一些元素。以下是对该部分代码实现的概要描述。

模板部分（<template>）：包括页面的 HTML 结构，包括教师登录表单、背景图像和一些元素。

☑ 使用了 Element UI 库的<el-input>和<el-button>组件来创建输入框和按钮。

☑ 提供了教师职工号和密码的输入框，并提供了登录按钮以及注册按钮的链接。

<script setup>部分：

☑ 使用 ref 定义了两个响应式变量，teaId 用于存储教师职工号，teaPassword 用于存储教师密码。

☑ 使用 useRouter 获取 Vue Router 实例，以便在单击按钮时进行路由导航。

☑ 定义了多个方法，如 backToChoice 用于返回选择身份页面、jumptoregister 用于跳转到注册页面、signInBtn 用于处理教师登录逻辑。

方法实现部分：

☑ backToChoice 方法：用于返回选择身份页面，通过 router.push('/login')导航到相应的路由。

☑ jumptoregister 方法：用于跳转到注册页面，通过 router.push('/register')导航到相应的路由。

☑ signInBtn 方法：用于处理教师登录逻辑。首先，检查教师输入的职工号和密码是否为空，如果为空则显示错误消息。然后，通过 axios 库发送登录请求到服务器端。根据服务器返回的响应处理不同情况，包括账号不存在、密码错误、登录成功以及审核未通过的情况。根据不同情况，显示相应的提示消息或跳转到不同的页面。

StuLogin.vue 页面包括学生登录的表单和一些元素。以下是对该部分代码实现的概要描述。

模板部分（<template>）：包括页面的 HTML 结构，包括学生登录表单、背景图像和一些元素。

- ☑ 使用 Element UI 库的<el-input>和<el-button>组件来创建输入框和按钮。
- ☑ 提供了学生学号和密码的输入框，并提供了登录按钮以及注册按钮的链接。

<script setup>部分：

- ☑ 使用 ref 定义了两个响应式变量，stuId 用于存储学生学号，stuPassword 用于存储学生密码。
- ☑ 使用 useRouter 获取 Vue Router 实例，以便在单击按钮时进行路由导航。
- ☑ 定义了多个方法，如 backToChoice 用于返回选择身份页面、jumptoregister 用于跳转到注册页面、signInBtn 用于处理学生登录逻辑。

方法实现部分：

- ☑ backToChoice 方法：用于返回选择身份页面，通过 router.push('/login')导航到相应的路由。
- ☑ jumptoregister 方法：用于跳转到注册页面，通过 router.push('/register')导航到相应的路由。
- ☑ signInBtn 方法：用于处理学生登录逻辑。首先，检查学生输入的学号和密码是否为空，如果为空，则显示错误消息。然后，通过 axios 库发送登录请求到服务器端。根据服务器返回的响应处理不同情况，包括账号不存在、密码错误、登录成功以及审核未通过的情况。根据不同情况，显示相应的提示消息或跳转到不同的页面。

8.4 班级管理模块实现

在班级管理模块，教师登录后，可以查看到自己班级的情况，学生可以根据班级代码加入班级，本节将详细介绍前后端的实现过程。

1. 后端实现

班级管理模块后端接口的调用过程，如图 8-14 所示。

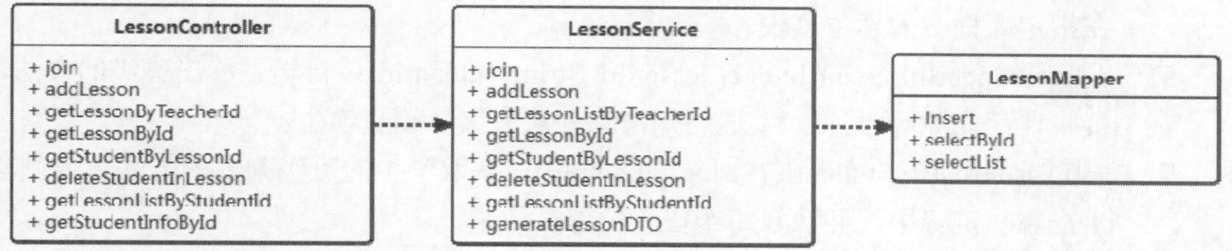

图 8-14　班级管理模块后端接口

LessonController 处理了与班级和课程管理相关的 HTTP 请求，包括学生加入班级、教师添加课程、查找课程和学生信息、将学生移出班级等操作，其中：

☑ POST /lesson/join：用于学生加入班级，接收参数 uuid（班级的唯一标识）。

☑ POST /lesson/addLesson：用于教师添加课程，接收参数 name（课程名称）和 subjectId（课程科目 id）。

☑ GET /lesson/getLessonByTeacherId：用于查找该教师的所有课程。

☑ GET /lesson/getLessonById/{lessonId}：根据课程 id 查找课程信息，使用路径变量 lessonId。

☑ GET /lesson/getStudentByLessonId/{lessonId}：根据课程 id 查找学生列表，使用路径变量 lessonId。

☑ POST /lesson/deleteStudentInLesson：用于将学生移出班级，接收参数 lessonId（班级 id）和 studentId（学生 id）。

☑ GET /lesson/getLessonListByStudentId：用于获取学生的班级列表。

☑ GET /lesson/getStudentInfoById：根据学生 id 获取学生信息，接收参数 studentId（学生 ID）。

LessonService 服务类用于处理与班级和课程相关的业务逻辑，包括学生加入班级、教师添加课程、查找课程和学生信息、将学生移出班级等操作，其中：

☑ join(String studentId, String uuid)：学生加入班级的方法，接收学生 id 和班级 uuid，确保学生和班级存在并且学生没有重复加入班级。

☑ addLesson(String name, int subjectId, String teacherId)：教师添加课程的方法，接收课程名称、科目 id 和教师 id，创建一个新的课程，并分配一个班级邀请码。

☑ getLessonListByTeacherId(String teacherId)：查找特定教师的所有课程的方法，返回课程列表，并计算每个课程的学生人数。

- ☑ getLessonById(Integer id)：根据课程 id 查找课程的方法，接收课程 id 并返回课程信息。
- ☑ getStudentByLessonId(Integer lessonId)：根据课程 id 查找学生列表的方法，返回在指定课程中的学生列表。
- ☑ deleteStudentInLesson(Integer lessonId, String studentId)：将学生移出班级的方法，接收课程 id 和学生 id，发送通知消息并从班级中删除学生。
- ☑ getLessonListByStudentId(String studentId)：获取学生的班级列表的方法，返回学生在哪些班级中，并计算每个班级的考试数量。

2．前端实现

前端界面主要包括学生查询班级页面 StuAllClass.vue、教师查询班级页面 ClassInfo.vue。

StuAllClass.vue 组件的主要功能是让学生能够加入班级、查看班级信息和考试成绩统计，以及动态显示这些信息。

模板部分：

- ☑ 使用<el-button>元素创建一个“加入班级”按钮，单击它将显示一个对话框，允许学生输入班级代码以加入班级。
- ☑ 使用<el-row>和<el-col>元素展示学生所加入的班级信息。每个班级信息都以卡片（<el-card>）的形式呈现，包括班级名称、教师姓名、班级人数以及考试成绩统计信息。
- ☑ 在考试成绩统计卡片中，使用<el-table>来显示考试信息，可以根据考试状态进行筛选，还包括了一个用于绘制图表的<div>。

脚本部分：

- ☑ 使用 ref 和 reactive 创建了多个响应式变量，包括对话框的可见状态、表格数据、班级列表、图表数据等。
- ☑ 定义了多个方法，包括获取班级列表、加入班级、查看班级详情、切换查看表格、绘制图表等。

ClassInfo.vue 组件的主要功能是显示班级信息、学生列表，以及一个“解散班级”的按钮。同时，它还根据路由参数动态获取和显示不同班级的信息和学生列表。

模板部分（Template）：

- ☑ 在<el-header>元素中，显示了班级的名称（className）、学生人数（stuNum）、班级代码（code），以及一个“加入申请”的按钮。按钮的显示内容根据 haveNewMsg 的值来判断。
- ☑ 在<el-main>元素中，显示了学生列表。如果 stuList 不为空，则它会遍历 stuList

数组，为每个学生显示一个按钮，按钮上显示学生的名称（stu.name）。

脚本部分（Script）：

☑ 使用 Vue 3 的 ref 来创建多个响应式变量，包括班级名称（className）、学生人数（stuNum）、学生列表（stuList）、班级代码（code）、以及加入申请的状态（haveNewMsg 和 RequestMsg）。

☑ 使用 Vue 3 的 useRoute 来获取路由信息，获取路由中的 classId 参数，并监听路由变化，以在路由参数发生变化时重新获取班级信息和学生列表。

☑ getStuList 函数用于根据班级 id 获取学生列表，并更新 stuList 和 stuNum。

☑ getClass 函数用于根据班级 id 获取班级信息，并更新 code。

☑ onMounted 生命周期钩子在组件挂载后执行，用于初始化数据，包括获取班级信息和学生列表。

8.5 考试管理模块实现

在考试管理模块，教师登录后，进行组卷和设置考试信息操作后可以发布考试。

1. 后端实现

考试管理模块后端接口的调用过程，如图 8-15 所示。

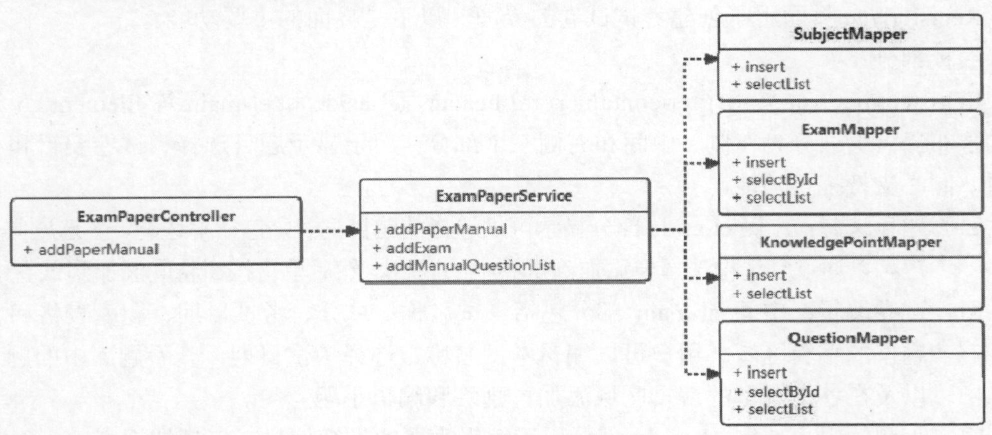

图 8-15　考试管理模块后端接口

ExamPaperController 用于接收 HTTP 请求，调用 examPaperService 的相关方法处理考试试卷的组卷操作，在 addPaperManual()方法中，首先调用 examPaperDTO.handleInfo()方

法，处理传入的 examPaperDTO，该方法返回一个 ExamPaperResponseDTO 对象。然后，调用 examPaperService.addPaperManual()方法，将考试信息、问题列表、复制列表、分数列表和大题类型列表作为参数传递，完成试卷的手动组卷操作。

ExamPaperService 服务类负责处理考试试卷的组卷操作，包括添加考试信息和题目与考试关系，以及发送通知给相关人员有新的考试试卷，其中：

☑ addPaperManual 方法用于手动组卷操作。它接收一个 Exam 对象（表示考试信息）、questionList（表示问题列表）、isCopyList（表示是否复制列表）、scoreList（表示分数列表）和 bigTypeList（表示大题类型列表）作为参数。首先，它调用 addExam()方法来添加考试信息，并返回一个 Exam 对象。然后，调用 addManualQuestionList()方法来添加题目和题目与考试关系。最后，发送通知给相关人员。

☑ addExam()方法用于添加考试信息。它接收一个 Exam 对象作为参数，首先检查班级信息、考试名称、考试时间等，然后将考试信息插入数据库并返回。

☑ addManualQuestionList()方法用于添加题目和题目与考试关系。它接收考试 ID、问题列表、是否复制列表、分数列表和大题类型列表作为参数。首先检查问题列表是否为空，然后遍历大题，将小题加入题库，并将题目与考试关系插入数据库。

2. 前端实现

前端界面实现主要包括统一注册页面 Register.vue、教师登录页面 TeaLogin.vue 和学生登录页面 StuLogin.vue。

Register.vue 页面用于创建考试试卷的界面。以下是界面的主要功能。

模板部分：

Register.vue 页面采用了 el-container、el-header、el-aside 和 el-main 等 Element UI 组件来构建布局。页面分为左侧、中间和右侧三个部分，用于显示题目选择、试卷编辑和小题编辑。同时支持拖曳功能。

☑ 题目选择：左侧 el-aside 部分显示可供选择的题目列表，包括单选题、多选题等。用户可以通过复选框选择要添加到试卷中的题目，然后单击按钮将其添加到试卷中。

☑ 试卷编辑：中间 el-main 部分包括考试名称、总分、考试日期、题库表格和各个题型的编辑区域。用户可以编辑考试名称、选择考试日期，查看题库中的题目，以及在各个题型的编辑区域添加、删除和编辑小题。

☑ 小题编辑：右侧 el-aside 部分用于编辑小题的详细信息，包括知识点、正确答案等。用户可以在这里修改小题的属性。

☑ 拖曳功能：页面中使用了 vuedraggable 插件来实现题目的拖曳排序功能。用户可以通过拖曳改变小题的顺序。

脚本部分：

用户单击“确认创建”按钮后，会触发 submitExam 方法，将页面上的信息整理成一个 questionPaperDTO 对象，并通过 axios 发送到后端的/examPaper/addPaperManual 接口，以创建考试试卷。

8.6 考试过程模块实现

在考试过程模块，学生登录后，单击“进入考试”按钮，显示该学生应参加的、已开始的考试信息。阅读考试须知后，学生单击“开始考试”按钮完成考试。学生选择交卷或考试时间结束后，该考生的本场考试结束。

1. 后端实现

考试过程模块后端接口的调用过程，如图 8-16 所示。

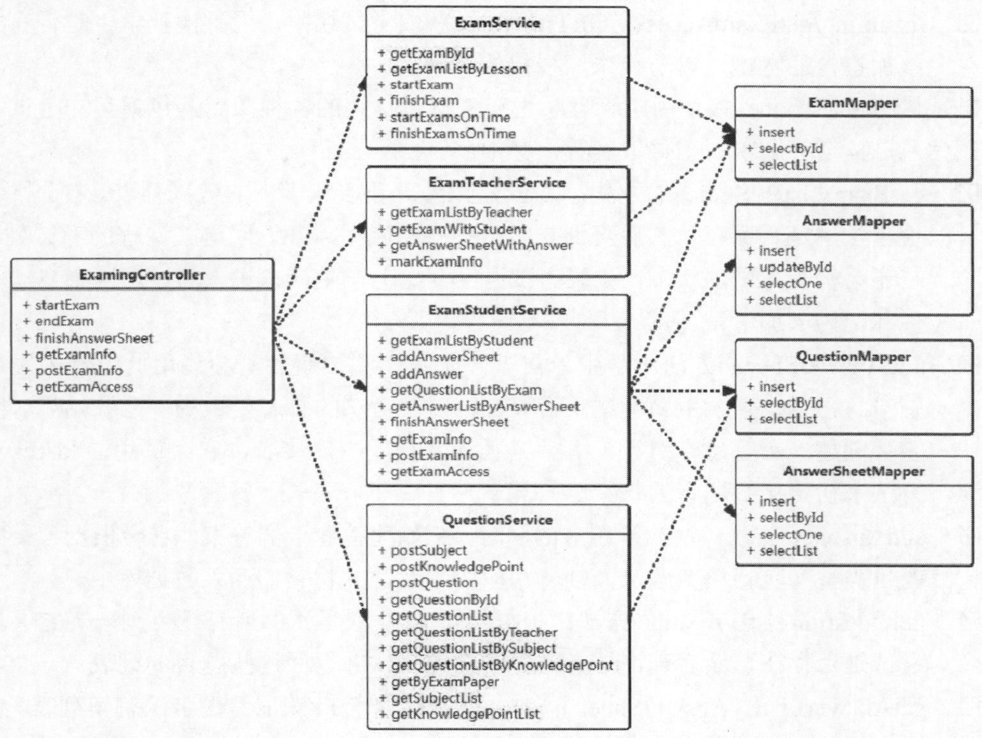

图 8-16 考试过程模块后端接口

ExamingController 用于管理考试的不同阶段，包括考试开始、考试结束、答题卡提交、获取考试信息、提交考试信息和检查考试权限等，其中：

☑ /examing/startExam/{examId}（GET 请求）：启动考试。当学生单击“开始考试”按钮时，会调用此端点，将考试的状态从未开始（NOTSTARTED）更新为进行中（INPROGRESS）。

☑ /examing/finishExam/{examId}（GET 请求）：结束考试。当学生单击“结束考试”按钮时，会调用此端点，将考试的状态从进行中（INPROGRESS）更新为已结束（FINISHED）。

☑ /examing/finishAnswerSheet（GET 请求）：提交答题卡。学生在考试结束后，可以调用此端点提交答题卡的内容，将答题卡标记为已提交。

☑ /examing/getExamInfo（GET 请求）：获取考试信息。考试的详细信息包括考试名称、考试时间等。

☑ /examing/postExamInfo（POST 请求）：提交考试信息。学生在考试过程中可以提交答题情况，包括每道题的答案等信息。

☑ /examing/getExamAccess（GET 请求）：获取考试权限。用于检查学生是否有权限参加指定的考试，以防止未经授权的访问。

ExamStudentService 接口用于管理学生在考试过程中的各种操作，包括参加考试、获取考试信息、提交答题卡、上传答案等，其中：

☑ getExamListByStudent()方法：根据学生的 id 获取该学生的考试列表。首先，它会检查学生是否存在，然后查询与学生关联的课程，并返回这些课程的考试列表。它还会检查考试的状态，如果考试已经开始但学生尚未进入考试，则会自动将学生标记为参加考试。

☑ addAnswerSheet()方法：学生单击“开始考试”按钮后，会调用此方法来发放答题卡。它会检查学生和考试是否存在，以及考试的状态是否为“已开始”。然后，它会创建一个答题卡对象，并将其插入数据库中。接着，它会调用 addAnswer()方法来初始化答题卡的答案。

☑ addAnswer()方法：发放答题卡的同时，初始化答题卡的答案。它会根据考试中的题目类型（包括填空题等）创建相应的答案，并将它们插入数据库中。

☑ getQuestionListByExam()方法：根据考试 id 获取考试的所有题目列表。它会检查考试是否存在，然后查询与考试关联的题目，并返回这些题目的列表。

☑ getAnswerListByAnswerSheet()方法：根据答题卡 id 获取答题卡的答案列表。它会检查答题卡是否存在，然后查询与答题卡关联的答案，并返回这些答案的列表。

- ☑ finishAnswerSheet()方法：学生提交答题卡的答案后，会调用此方法来提交答题卡。它会检查考试的状态是否为“已开始”，然后将答题卡的状态标记为“已提交”，同时调用 markService 来给客观题评分。
- ☑ getExamInfo()方法：获取考试信息，包括题目、学生答案等。它会检查考试和学生是否存在，然后查询与考试和学生关联的答题卡和题目信息，并返回这些信息。
- ☑ postExamInfo()方法：学生在考试过程中可以随时上传答案，但不会提交答题卡。此方法用于上传答案，它会检查考试的状态是否为“已开始”，然后更新答题卡的答案内容。
- ☑ getExamAccess()方法：检查学生是否有权限参加考试。它会检查考试的状态是否为“已开始”，然后检查答题卡的状态，以确定学生是否可以参加考试。

2. 前端实现

前端考试界面为 StuExaming.vue，主要包括以下功能。

- ☑ 显示考试页面，包括考试名称、考试时间、考生信息、监考画面等内容。
- ☑ 显示剩余考试时间，并使用进度条展示剩余时间。
- ☑ 显示答题卡，包括不同题型的题目列表，可以单击题目跳转到对应题目。
- ☑ 显示题目内容，根据题型展示不同的答题方式，如单选题、多选题、填空题、简答题等。
- ☑ 提供暂存答案功能，允许学生在考试过程中保存答案。
- ☑ 提供交卷功能，学生可以通过单击按钮提交试卷，如果条件满足则提交成功，否则会提示警告信息。

8.7 成绩管理模块实现

在成绩管理模块，教师在班级详情页面中选择某次考试，进入后会显示班级的成绩统计。

学生登录后，单击“我的成绩”，显示该学生的成绩，再单击“成绩统计”，显示该学生已参加的、出成绩的考试信息统计分析，包括个人平均成绩、考试成绩分布等。

1. 后端实现

成绩管理模块后端接口的调用过程如图 8-17 所示。

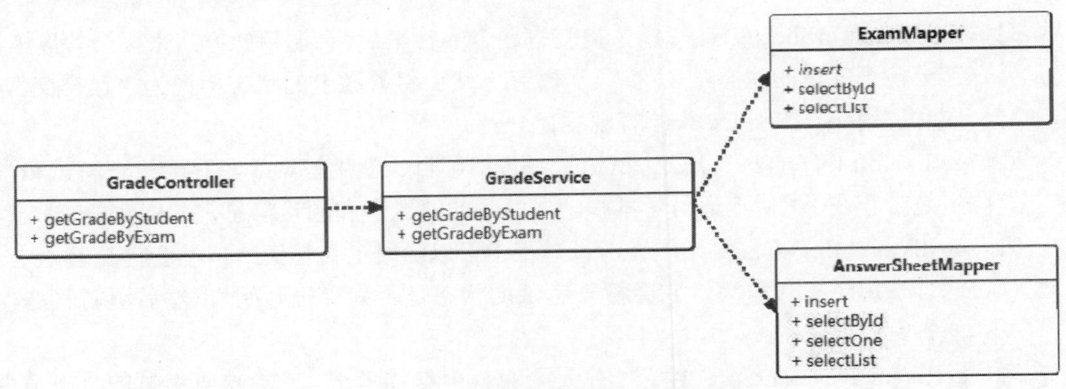

图 8-17 成绩管理模块后端接口

GradeController 可以获取学生个人的考试成绩，或者获取某个考试的所有学生的成绩信息，其中：

- ☑ getGradeByStudent()方法：根据学生的身份（通过 StpHandler.getId()获取学生 id）获取该学生所有考试的成绩。这个方法使用了 gradeService 的 getGradeByStudent()方法来查询成绩信息，并通过 ResultBody 封装成响应返回给前端。
- ☑ getGradeByExam()方法：根据考试的 id 获取参加该考试的所有学生的成绩。这个方法接收一个 examId 参数，然后使用 gradeService 的 getGradeByExam()方法查询成绩信息，并通过 ResultBody 封装成响应返回给前端。

GradeService 用于处理与成绩相关的业务逻辑。以下是该服务类的主要功能。

- ☑ getGradeByStudent()方法：根据学生 id 查询该学生所有考试的成绩信息。它使用了 answerSheetMapper 来查询学生的答题卡信息，其中包括考试 id、学生 id 和总分。通过查询条件过滤出了已标记为 MARKED 的答题卡。然后，查询每个答题卡对应的考试信息，并将这些信息设置到答题卡对象中，包括考试的开始时间、结束时间、考试名称以及所属课程信息。
- ☑ getGradeByExam()方法：根据考试 id 查询参加该考试的所有学生的成绩信息。它使用了 answerSheetMapper 来查询所有答题卡信息，其中包括了考试 id、学生 id、总分和答题卡的状态。然后，它查询每个答题卡对应的学生信息，并将学生信息设置到答题卡对象中，包括学生的姓名和学号。

2. 前端实现

前端界面实现主要包括教师查看成绩页面 ClassScore.vue、学生查看成绩页面 StuAllScore.vue。

ClassScore.vue 页面是一个用于展示考试成绩的前端页面，通过交互方式可以选择不同的考试进行查看，并通过柱状图形式呈现成绩数据。

模板部分：包括一个标题栏（el-header）和主要内容区域（el-main）。

标题栏包括一个按钮和一个下拉框，按钮用于选择“全部考试”或“单次考试”，下拉框用于选择特定考试。

脚本部分：

- ☑ 使用 reactive 创建了一个响应式状态对象 state，该对象包含了页面中需要响应的数据。
- ☑ 使用 onMounted 钩子来在页面挂载后执行 drawChart()方法初始化图表。
- ☑ 使用 watch 监听路由变化，以执行 showpage()方法来更新页面状态。
- ☑ 定义了一系列方法来获取数据、处理事件、绘制图表等。

StuAllScore.vue 展示了学生成绩的列表和成绩分布图，并且允许用户在成绩列表和成绩分布图之间切换。

模板部分：

- ☑ el-tabs 元素用于创建选项卡，其中 v-model="activeName"用于控制当前选中的选项卡，@tab-click="handleClick"监听选项卡单击事件，v-if="examList.length !== 0"用于判断是否有考试成绩数据，只有当有数据时才显示选项卡。
- ☑ 在第一个选项卡（成绩列表）中，使用 v-for 遍历 examList 数组，渲染每个考试的成绩信息，包括考试名称、课程名称、考试时间和总分数。
- ☑ 在第一个选项卡中，还使用了 el-card 和 el-row 元素来美化成绩信息的显示。
- ☑ 第二个选项卡（成绩分布）中包含了一个 div，其中使用 id="AllScore"来指定一个图表的容器，该图表将用于显示成绩分布。

脚本部分：

- ☑ 使用 ref 创建了响应式变量 activeName、examList 和 AllScore，分别用于管理当前选中的选项卡、考试成绩列表和成绩分布数据。
- ☑ 定义了 drawLine 函数，用于绘制成绩分布图表，该函数使用 Echarts 库初始化图表并设置图表的选项。
- ☑ getData 函数用于从服务器获取考试成绩数据和学生成绩分布数据，使用 axios 发起异步请求，获取数据后更新 examList 和 AllScore 变量的值。
- ☑ 在组件挂载完成后（onMounted 钩子），调用 getData 函数来初始化数据。
- ☑ handleClick 函数用于监听选项卡切换事件，在选项卡切换时调用 drawLine()方法重新绘制成绩分布图表。

8.8 通知管理模块实现

在通知管理模块，学生登录后，单击“我的通知”按钮，会显示该学生接收到的通知。

1. 后端实现

通知管理模块后端接口的调用过程，如图 8-18 所示。

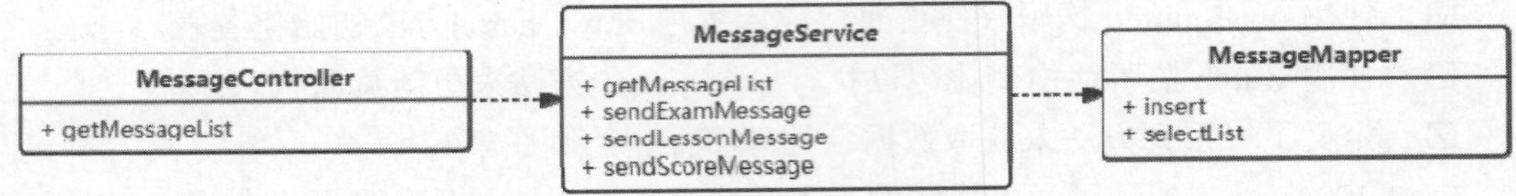

图 8-18 通知管理模块后端接口

MessageController 是用于处理获取学生消息列表的 HTTP 请求的控制器。当客户端发起 GET 请求到/message/getMessageList 路径时，该控制器会调用 MessageService 中的方法来获取消息列表，并将结果以 JSON 格式返回给客户端。

MessageService 是一个用于管理消息的服务类，它提供了发送不同类型消息的方法，并通过注入的数据访问对象与数据库进行交互。这些消息包括考试通知、课程通知和成绩通知，用于学生和教师进行信息交流。其中：

- ☑ getMessageList()方法：根据传入的学生 id，查询该学生的消息列表，并按照创建时间降序排列。如果传入的学生 id 不存在，则抛出自定义的 LogicException 异常，提示“不存在学生信息”。
- ☑ sendExamMessage()方法：向课程中的学生发送考试相关的消息。它首先获取与考试关联的课程信息和课程下的所有学生，然后为每个学生创建一条消息，消息类型为 MessageType.EXAM，内容包括课程名称、考试时间和考试名称。最后，将消息插入数据库。
- ☑ sendLessonMessage()方法：向学生发送课程相关的消息。它接收课程 id 和学生 id 作为参数，创建一条消息，消息类型为 MessageType.CLASS，内容包括课程名称和课程的教师姓名。然后，将消息插入数据库。
- ☑ sendScoreMessage()方法：向学生发送成绩相关的消息。它接收一个答题卡（AnswerSheet）对象作为参数，首先获取答题卡关联的考试和课程信息，然后创建一条消息，消息类型为 MessageType.SCORE，内容包括课程名称、考试时间、考试名称和总分数。最后，将消息插入数据库。

2．前端实现

前端界面 StuAllMes.vue 用于显示学生收到的通知信息。根据消息的类型不同，会显示不同的样式。它会在组件挂载后自动从服务器获取消息数据，并根据数据动态渲染消息列表的内容。如果消息列表为空，则显示“暂无消息”的提示信息。

模板部分：

☑ 通过 v-if="List.length!==0"条件判断，只有当消息列表不为空时才会显示消息内容。

☑ 使用 v-for 循环遍历 List 数组中的消息项，并为每个消息项创建一个 el-card 元素。el-card 是 Element UI 中的卡片组件，用于展示消息内容。

☑ 消息项的样式通过:class 绑定动态类名，根据消息类型不同，使用了不同的 CSS 类来区分样式。

☑ 使用 el-row 和 el-col 来实现栅格布局，将消息内容按行和列排列。

☑ 在消息卡片中，展示了消息的类型、课程名称、考试时间、考试名称以及总分。

脚本部分：

☑ 定义了一个 List 变量作为消息列表的响应式数据，初始值为空数组。

☑ getData 函数用于获取学生的消息列表。它通过 axios 发送 GET 请求到/message/getMessageList 路径来获取消息数据，并将每个消息的内容解析后放入 List 数组中。这里做了 JSON 解析，因为消息内容存储在 JSON 格式的字符串中。

☑ 在 onMounted 钩子函数中调用 getData 函数，以便在组件挂载后获取消息数据。